"十三五"高等学校信息与控制系列规划教材

可编程序控制器技术与系统

潘 蕾 薛 锐

黄石红 沈剑贤

编著

东南大学出版社
SOUTHEAST UNIVERSITY PRESS

内容简介

本书系统地讲述了可编程序控制器的基本原理和设计方法。全书共分6章。第1章概述了可编程序控制器的基本结构和工作原理等；第2章介绍PLC的编程基础，包括编程语言、资源、典型逻辑功能等；第3章介绍开关量控制及系统设计，包括梯形图设计、顺序功能图设计等。第4章介绍模拟量控制，并以热工过程控制为案例。第5章介绍PLC通信网络及系统综合设计，包括现场总线、变频器网络控制及系统设计案例。第6章为实验指导书，以三菱Q系列PLC为例介绍了PLC控制的知识与方法。最后以附录的形式给出Unity Pro（施耐德PLC）的编程指令。

本书通过二维码分享相关PLC程序、软件使用说明、应用案例等，还为教材使用单位提供高质量课件和半物理仿真实验系统软件及控制对象模型。

本书适合作为能源动力、电气、机械、化工、环境等行业的自动化类教材，同时也是一部很好的自学参考书。

图书在版编目（CIP）数据

可编程序控制器技术与系统 / 潘蕾等编著. -- 南京：
东南大学出版社，2017.12
ISBN 978-7-5641-7599-3

Ⅰ. ①可… Ⅱ. ①潘… Ⅲ. ①可编程序控制器
Ⅳ.①TM571.61

中国版本图书馆CIP数据核字(2017)第323854号

可编程序控制器技术与系统

出版发行	东南大学出版社
社 址	南京市玄武区四牌楼2号（邮编：210096）
出 版 人	江建中
责任编辑	姜晓乐（joy_supe@126.com）
经 销	全国各地新华书店
印 刷	虎彩印艺股份有限公司
开 本	787mm×1092mm　1/16
印 张	18
字 数	456千字
版 次	2017年12月第1版
印 次	2017年12月第1次印刷
书 号	ISBN 978-7-5641-7599-3
定 价	49.00元

东大版图书若有印装质量问题，请直接与营销部联系。电话（传真）：025-83791830

前　言

随着智能制造、工业4.0等概念的不断推进，可编程序控制器（PLC）也得到更加广泛的应用。近年来PLC技术方兴未艾，根据Frorst & Sullivan发布的全球PLC市场报告，有足够的证据证明，PLC市场呈正增长。因此，这门课程的开设对于工科生越来越重要。

PLC在能源、动力、环境、化工等行业有大量需求，但目前出版的介绍PLC的书籍与能源动力、环境类专业结合且内容全面的很少。原因有几方面：首先，现有PLC书籍大都针对机械、电气工程专业，而介绍过程控制的PLC书籍内容往往不全面；其次，PLC图书与计算机图书类似，虽然琳琅满目，但其中工具书较多，类似于产品手册，不适合作为教材；还有一类是实验指导书、例程汇编，适合作为参考书，不能满足作教材的要求。高校教材用书需包含系统的理论知识、方法指导以及思维引导和训练。

基于上述原因，我们编写了这本《可编程序控制器技术与系统》教材。在编写过程中力图遵循教育教学规律，注重思维训练和方法指导，拓宽专业适用面。编写团队将十多年的本科PLC教学、竞赛、工程项目积累融入书中，以贯彻授课、实验、研讨交替进行的启发式教学理念为目的，力图打造出一部适用于多专业、内容全面的PLC教材。

全书分为6章，第1章概述了可编程序控制器的基本结构和工作原理等，介绍PLC这种控制计算机的硬件基础。第2章介绍PLC的软件基础，包括其编程语言、编程资源、程序特点、典型逻辑功能的编程等。第3章介绍PLC的主要功能——开关量控制及系统设计，包括开关量控制系统的组成，数字量输入/输出通道的原理、结构和配置方法，PLC开关量控制系统的设计方法（包括梯形图设计、顺序功能图设计）和步骤等。第4章介绍了模拟量控制，其中包括了基本的离散时间控制理论、数字PID算法、模拟量输入/输出通道原理和配置方法、PLC模拟量控制指令编程以及PLC模拟量控制半物理仿真系统，又称硬件在回路（Hardware in Loop, HIL）系统，并介绍了基于HIL研究大惯性过热汽温控制的实例。由于过程控制对象很复杂，大多难以在实验室建立，通过PLC的HIL平台设计过程控制器是很有意义的。第5章介绍PLC通信网络，包括网络通信基础、具有现场总线特色的PLC网络、变频器原理及其网络控制以及小型热工PLC控制实验系统（包括液位、温度、流量、压力）的综合设计，为学习PLC系统的组网和综合设计打下基础。第6章为实验指导书，包括编程基础、开关量控制和模拟量控制三类实验训练，虽然实验与具体设备关联，但本书所选开关量实验比较通用，模拟量实验可以用HIL系统实现，不一定需要实物，HIL平台的软件和控制对象模型可以联系出版社获得。

本书具有以下两个特色：

（1）内容全面，专业适用面更宽

本书内容包括顺序控制、模拟量控制和过程控制综合几方面，既有机械、电气工程方面的应用例程，也有能源动力等过程控制的应用例程，因而能够适用更多专业的自动化教学。我们配套开发了可编程序控制器的虚拟仿真实验平台（HIL），可以提供给用书师生使用，作为课堂演示和课外实验的资源；书中还配套了 PLC 实验指导书、思考题与习题，其内容与各章节呼应，为巩固学习和实训之用。

（2）系统性强，注重思维训练

PLC 位于计算机学科与控制学科的交叉点，本书从控制系统的角度进行编排，实现从 PLC 控制的知识点→知识块→知识体系的构建过程，纵向地构建起 PLC 控制技术与系统的知识结构。

本书中建立了对问题、设计方法的横向比较和分析。在例程中对同一 PLC 设计任务提供不同设计方法、不同编程语言的比较，起到"举一反三"的思维训练效果。

本书的内容设置适合采用启发式教学。在 32 学时课程中，可讲授 16 学时、实验及研讨 16 学时，单双周交替进行，使学生先在课堂系统地接受知识的梳理和引导，进而自主探索、动手实践。

本书提供丰富的教辅材料，包括：（1）16 学时的高质量授课课件，课件信息丰富，包含图、动画和视频，反映前沿技术，有利于采用启发式教学方法。（2）书中的 PLC 控制应用例程及其他应用例程，如电厂化学水处理程控系统。（3）PLC 模拟量控制半物理仿真软件和控制对象模型。（4）PLC 设计软件的使用说明书。（5）习题与实验参考答案。

本书由东南大学和南京工程学院合作编写。东南大学潘蕾副教授负责编写第 2 章、第 3 章和第 4 章，南京工程学院薛锐副教授负责编写第 1 章、第 5 章的 5.1 节、第 6 章的 6.1 节 ~ 6.2 节和附录，东南大学黄石红副教授负责编写第 5 章的 5.2 节 ~ 5.3 节，东南大学沈剑贤副教授负责编写第 6 章的 6.3 节和教辅案例。研究生王钱超同学绘制了书中所有插图，研究生杨得金同学编写了教辅材料《PLC 系统开发软件使用说明》。潘蕾负责对全书进行统稿。

在编写过程中学习和汲取了部分国内外有关书籍内容，受益匪浅，在此表示谢意。

由于编者知识和经验有限，不妥之处在所难免，期望得到读者的批评指正。

编者

2017 年 10 月

本书附加资源
可扫码获得

目　　录

第 1 章　可编程序控制器概述

1.1　PLC 的产生与发展 ……………………………………………………………… 001

1.2　PLC 的结构和工作原理 ……………………………………………………… 002

　　1.2.1　PLC 系统硬件组成 ………………………………………………………… 002

　　1.2.2　PLC 内部结构 …………………………………………………………… 003

　　1.2.3　PLC 的软件结构 ………………………………………………………… 007

　　1.2.4　PLC 的工作原理 ………………………………………………………… 008

1.3　PLC 的分类和性能指标 ……………………………………………………… 011

　　1.3.1　分类 ………………………………………………………………………… 011

　　1.3.2　性能指标 …………………………………………………………………… 012

1.4　PLC 的特点和应用 …………………………………………………………… 013

　　1.4.1　PLC 的特点 ……………………………………………………………… 013

　　1.4.2　PLC 系统的应用 ………………………………………………………… 014

1.5　三菱电机 Q 型 PLC 简介 …………………………………………………… 014

思考题与习题 1 ……………………………………………………………………… 017

第 2 章　PLC 编程基础

2.1　PLC 的编程语言 ……………………………………………………………… 018

　　2.1.1　图形编程方式 …………………………………………………………… 019

　　2.1.2　文本编程方式 …………………………………………………………… 021

  2.1.3 梯形图语言 …………………………………………………… 022

 2.2 PLC 的编程资源 ……………………………………………………… 024

  2.2.1 用户软元件 …………………………………………………… 024

  2.2.2 系统软元件 …………………………………………………… 031

 2.3 PLC 的顺控程序 …………………………………………………… 033

 2.4 顺控程序的基本逻辑 ……………………………………………… 036

  2.4.1 顺控程序分析工具 …………………………………………… 036

  2.4.2 基本逻辑功能 ………………………………………………… 038

  2.4.3 定时器控制逻辑 ……………………………………………… 049

  2.4.4 计数器控制逻辑 ……………………………………………… 054

 2.5 顺控程序基本指令 ………………………………………………… 058

  2.5.1 程序控制指令 ………………………………………………… 058

  2.5.2 数据处理指令 ………………………………………………… 064

 思考题与习题 2 ……………………………………………………… 081

第 3 章 开关量控制

 3.1 过程输入／输出通道概述 ………………………………………… 086

  3.1.1 数字量输入／输出通道组成原理 …………………………… 087

  3.1.2 可编程控制器的 DI／DO 通道 ……………………………… 090

 3.2 PLC 控制系统的基本配置 ………………………………………… 104

  3.2.1 PLC 基本系统配置 …………………………………………… 104

  3.2.2 PLC 基本系统扩展 …………………………………………… 105

 3.3 PLC 系统开发软件 ………………………………………………… 106

 3.4 梯形图程序设计 …………………………………………………… 108

  3.4.1 PLC 控制系统设计步骤 ……………………………………… 108

  3.4.2 梯形图程序设计 ……………………………………………… 109

  3.4.3 梯形图应用例程及指令 ……………………………………… 116

 3.5 顺序功能图程序设计 ……………………………………………… 130

  3.5.1 SFC 程序的组成结构 ………………………………………… 131

  3.5.2 步进梯形图编程 ……………………………………………… 133

思考题与习题 3 ⋯⋯⋯⋯⋯⋯⋯⋯⋯⋯⋯⋯⋯⋯⋯⋯⋯⋯⋯⋯⋯⋯⋯⋯ 138

第 4 章　模拟量控制

4.1　PLC 模拟量控制系统原理与组成 ⋯⋯⋯⋯⋯⋯⋯⋯⋯⋯⋯⋯⋯ 140

4.2　信号的采样、量化和编码 ⋯⋯⋯⋯⋯⋯⋯⋯⋯⋯⋯⋯⋯⋯⋯⋯ 141

4.3　模拟量输出通道（D／A） ⋯⋯⋯⋯⋯⋯⋯⋯⋯⋯⋯⋯⋯⋯⋯⋯ 143

　　4.3.1　D／A 转换器原理 ⋯⋯⋯⋯⋯⋯⋯⋯⋯⋯⋯⋯⋯⋯⋯⋯⋯ 143

　　4.3.2　可编程控制器的 D／A 转换模块 ⋯⋯⋯⋯⋯⋯⋯⋯⋯⋯ 145

4.4　模拟量输入通道与接口 ⋯⋯⋯⋯⋯⋯⋯⋯⋯⋯⋯⋯⋯⋯⋯⋯⋯ 154

　　4.4.1　A／D 转换器的工作原理及主要性能指标 ⋯⋯⋯⋯⋯⋯ 154

　　4.4.2　可编程控制器的 A／D 转换模块 ⋯⋯⋯⋯⋯⋯⋯⋯⋯⋯ 157

4.5　PLC 模拟量控制基本算法及应用指令 ⋯⋯⋯⋯⋯⋯⋯⋯⋯⋯ 169

　　4.5.1　PLC 模拟量控制理论基础 ⋯⋯⋯⋯⋯⋯⋯⋯⋯⋯⋯⋯⋯ 169

　　4.5.2　PLC 的 PID 控制指令 ⋯⋯⋯⋯⋯⋯⋯⋯⋯⋯⋯⋯⋯⋯⋯ 178

　　4.5.3　过程控制指令 ⋯⋯⋯⋯⋯⋯⋯⋯⋯⋯⋯⋯⋯⋯⋯⋯⋯⋯⋯ 189

4.6　PLC 模拟量控制半物理仿真实验系统 ⋯⋯⋯⋯⋯⋯⋯⋯⋯⋯ 195

　　4.6.1　PLC 控制器与 PC 仿真对象的通信 ⋯⋯⋯⋯⋯⋯⋯⋯⋯ 196

　　4.6.2　PLC 模拟量控制半物理仿真系统 ⋯⋯⋯⋯⋯⋯⋯⋯⋯⋯ 201

4.7　PLC 复杂过程控制算法设计 ⋯⋯⋯⋯⋯⋯⋯⋯⋯⋯⋯⋯⋯⋯⋯ 203

　　4.7.1　过热汽温的动态特性 ⋯⋯⋯⋯⋯⋯⋯⋯⋯⋯⋯⋯⋯⋯⋯⋯ 203

　　4.7.2　过热汽温控制系统的设计原则 ⋯⋯⋯⋯⋯⋯⋯⋯⋯⋯⋯ 204

　　4.7.3　串级过热汽温控制系统 ⋯⋯⋯⋯⋯⋯⋯⋯⋯⋯⋯⋯⋯⋯⋯ 205

思考题与习题 4 ⋯⋯⋯⋯⋯⋯⋯⋯⋯⋯⋯⋯⋯⋯⋯⋯⋯⋯⋯⋯⋯⋯⋯⋯ 210

第 5 章　PLC 通信网络与系统综合设计

5.1　可编程序控制器通信网络概况 ⋯⋯⋯⋯⋯⋯⋯⋯⋯⋯⋯⋯⋯⋯ 211

　　5.1.1　网络通信基础 ⋯⋯⋯⋯⋯⋯⋯⋯⋯⋯⋯⋯⋯⋯⋯⋯⋯⋯⋯ 211

　　5.1.2　PLC 常用通信访问控制方法 ⋯⋯⋯⋯⋯⋯⋯⋯⋯⋯⋯⋯ 216

　　5.1.3　PLC 分层控制网络系统的配置及特点 ⋯⋯⋯⋯⋯⋯⋯⋯ 220

5.2 Q 系列 CC-Link 网 ·· 224

   5.2.1 CC-Link 概况 ·· 224

   5.2.2 CC-Link 通信原理 ······································ 227

   5.2.3 网络参数设置 ·· 228

   5.2.4 主从站通信设计 ·· 233

5.3 基于 CC-Link 的小型热工 PLC 控制实验台设计 ················ 241

   5.3.1 系统硬件组成 ·· 241

   5.3.2 系统软件设计 ·· 244

思考题与习题 5 ·· 254

第 6 章 可编程序控制器实验指导书

6.1 PLC 编程基础实验 ·· 255

   6.1.1 与或非逻辑功能实验 ····································· 255

   6.1.2 定时器／计数器功能实验 ································· 256

   6.1.3 水塔水位控制 ·· 258

6.2 开关量控制实验 ·· 258

   6.2.1 十字路口交通灯控制的模拟 ······························ 258

   6.2.2 装配流水线控制的模拟 ··································· 259

   6.2.3 运料小车控制模拟 ······································ 259

6.3 模拟量控制实验 ·· 260

   6.3.1 变频器的参数设置 ······································ 260

   6.3.2 利用 MX Sheet 记录上位机实验数据 ························ 261

   6.3.3 一阶单容水箱对象的阶跃测试 ···························· 265

   6.3.4 单容水箱液位 PID 控制观察实验 ·························· 269

附　录 ··· 272

参考文献 ··· 280

第1章　可编程序控制器概述

可编程序逻辑控制器（Programmable Logic Controller, PLC），简称可编程控制器，是微处理器、数字通信和控制技术飞速发展的产物。PLC 是一种专门为在工业环境下自动化应用而设计的专用计算机装置，它以微处理器为核心，具有输入、控制、输出和通信功能，既可以单台独立工作，也可以用多台 PLC、编程器、操作监视器或个人计算机以及通信网络构成可编程控制器系统，实现对工业生产过程、装置或设备的控制。由于 PLC 具有功能强大、操作方便、可靠性高等优点，目前已成为工业自动控制领域中广泛应用的自动化装置。

本章概述 PLC 的产生、发展、原理、相关概念和基本应用。

1.1　PLC 的产生与发展

1969 年，美国数字设备公司（DEC）研制出世界上第一套可编程序逻辑控制器（PLC），并成功地应用于 GM 公司的汽车自动装配线上，开辟了数字电子设备全新的应用领域。这一时期它主要用于顺序逻辑控制，故称为可编程序逻辑控制器（Programmable Logic Controller），简称 PLC。20 世纪 70 年代后期，随着微电子技术和计算机技术的迅速发展，PLC 从开关量的逻辑控制扩展到数字控制和生产过程控制领域，真正成为一种电子计算机工业控制装置，故称为可编程序控制器（Programmable Controller），简称 PC。但是，由于 PC 容易和个人计算机（Personal Computer）相混淆，故人们仍习惯地用 PLC 作为可编程序控制器的缩写。

1985 年，国际电工委员会（IEC）制定了可编程序逻辑控制器的标准，并给其作了如下定义："可编程序控制器是一种专为工业环境下应用而设计的数字运算操作的电子系统，它采用可编程序的存储器，在其内部存储执行逻辑运算、顺序控制、定时、计数和算术运算等操作命令，通过数字式、模拟式的输入和输出，控制各种类型的机械和生产过程。可编程序控制器及其有关的外部设备，都应按易于与工业控制系统联成一个整体，易于扩充其功能的原则而设计。"

PLC 最初只具备逻辑控制、定时、计数等功能，主要用于取代继电器接触控制。因而可以说 PLC 是计算机技术与继电器接触控制技术相结合的产物。20 世纪 70 年代，计算机技术被引入可编程序控制器，使其功能不断增强。现在的 PLC 系统已采用了中央处理器单元（CPU），其指令系统丰富，程序结构灵活，具有高速计数、中断技术、PID 调节和数据通信等功能，从而使 PLC 的应用范围和应用领域不断扩大。现代的 PLC 系统或者提供了数字显示的接口，或者配有直接相连接的触摸屏，增加了系统人机对话的能力。随着微处理器技术的发展，在 PLC 中已使用了 16 位、32 位高性能 CPU，并能实现多处理器冗余计算，具有 Web 上网的功能。随着技术的进步，当前 PLC 和集散控制系统（DCS）、工控机（IPC）之间正相互覆盖、渗透与替代，相辅相成，已成为工业自动化中应用最为广泛的控制设备。

从控制功能看，可编程控制器的发展经历了以下 4 个阶段：

① 从第一台 PLC 问世到 20 世纪 70 年代中期是可编程控制器的初创阶段。这一阶段的产品主要用于逻辑运算和计时、计数运算。

② 从 20 世纪 70 年代中期到 70 年代末期是可编程控制器的发展阶段。这一阶段产品的扩展功能包括数据的传送、数据的比较和运算、模拟量的运算等。

③ 从 20 世纪 70 年代末期到 80 年代中期是可编程控制器的通信阶段。这一阶段可编程控制器在通信方面有了很大的发展，初步形成了分布式的通信网络系统。但是，由于制造厂商各自采用不同的通信协议，产品间的互通比较困难。另外，在该阶段，数学运算的功能得到了较大的扩充，产品的可靠性进一步提高。

④ 20 世纪 80 年代中期以后是可编程控制器的开放阶段。这主要表现在通信系统的开放，使各制造厂的产品可以通信。在这一阶段，产品的规模增大，功能不断完善，大中型的产品多数有大屏幕显示功能，产品的扩展也因通信功能的改善而变得方便。此外，还采用了标准的软件系统，增加了高级编程语言等。

目前世界上生产可编程控制器产品的厂家非常多，代表性的制造商有：

美国：罗克韦尔公司（Rockwell）、通用电气公司（GE Fanuc）、艾默生公司（EMERSON）。

日本：三菱电机公司（MITSUBISHI）、欧姆龙公司（OMRON）、日立公司（HITACHI）。

欧洲：德国西门子公司（SIMENSE）、德国伦茨公司（Lenze）、法国施耐德公司（Schneider Electric）、奥地利贝加莱公司（B&R）、瑞士 ABB 公司、英国欧陆公司（EUROTHERM）。

中国台湾：台达电子公司，士林电机公司、盟立自动化、永宏 PLC 等。

中国大陆：无锡信捷、深圳奥越信、北京和利时、浙大中控、兰州全志、厦门海为、南大傲拓等。

1.2 PLC 的结构和工作原理

可编程控制器综合应用了自动化、计算机和通信等领域的成熟技术，形成了以微处理器为核心的高度模块化的机电一体化装置。广义地讲，可编程控制器也是一种计算机，只不过它是一种工业控制专用的计算机，它的实际组成与一般微型计算机基本相同，也是由硬件和软件两大部分组成。

1.2.1 PLC 系统硬件组成

尽管目前世界上出现了几十种品牌的 PLC，而且它们的指令系统与编程语言不尽相同，但其结构组成却大致一样。如图 1.1 所示，一个基本的 PLC 系统主要由中央处理器单元（CPU）、输入模块、输出模块、编程装置、存储器和电源等组成。

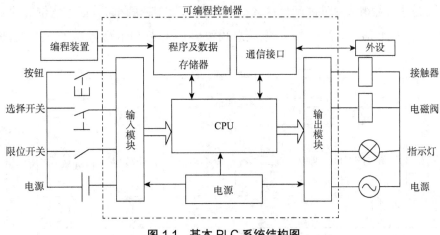

图 1.1　基本 PLC 系统结构图

1）中央处理器单元

中央处理器单元是一个含有处理器的单元，通过接收输入信号、运行存储器中的程序来实现控制决策，并将程序运行结果作为控制信号送至输出模块。

2）电源

PLC 使用 220 V 交流电源或 24 V 直流电源。PLC 内部的开关电源把交流电压转换成 CPU 及输入 / 输出接口电路所需的 ±5 V、±12 V、±24 V 等直流电源。

3）程序及数据存储器

用于存储程序、输入数据、设定值、运算中间结果、输出数据等。

4）输入 / 输出模块（I / O 模块）

PLC 通过 I / O 模块接收外部设备的信息并将内部信息传送到外部。如图 1.1 所示，输入信号可能来自按钮、开关、传感器等，是由电压、电流或电脉冲序列等表示的开关量或模拟量信号。输出信号可能送至含有信号灯、电机启动线圈、电磁阀的电路。

5）通信接口

用于 PLC 与其他网络站点间的信息传送。

6）编程装置

用于开发 PLC 程序，然后下载到 PLC 存储器中。手持式编程器便于在线调试（见图 1.2）；离线开发时一般采用个人电脑作为编程装置。

图 1.2　手持式编程器和 PLC 实物图

1.2.2　PLC 内部结构

PLC 内部基本结构如图 1.3 所示，它以微处理器 CPU 为核心，以系统的三条总线——数据总线、地址总线和控制总线为信息传输通路，配上大规模集成电路的存储器和输入 / 输出（I / O）接口电路组成计算机系统。

CPU 控制 PLC 内部所有操作。内部时钟频率范围在 1 ～ 8 MHz 内，决定了 PLC 的操作速度并且为系统中所有元件提供计时和同步功能。总线是 PLC 内部数字信号的通信通路，

CPU 使用数据总线在组成元件之间传送数据，用地址总线传送存储数据存放位置的入口地址，用控制总线传送控制信号。另外 I／O 系统总线用于 I／O 接口电路与 I／O 模块之间的通信。

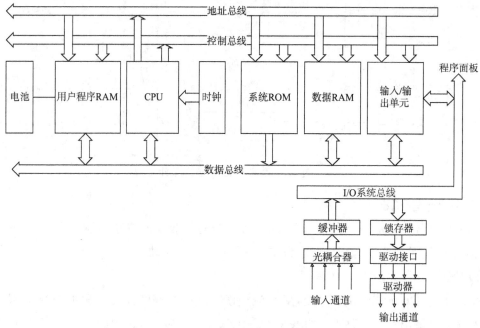

图 1.3 PLC 内部基本结构图

1）中央处理单元（CPU）

CPU 由控制器、运算器和寄存器组成并集成在一个芯片内。CPU 芯片负责输入／输出处理、程序解算、通信处理等功能。CPU 的内部结构取决于相关的微处理器，一般包括：

① 1 个算术逻辑单元 ALU，负责数据运算，实现加、减、与、或、非、异或等逻辑运算。

② 寄存器，位于微处理器中，用来存储程序执行时的相关信息。

③ 控制单元，用于指挥、协调和控制操作，包括程序与数据的输入、取指令并译码、控制 ALU 对数据进行传送与加工、运算结果的输出、与外部设备信息交换等。

一般 PLC 使用下列 CPU 芯片：

① 通用微处理器，如 Intel 公司的 8086 到 Pentium 系列芯片。

② 单片微处理器（单片机），如 Intel 公司的 MCS-96 系列单片机。

③ 位片式微处理器，如 AMD 2900 系列位片式微处理器。

CPU 通过数据总线、地址总线、控制总线和电源总线与存储器、输入／输出接口、编程器和电源相连接。在 PLC 控制系统中，CPU 模块相当于人的大脑，它不断地采集输入信号，执行用户程序，刷新系统的输出。

2）存储器

PLC 内的存储器主要用于存放系统程序、用户程序和数据等。

（1）系统程序存储器

PLC 系统程序决定了 PLC 的基本功能，该部分程序由 PLC 制造厂家编写并固化在系统程序存储器中，主要包括：

①　系统管理程序：系统管理程序主要控制 PLC 的运行，使 PLC 按正确的次序工作。

②　用户指令解释程序：用户指令解释程序将 PLC 的用户指令转换为机器语言指令，传输到 CPU 内执行。

③　功能程序与系统程序调用：负责调用不同的功能子程序及其管理程序。

系统程序属于需长期保存的重要数据，所以其存储器采用只读存储器（ROM）（见图 1.4）或可擦除可编程只读存储器（EPROM）。可用的其他程序存储器还有可电擦除可编程只读存储器（EEPROM）、快闪存储器（FLASH）等。

（a）ROM　　　　　　　　　　（b）EPROM　　　　　　　　　（c）EEPROM

图 1.4　只读存储器芯片实物图

ROM 具有非易失性，即电源断开后仍能保存已存储的内容，但只能读出内容，不能写入内容。

EPROM 是一种具有可擦除功能、擦除后即可进行再编程的 ROM 内存，写入前须用紫外线照射芯片上的透镜窗口才能擦除已写入内容，可重复擦除和写入。

EEPROM 是非易失性的，可以用编程装置编程，兼有 ROM 的非易失性和 RAM 的随机存取优点，但是写入信息所需时间比 RAM 长得多。EEPROM 的擦除不需要借助于其他设备，它是以电子信号来修改其内容，而且以字节为最小修改单位。

（2）用户程序存储器

用户程序存储器用于存放用户载入的 PLC 应用程序，载入初期的用户程序因需修改与调试，所以称为用户调试程序，存放在可以随机读写操作的随机存取存储器（RAM）内以方便用户修改与调试。

RAM 又叫读 / 写存储器。它是易失性的存储器，在电源中断后，储存的信息将会丢失。RAM 的工作速度高，价格便宜，改写方便。用户可以从编程装置读出 RAM 中的内容，也可以将用户程序写入 RAM。在关闭 PLC 的外部电源后，可用锂电池保存 RAM 中的用户程序和某些数据。锂电池可用 2～5 年，需要更换锂电池时，由 PLC 发出信号，通知用户。现在部分 PLC 仍用 RAM 来储存用户程序。

通过修改与调试后的程序称为用户执行程序，由于不需要再作修改与调试，用户执行程序就被下载到 EPROM / EEPROM 存储器芯片内长期使用。EPROM / EEPROM 芯片通常是 PLC 的一个可插入模块，可以永久保存。

（3）数据存储器

用于存储 PLC 运行过程中需生成或调用的预设、中间及结果数据，包括以下内容：

① 输入／输出元件的状态数据；

② 定时器和计数器以及其他内部装置所存储的值（设定值和当前值等）；

③ 组态数据，如输入／输出地址、软元件配置、通信组态等。

由于工作数据与组态数据不断变化，且不需要长期保存，所以采用随机存取存储器（RAM）存储。

三菱 Q 系列 PLC 的 CPU 存储器配置见图 1.5：

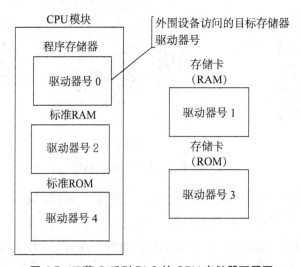

图 1.5　三菱 Q 系列 PLC 的 CPU 存储器配置图

说明：

① 程序存储器：存储 QCPU 的运行程序，执行前先将标准 ROM 或存储卡中的程序读入程序存储器。

② 标准 RAM：存储文件寄存器和局部软元件的数据。

③ 标准 ROM：QCPU 使用 ROM 时，用于存储参数和程序数据。

④ 存储卡（RAM）：存储局部软元件、调试数据、SFC 跟踪数据和故障历史数据以及参数和程序。

⑤ 存储卡（ROM）：闪存卡用于存储参数，是程序和文件寄存器。

3）I／O 模块

I／O 模块是系统的眼、耳、手、脚，是联系外部现场和 CPU 模块的桥梁。

输入模块用来接收和采集输入信号。数字量输入模块用来接收从按钮、选择开关、数字拨码开关、限位开关、压力继电器等来的数字量输入信号；模拟量输入模块用来接收电位器、测速发电机和各种变送器提供的连续变化的模拟量电流电压信号。

数字量输出模块用来控制接触器、电磁阀、电磁铁、指示灯、数字显示装置和报警装置等输出设备，模拟量输出模块用来控制调节阀、变频器等执行装置。

CPU 模块的工作电压一般是 5 V（DC），而 PLC 的输入／输出信号电压一般较高，如

24 V（DC）或 220 V（AC）。从外部引入的尖峰电压和干扰噪声可能损坏 CPU 模块中的元器件，或影响 PLC 的正常工作。在 I/O 模块中，用光耦隔离器、小型继电器等器件来隔离外部输入电路或负载。I/O 模块除了传递信号外，还有电平转换与隔离的作用。

I/O 模块各点的通断状态均用发光二极管显示，外部接线一般接在 I/O 模块面板的接线端子上。

4）总线

总线是 PLC 内部用来通信的通道。信息以二进制的形式传输，即在一组位中，用二进制数 1 或 0 来表示开 / 关状态。PLC 系统内部总线包括：

（1）数据总线

传送 CPU 处理过程中使用的数据，8 位微处理器有可以进行 8 位数据并行传递的内部数据总线。

（2）地址总线

传送存储器单元的地址。每个字的存储位置都对应一个地址，以便于 CPU 获得存储在某位置的数据、读取数据或者把数据写在某个地址中。如果地址总线有 8 条，总地址数为 $2^8=256$，地址空间为 0～255；如果地址总线有 16 条，则可能有 65536 个地址。

（3）控制总线

传送 CPU 控制所用的信号。例如，通知存储器是否需要从输入单元接收数据或输出数据到输出单元，同时传送用于同步活动的时序信号。

（4）I/O 系统总线

用于在输入 / 输出接口与输入 / 输出模块之间进行通信。

1.2.3　PLC 的软件结构

可编程控制器除了硬件系统外，还需要软件系统的支持，它们相辅相成，缺一不可，构成可编程控制器。可编程控制器的软件系统由系统程序（又称系统软件）和用户程序（又称应用软件）两大部分组成。

1）系统程序

系统程序由可编程控制器的制造厂商编制，固化在 PROM 或 EPROM 中，安装在可编程控制器上，随产品提供给用户。系统程序包括系统管理程序、用户指令解释程序和供系统调用的标准程序模块等。

（1）系统管理程序

主要功能如下：

① 时间分配的运行管理，即控制可编程控制器的输入、输出、运算、自检及通信的时序。

② 存储空间的分配管理，即生成用户环境，规定各种参数和程序的存放地址，将用户使用的数据参数和存储地址转化为实际的数据格式及物理存放地址。

③ 系统的自检程序，即对系统进行出错检验、用户程序语法检验、句法检验、警戒时钟运行等。

（2）用户指令解释程序

将用户用各种编程语言编制的应用程序翻译成中央处理单元能执行的机器指令。

（3）供系统调用的标准程序模块

由许多独立的程序块组成，可各自完成包括输入、输出、特殊运算等不同的功能。可编程控制器的各种具体工作由这部分来完成。

2）用户程序

用户程序是根据生产过程控制的要求，由用户使用制造厂商提供的编程语言自行编制应用程序、模拟量运算程序、闭环控制程序和操作站系统应用程序等。

① 开关量逻辑控制程序：它是可编程控制器用户程序中最重要的一部分，一般采用梯形图、指令表或功能表图等编程语言编制，不同 PLC 的制造厂商提供的编程语言有不同的形式。

② 模拟量运算程序及闭环控制程序：它们通常是在大中型 PLC 上实施的程序，由用户根据需要按可编程控制器提供的软件和硬件功能进行编制。制造厂商提供相应的编程软件供用户编制模拟量运算和 PID 控制等程序，编程语言一般采用高级语言或汇编语言。

③ 操作站系统程序：它是大型可编程控制器系统经过通信联网后，由用户为进行信息交换和管理而编制的程序。它包括各类画面的操作显示程序，一般采用高级语言实现。一些厂商也提供了人机界面的有关软件，用户可以根据制造厂商提供的软件使用说明进行操作站的系统画面组态和编制相应的应用程序。

1.2.4　PLC 的工作原理

PLC 一般有三种基本的工作模式，即运行模式（RUN）、停止模式（STOP）和暂停模式（PAUSE）。PLC 上电后进行系统初始化，包括系统自检及内存的初始化工作，为 PLC 的正常运行做好准备。PLC 在工作模式工作时，通过周期性地执行程序来完成控制功能，直至 PLC 返回停止（STOP）或暂停（PAUSE）模式。

1）扫描工作方式

PLC 系统 CPU 模块的程序运行模式与微型计算机系统中程序的运行方式截然不同，PLC 采用了周期性地循环执行程序的方法。PLC 每次循环要完成 5 个阶段的工作：内部处理、通信服务、输入处理、执行程序和输出处理。因此 PLC 系统 CPU 的工作过程是串行完成的。

在内部处理阶段，CPU 检查内部硬件（包括主机和 I／O 模块）的状态，将监控定时器即"看门狗"（Watch Dog）复位，同时完成一些其他必要的处理工作。监控定时器用于监视用户程序循环时间，目的是避免用户程序"死循环"，保证 PLC 能正常工作。只要循环超时，系统即报警，或作相应处理。

在通信服务阶段，PLC 检查与之相连的智能模块的通信需求，完成数据通信，在此阶段也响应编程设备的输入命令，更新存储器内容。

在 PLC 的 CPU 模块存储器中设置了一个区域，用来存放输入信号和输出信号的状态，它们分别称为输入映象寄存器和输出映象寄存器，也称为软元件。在输入处理阶段，CPU 把所有外部输入电路的接通 / 断开状态读入输入映象寄存器,称为输入刷新。

在执行程序阶段,CPU 执行用户编写的应用程序,从第一条程序指令开始顺序取指令并执行,直到最后一条指令结束。执行指令从映象寄存器中读取输入点的状态,经运算处理后,将结果送到输出映象寄存器。PLC 程序执行过程与计算机程序执行过程基本相同。由于 CPU 每个周期执行应用程序的路径可能不同,因而每个周期执行程序所占用的时间也可能不相同。

在输出处理阶段,CPU 将输出映象寄存器的内容,通过输出模块转换成被控对象所能接收的电流或电压信号,驱动被控设备,称为输出刷新。

PLC 系统 CPU 模块的串行工作方式决定了其有较高的可靠性。PLC 系统 CPU 模块的工作过程如图 1.6 所示。

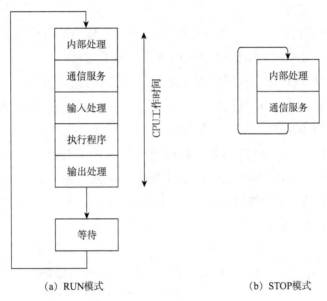

图 1.6　PLC 系统 CPU 模块的工作过程图

PLC 系统在运行模式(RUN)运行时,可以设置成恒定扫描周期或不恒定扫描周期两种。在不恒定扫描周期情况下,CPU 在其工作时间内反复完成 5 个阶段的功能(无等待时间),此时每个周期由于执行的指令差异,会产生各个扫描周期时间不等的情况,此时 CPU 对 I / O 刷新的时间间隔会有所不同。在恒定扫描周期的情况下,PLC 重复相同的工作周期,为将各个扫描周期时间调整一致,CPU 在输出处理阶段后将会有一个等待时间,使 CPU 对 I / O 刷新的时间间隔相同。一般情况下,PLC 系统均采用恒定扫描周期的工作模式,扫描周期可以人为设定。PLC 系统处于 STOP 状态,只执行内部处理和通信服务两个阶段的工作。PLC 系统处于PAUSE 状态,停止程序执行,保持输出及软元件(编程元件对应的映象寄存器)内存储的信息不变。

在恒定扫描周期的工作模式下,设置 PLC 的扫描周期时间必须和 CPU 在每一周期内所需的工作时间相匹配。当 CPU 的工作时间大于所设置的扫描周期时,PLC 系统将会发出出错报警。

2)扫描周期

PLC 在 RUN 工作模式时,执行一次扫描操作所需的时间称为扫描周期,典型的扫描周期为 10 ~ 100 ms。扫描周期与应用程序的长短、执行指令的种类和 CPU 的速度相关。PLC 的扫描周期在应用开发阶段是可以定义的。为了使 PLC 具有较好的运行特性，一般要求 CPU 的负荷率不大于 60% ~ 70%。CPU 负荷率的定量描述如下：

$$CPU 负荷率 = \frac{程序执行一次的时间}{扫描周期}$$

3）I/O 的刷新方式

在 PLC 运行过程中，当外界的输入信号变化时，输入模块采样，通过通信传输到 CPU 模块，系统感受到这个变化，然后 CPU 模块发出输出指令，通过输出模块作用于外界环境，整个过程有一定的时间间隔，称为输入/输出滞后。PLC 系统的输入/输出滞后一般用 I/O 响应时间来定量描述。

I/O 响应时间是指从某一输入信号变化开始，到系统输出端信号的改变所需要的时间。

PLC 系统引起的输入/输出滞后的原因主要来自两个方面：

其一，输入/输出硬件动作及通信过程要占用一定的时间，同时为了增强 PLC 系统的抗干扰能力，提高其可靠性，PLC 系统在输入/输出模件中都采用了相应的技术措施，如隔离或滤波等技术，此段时间总称为输入/输出时间。

其二，由于 CPU 模件采用周期性的循环执行程序（扫描工作方式），输入信号的采样在循环周期的输入处理阶段完成，输出信号的动作在循环周期的最后完成。因而在一般情况下，I/O 的响应时间最短为 1 个扫描周期左右，最长为两个扫描周期左右，如图 1.7 描述了输入/输出滞后的产生原因及现象。

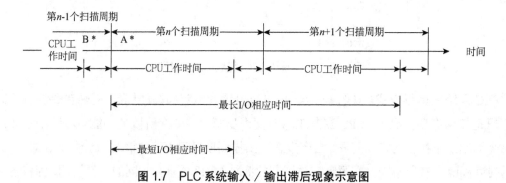

图 1.7　PLC 系统输入/输出滞后现象示意图

当输入信号"*"在 A 处变化时，PLC 系统具有最大滞后时间；当输入信号"*"在 B 处变化时，PLC 系统具有最小滞后时间。

输入/输出的刷新方式一般是一次性成批地进行 I/O 模块的存取，即与输入/输出模块之间通信。为了减少 PLC 输入/输出滞后现象，Q 型 PLC 增加了一种直接刷新方式，即在执行了一条直接刷新指令后立即进行 I/O 存取，这样可以加快系统的响应时间。

1.3 PLC 的分类和性能指标

1.3.1 分类

PLC 产品种类繁多,其规格和性能也各不相同。通常根据其结构形式的不同、功能的差异和 I / O 点数的多少等进行大致分类。

1) 按结构形式分类

根据 PLC 的结构形式,可将 PLC 分为整体式和模块式两类。

(1) 整体式 PLC

整体式 PLC 是将电源、CPU、I / O 接口等部件都集中装在一个机箱内,具有结构紧凑、体积小、价格低的特点。小型 PLC 一般采用这种整体式结构。整体式 PLC 由不同 I / O 点数的基本单元(又称主机)和扩展单元组成。基本单元内有 CPU、I / O 接口、与 I / O 扩展单元相连的扩展口,以及与编程器或 EPROM 写入器相连的接口等。扩展单元内只有 I / O 接口和电源等,没有 CPU。基本单元和扩展单元之间一般用扁平电缆连接。整体式 PLC 一般还可配备特殊功能单元,如模拟量单元、位置控制单元等,使其功能得以扩展。

(2) 模块式 PLC

模块式 PLC 是将 PLC 各组成部分分别做成若干个单独的模块,如 CPU 模块、I / O 模块、电源模块(有的含在 CPU 模块中)以及各种功能模块。模块式 PLC 由框架或基板和各种模块组成。模块装在框架或基板的插座上。这种模块式 PLC 的特点是配置灵活,可根据需要选配不同规模的系统,而且装配方便,便于扩展和维修。大、中型 PLC 一般采用模块式结构。

还有一些 PLC 将整体式和模块式的特点结合起来,构成叠装式 PLC。叠装式 PLC 的 CPU、电源、I / O 接口等也是各自独立的模块,但它们之间是靠电缆进行联接,并且各模块可以一层层地叠装。这样,不但系统可以灵活配置,还可做得体积小巧。

2) 按功能分类

根据 PLC 所具有的功能不同,可将 PLC 分为低档、中档、高档三类。

(1) 低档 PLC

低档 PLC 具有逻辑运算、定时、计数、移位以及自诊断、监控等基本功能,还可有少量模拟量输入 / 输出、算术运算、数据传送和比较、通信等功能。主要用于逻辑控制、顺序控制或简单模拟量控制的单机控制系统。

(2) 中档 PLC

中档 PLC 除具有低档 PLC 的功能外,还具有较强的模拟量输入 / 输出、算术运算、数据传送和比较、数制转换、远程 I / O、子程序、通信联网等功能。有些还可增设中断控制、PID 控制等功能,适用于复杂控制系统。

(3) 高档 PLC

高档 PLC 除具有中档机的功能外,还增加了带符号算术运算、矩阵运算、位逻辑运算、平方根运算及其他特殊功能函数的运算、制表及表格传送等功能。高档 PLC 具有更强的通信联网功能,可用于大规模过程控制或构成分布式网络控制系统,实现工厂自动化。

3)按I/O点数分类

按 PLC 的输入/输出点数可以分为小型、中型和大型。一般小于 512 点为小型,512~2048 点为中型,2048 点以上为大型。随着 PLC 技术的发展,这个分类标准也在改变,现在上万点的 PLC 系统已普遍使用。

1.3.2　性能指标

可编程序控制器的主要性能指标包括:

1)存储容量

存储容量是指用户程序存储器的容量。用户程序存储器的容量大,可以编制出复杂的程序。一般来说,小型 PLC 的用户存储器容量为几千字,而大型机的用户存储器容量为几万字。

2)I/O 点数

输入/输出(I/O)点数是 PLC 可以接受的输入信号和输出信号的总和,是衡量 PLC 性能的重要指标。I/O 点数越多,外部可连接的输入设备和输出设备就越多,控制规模就越大。

3)扫描速度

扫描速度是指 PLC 执行用户程序的速度,是衡量 PLC 性能的重要指标。一般以扫描 1K 字用户程序所需的时间来衡量扫描速度,通常以 ms/K 字为单位。PLC 用户手册一般给出执行各条指令所用的时间,可以通过比较各种 PLC 执行相同的操作所用的时间来衡量扫描速度的快慢。例如,三菱 Q00J PLC 执行一条取触点状态指令 "LD X0" 耗时 0.2 μs。

4)指令的功能与数量

指令功能的强弱、数量的多少也是衡量 PLC 性能的重要指标。编程指令的功能越强、数量越多,PLC 的处理能力和控制能力也越强,用户编程也越简单和方便,越容易完成复杂的控制任务。

5)内部元件的种类与数量

在编制 PLC 程序时,需要用到大量的内部元件来存放变量、中间结果、保持数据、定时计数、模块参数和各种标志位等信息。这些元件的种类与数量越多,表示 PLC 存储和处理各种信息的能力越强。

6)特殊功能单元

特殊功能单元种类的多少与功能的强弱是衡量 PLC 产品的一个重要指标。近年来,各 PLC 厂商非常重视特殊功能单元的开发,特殊功能单元种类日益增多,功能越来越强,使 PLC 的控制功能日益扩大。

7)可扩展能力

PLC 的可扩展能力包括 I/O 点数的扩展、存储容量的扩展、联网功能的扩展、各种功能模块的扩展等。在选择 PLC 时,经常需要考虑 PLC 的可扩展能力。

1.4　PLC 的特点和应用

1.4.1　PLC 的特点

1) 可靠性高, 抗干扰能力强

PLC 是专门为工业环境设计的电子设备, 因而从硬件和软件上采取了多项抗干扰措施, 大大提高了可靠性。

(1) 硬件

① 模块化结构

PLC 系统采用了模块化设计和扩展模块的使用, 简化了控制系统的形成, 也有助于故障情况时的快速修复。

② 屏蔽

PLC 系统对电源、内部 CPU、编程器等主要部件采用导电、导磁良好的材料进行屏蔽, 以防外界的电磁干扰。

③ 滤波

PLC 系统对输入信号采用了多种形式的滤波, 以消除或抑制高频干扰。

④ 隔离

PLC 系统的处理器和输入/输出电路之间一般采用不同的电隔离措施(如光电隔离等), 有效地减少了故障和动作次数。

(2) 软件

① 软件组态

PLC 系统无一例外地采用软件组态技术(用图形和表格的方式开发软件), 减小了系统故障率, 提高了软件可靠性。

② 信息保护与恢复

在 PLC 系统中发生某些故障时, 系统将内部信息进行保护, 免遭破坏, 一旦故障消失, 信息恢复, 正常工作。

③ 综合措施

a. 时间监视器(Watch Dog)

PLC 中的时间监视器是一种硬件和软件相结合的可靠性措施, 它对周期性的操作进行监视, 一旦超时立即报警, 这种技术也应用于其他工业控制系统中。

b. 故障检测

PLC 系统在启动时, 以及正常运行时会定期地测试外界环境和运行设备, 如掉电、欠电压、硬件故障等, 发现异常立即报警。

2) 使用简单方便

主要体现在以下几方面:

① PLC 系统一般直接连线, 接线简单, 不需要用户进行电路板的设计。

② PLC 系统设计容易, 开发周期短, 程序易于调试和修改。

③ PLC 系统具有标准的图形方式和文本方式的组态软件, 编程简单直观。

④ 利用 PLC 网络和通信技术易于实现复杂的分散控制任务。

1.4.2 PLC 系统的应用

PLC 是以微处理器为核心, 综合了计算机技术、自动控制技术和通信技术发展起来的一种通用的工业自动控制装置, 它具有可靠性高、体积小、功能强、程序设计简单、灵活通用、维护方便等一系列的优点, 因而在电力、冶金、化工、能源、交通等领域中有着广泛的应用。根据 PLC 的特点, 可以将其应用形式归纳为以下几种类型:

1) 开关量逻辑控制

PLC 具有强大的逻辑运算能力, 可以实现各种简单和复杂的逻辑控制。这是 PLC 最基本、最广泛的应用领域, 它取代了传统的继电器的控制。

2) 定时和计数控制

PLC 具有强大的定时和计数功能, 它可以为用户提供几十、上百甚至上千个定时器和计算器。其计时的时间和计数的值可以由用户在编写应用程序时自行设置, 或由操作人员在生产现场人工设定, 实现定时和计数控制。如果用户需要对频率较高的信号进行计数时, 则可以选择高速计算模块。

3) 顺序控制

在工业控制中可利用 PLC 步进指令编程或用位移寄存器编程来实现顺序控制和程序控制。

4) 模拟量控制

PLC 中配有 A / D 和 D / A 转换模块, A / D 模块能将现场连续变化的模拟量(如温度、压力流量、速度等)转变为数字量, 再经 PLC 中的微处理器处理后, 经过 D / A 模块转换为模拟量去控制被控对象, 这样实现对模拟量的控制。

5) 过程控制

在功能完善的 PLC 系统中一般配备了 PID 控制模块和复杂的专用控制算法, 可以进行闭环过程控制。当生产过程中的被控制量偏离设定值时, PLC 能按照 PID 算法算出正确的输出值, 控制生产过程, 保证被控对象的正常运行。有的 PLC 中配备了一些高级的智能控制功能, 能满足某些特殊的控制要求。

6) 数据处理

现代的 PLC 系统不仅能进行算术运算、逻辑运算, 还能进行比较复杂的数值运算, 包括数据传送、数据链接、排序、查找等操作, 而且还具有比较、数据转换、数据通信、数据显示和打印等较为强大的数据处理能力。

1.5 三菱电机 Q 型 PLC 简介

日本三菱电机生产的 MELSEC-Q 系列 PLC 是一个品种繁多的产品系列, 能广泛适应不同用户的需求。根据 CPU 模块的不同，MELSEC-Q 系列 PLC 由 4 种类型构成：

① "基本型" CPU。基本型 QPLC 是面向小规模系统、简单对象而设计的系统。其共有 Q00JCPU、Q00CPU 和 Q01CPU 三种（见表 1.1）。

Q00JCPU 是电源模块、主基板一体化的 CPU 模块，主基板上具有 5 个插槽。扩展基板最多可以连接 2 级，最多可以安装 16 块输入 / 输出模块和智能模块。主基板和扩展基板上可以控制 256 个输入 / 输出点。

Q00CPU 和 Q01CPU 是单独的 CPU 模块，安装在主基板上。扩展基板最多可连接 4 级，最多可以安装 24 块输入 / 输出模块和智能模块。主基板和扩展基板上可以控制 1024 个输入 / 输出点。

② "高性能型" CPU。高性能 CPU 与基本型 CPU 相比，具有较高的处理速度和支持大容量的控制系统，单个 CPU 可以控制 4096 个输入 / 输出点（本地）。高性能 CPU 可组合成多 CPU 系统，可以控制更大的控制系统。高性能 CPU 有 Q02CPU、Q02HCPU、Q06HCPU、Q12HCPU、Q25HCPU 模块。

③ "过程型" CPU。过程型 CPU 主要针对自动控制功能而设计，它增加了 52 条过程控制的指令，具有 PID 调节器的功能，可实现两个自由度的 PID 控制。过程型 CPU 除了有完善的功能，同时性能也得到了提高，支持在线模块的热拔插，可在线进行模块更换。过程型 CPU 有 Q12PHCPU 和 Q25PHCPU 模块。

④ "冗余型" CPU。冗余 CPU 提高了系统的可靠性，实现了 CPU 的冗余配置，当运行 CPU 发生故障时，系统自动切换至备用 CPU 工作，保证系统的正常运行。冗余 CPU 还支持电源模块、基板等的冗余配置，使系统性能大大提高。冗余型 CPU 有 Q12PRHCPU、Q25PRHCPU 模块。

表 1.1　基本型 CPU 的主要性能描述

项　　目			Q00JCPU	Q00CPU	Q01CPU
CPU 模块			CPU、电源、主基板一体型	单体的 CPU 模块	
主基板			不要	Q33B、Q35B、Q38B、Q312B	
扩展基板			Q52B、Q55B、Q63B、Q65B、Q68B、Q612B		
扩展级数			最多 2 级	最多 4 级	
可以安装的模块数			16 块	24 块	
电源模块	主基板		不要	Q61P-A1、Q61P-A2、Q62P、Q63P	
	扩展基板	Q52、Q55B	不要		
		Q63、Q65B、Q68B、Q612B	Q61P-A1、Q61P-A2、Q62P、Q63P		

（续表）

项　　目		Q00JCPU	Q00CPU	Q01CPU
扩展电缆		QC05B、QC06B、QC12B、QC30B、QC50B、QC100B		
存储卡		无		
外部 接口	RS-232	传输速率：9.6 kbps、19.2 kbps、38.4 kbps、57.6 kbps、115.2 kbps		
	USB	无		
处理 速度	LD X0	0.2 μs	0.16 μs	0.1 μs
	MOV D0 D1	0.7 μs	0.56 μs	0.35 μs
程序容量（1 步为 4 个字节）		8 K 步	8 K 步	14 K 步
存储 容量	程序存储器	58 K 字节	94 K 字节	
	标准 ROM	58 K 字节	94 K 字节	
	标准 RAM	–	64 K 字节	
软元件寄存器容量		18 K 字节（可以在 16.4 字节范围内变动）		
输入 / 输出软元件点数 （包括远程输入 / 输出点数）		2048 点		
输入 / 输出点数		256 点	1024 点	
文件寄存器		无	32 K 点	
串行通信功能		无	CPU 模块的 RS-232 接口	

　　本书中的编程举例基于三菱电机 MELSEC-Q 系列 PLC，以下简称 Q 系列 PLC，图 1.8 为三菱公司的 PLC 外观。

Q 系列（大中型，模块式 PLC）

FX 系列（小型，整体式 PLC）

图 1.8　三菱公司的 PLC 产品外观图

思考题与习题 1

1.1　PLC 与继电器控制比较，当控制内容改变时，继电器控制须改变硬件电路，PLC 则只需改变＿＿＿＿＿＿＿＿。

1.2　继电器的线圈断电时，其常开触点＿＿＿＿＿，常闭触点＿＿＿＿＿。

1.3　向 PLC 传送程序时，应使 PLC 处于＿＿＿＿＿状态。

1.4　PLC 的内部结构主要包括＿＿＿＿＿＿＿＿、＿＿＿＿＿＿＿＿、＿＿＿＿＿＿＿＿和＿＿＿＿＿＿＿＿。

1.5　为了防止去电后 RAM 中的内容丢失，PLC 使用了＿＿＿＿＿＿＿＿。

1.6　PLC 可以应用于哪些方面？

1.7　PLC 的扫描工作过程是怎样的？

1.8　PLC 在工业应用中有什么优点？

1.9　PLC 有哪几种分类？

1.10　在一般情况下，PLC 的 I／O 响应时间最短为多少？

第2章 PLC 编程基础

计算机的各项功能主要由程序来实现。我们通常使用高级语言，如 C++、Java、Python 等在个人电脑上开发应用程序，或采用基于助记符号的汇编语言来编程，如单片机应用程序。在微处理器上运行的程序必须以机器码形式加载，机器码是表示程序指令的二进制代码，因此高级语言程序或汇编语言程序需经过编译和汇编转换成机器码。

作为一种工业用途的计算机，可编程序控制器被开发的初衷是让没有很多程序设计知识的工程师方便使用，因此开发出梯形图这种类似于继电器－接触器控制电路的图形编程方法，然后利用编译软件将程序转换成 PLC 处理器上可运行的机器码，这种编程方法为大多数 PLC 生产商所采用。为建立国际上统一的 PLC 编程规范，国际电工委员会（IEC）于 1985 年制定了 PLC 的编程语言标准 IEC1131-3，这是在对世界范围的 PLC 厂家的编程语言合理地吸收、借鉴的基础上形成的一套针对工业控制系统的国际编程语言标准，它不仅适用于 PLC 系统，而且还适用于更广泛的工业控制领域。根据 IEC 1131-3 标准，PLC 的编程语言分为两大类：图形编程方式和文本编程方式。

本章介绍 IEC1131-3 标准约定的 5 种 PLC 编程语言以及 PLC 编程的基本要素和方法。

2.1 PLC 的编程语言

IEC 1131-3 标准的编程语言包括图形化编程语言和文本化编程语言。图形化编程语言包括梯形图（Ladder Diagram, LD）、功能块图（Function Block Diagram, FBD）、顺序功能图（Sequential Function Chart, SFC）。文本化编程语言包括指令表（Instruction List, IL）和结构化文本（Structured Text, ST）。各语言形式简示如图 2.1。

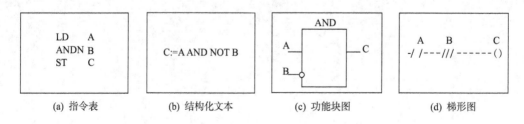

(a) 指令表　　　　　(b) 结构化文本　　　　　(c) 功能块图　　　　　(d) 梯形图

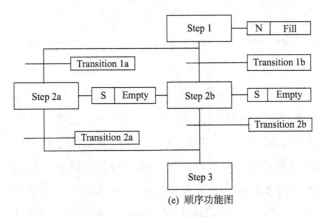

(e) 顺序功能图

图 2.1 PLC 的 5 种编程语言

2.1.1 图形编程方式

图形编程方式是用图形和表格的方式来开发程序。常见的方法是用图形方式来定义完成的功能，用表格方式来定义参数的属性。所有图形编程方法定义参数的表格形式有一定的类同之处，都是用图形表示完成功能的不同形式。

1）梯形图（LD）

梯形图来源于美国，为第二次世界大战期间所发展出来的自动控制图形语言，是历史最久、使用最广的自动控制语言，被称为 PLC 的第一编程语言。早期的梯形图旨在用梯形逻辑替代继电器的工作过程，它基于图形表示的继电器逻辑，主要针对开关量控制。随着 PLC 的发展，梯形图的功能逐渐扩大，现在已经能实现模拟量运算（包括比较复杂的控制算法）、算术运算等功能。本书以后各章将以梯形图方式为主来进行叙述。

梯形图程序的左、右两侧有两条垂直的电力轨线，左侧的电力轨线名义上为能流从左向右沿着水平梯级通过各个触点、功能、功能块、线圈等提供能量，能流的终点是右侧的电力轨线。每一个触点代表了一个布尔变量的状态，每一个线圈代表了一个实际设备的状态，功能或功能块与 IEC 1131-3 中的标准库或用户创建的功能或功能块相对应。图 2.2（a）为控制电路图中物理继电器与 PLC 梯形图程序中符号的对应关系。图 2.2（b）上部为继电器控制电路图，下部为对应的梯形图。

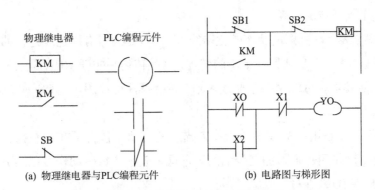

(a) 物理继电器与PLC编程元件　　　　(b) 电路图与梯形图

图 2.2 继电器控制电路图与梯形图

2）功能块图（FBD）

功能块图用来描述功能、功能块和程序的行为特征，还可以在顺序功能流程图中描述步、动作和转变的行为特征。功能块图与电子线路图中的信号流图非常相似，在程序中，它可看作两个过程元素之间的信息流。用功能块图进行软件开发时，具体动作用一种预先编号的软件模块（功能块）来描述，再用连线将它们连接，以实现一个完整的功能。PLC 系统的功能块较多，几乎涵盖了所有的监控需求，它既可以描述开关量动作过程，也可以描述模拟量的处理过程。用功能块图定义的功能类似过程控制中常见的 SAMA 图，因而被工业控制领域广泛使用，特别在模拟量控制较多的场合。功能块用矩形块来表示，每一功能块的左侧有不少于一个的输入端，在右侧有不少于一个的输出端，功能块的类型名称通常写在块内，功能块的输入 / 输出名称写在块内的输入 / 输出点的相应地方。例如，一个流量控制系统可由 PID 等几个 FBD 组成，如图 2.3 所示。

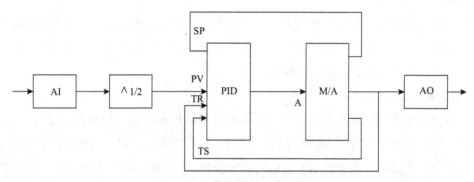

图 2.3　流量控制系统功能块图

3）顺序功能图（SFC）

顺序功能图是用来描述顺序操作的图形化语言，在顺序功能图中可以用别的语言嵌套编程。步、动作和转换是顺序功能图的主要组成部分。步用来说明操作，动作用来描述每步的具体功能，转换则是步与步之间过渡的条件。

顺序功能流程图可以由步、有向连线和过渡的集合描述。

① 步：用矩形框表示，描述了被控系统的每一特殊状态。一个步可以是激活的，也可以是休止的，只有当步处于激活状态时，与之相应的动作才会被执行，至于一个步是否处于激活状态，则取决于上一步及过渡。

② 有向连线：表示功能图的状态转化路线，每一步是通过有向连线连接的。

③ 过渡：表示从一个步到另一个步的转化，这种转化并非任意的，只有满足一定的转换条件时，转化才能发生。过渡用一条横线表示，转换条件可以用 ST、LD 或 FBD 来描述。可以对过渡进行编号。

④ 动作：每一步是用一个或多个动作来描述的。动作包含了在步被执行时应当发生的一些行为的描述，动作用一个附加在步上的矩形框来表示。每一动作可以用 IEC 的任一语言如 ST、FBD、LD 或 IL 来编写。

顺序功能图举例如图 2.4。

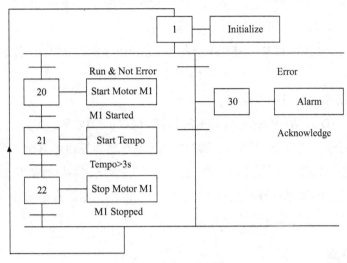

图 2.4　顺序功能图例

2.1.2　文本编程方式

文本方式有指令表（IL）和结构化文本（ST）两种。

1）指令表（IL）

IEC 1131-3 的指令表语言是一种低级语言，与汇编语言很相似，可以用来描述功能、功能块和程序的行为，还可以在顺序功能流程图中描述动作和转变的行为。指令表的优缺点与汇编语言类同，其编程相对比较复杂烦琐，不易描述系统的总体结构和编制较大的程序，但指令表具有很大的灵活性和较高的透明度，常常用它来描述一些标准图形编程方式难以表达的特殊算法。

指令表语言是由一系列指令组成的语言。每条指令在新一行开始，指令由操作符和紧随其后的操作数组成，操作数是指变量和常量。有些操作符可带若干个操作数，这时各个操作数用逗号隔开。指令前可加标号，后面跟冒号，在操作数之后可加注释。指令表一般操作符包括装入指令、逻辑指令、算术指令、比较指令、跳转及调用指令等。指令表可用于定义以及调用功能块和功能。

2）结构化文本（ST）

结构化文本是一种高级的文本语言，可以用来描述功能、功能块和程序的行为，还可以在顺序功能流程图中描述步、动作和转变的行为。结构化文本语言表面上与 PASCAL 语言很相似，但它是一个专门为工业控制应用开发的编程语言，具有很强的编程能力，用于对变量赋值、回调功能和功能块、创建表达式、编写条件语句和迭代程序等。

结构化文本（ST）定义了一系列操作符用于实现算术和逻辑运算，包括：

① 逻辑运算符：AND,&,XOR,OR 等；

② 算术运算符：<, >, <=, >=, =, <>, +, -, MOD, / 等；

③ 简单的赋值语句, 如 X: =Y;

④ 复杂的数组或结构赋值, 如 Profile [3]:=10.3+SQRT ((Rate+2.0));

⑤ 在结构化文本程序中可以直接调用功能块;

⑥ 支持条件语句 IF…THEN…ELSE, 该选择语句依据不同的条件分别执行相应 THEN 及 ELSE 语句;

⑦ 支持 CASE 多重分支选择语句;

⑧ 支持 FOR…DO、WHILE…DO 和 REPEAT...UNTIL 等循环语句。

结构化文本程序格式自由, 可以在关键词与标识符之间任何地方插入制表符、换行字符和注释。对于熟悉计算机高级语言开发的人员来说, 结构化文本语言更是易学易用。结构化文本非常适合有复杂的算术计算的应用中。此外, 结构化文本语言还易读易理解, 特别是用有实际意义的标识符、批注来进行注释时。

2.1.3 梯形图语言

梯形图 (LD) 是本书的主要程序描述方法, IEC 1131-3 中的梯形图语言对各 PLC 厂家的梯形图语言进行合理的吸收和借鉴, LD 语言中的各图形符号与各 PLC 厂家的基本一致, 见图 2.5。

1) IEC 1131-3 的 LD 语言

IEC 1131-3 的 LD 语言包括以下图形符号:

① 触点类: 常开触点、常闭触点、正转换触点、负转换触点。

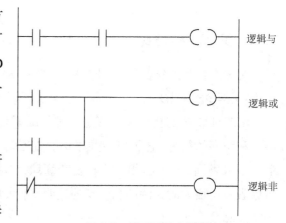

图 2.5　梯形图基本逻辑

很多 PLC (如三菱 Q / FX 系列) 在梯形图中用 "┤├" 表示输入常开触点; 用 "┤╱├" 表示输入常闭触点; 用 "┤↑├" 表示检测到每一次正转换 (由 0 到 1), 让电路接通一个扫描周期; 用 "┤↓├" 表示检测到每一次负转换 (由 1 到 0), 让电路接通一个扫描周期; 用 "( )" 表示输出线圈。

常见的基本逻辑功能可用下面的梯形逻辑表示:

② 线圈类: 一般线圈、取反线圈、置位 (锁存) 线圈、复位去锁线圈、保持线圈、置位保持线圈、复位保持线圈、正转换读出线圈、负转换读出线圈。

③ 功能和功能块: 包括标准的功能和功能块以及用户自己定义的功能块。

2) 梯形图编程规则

① 梯形图编程时出现在系统最左边的垂直线称为左母线, 对应于继电接触器控制电路中的 "相线"; 出现在最右边的垂直线为右母线, 对应于 "零线"。如图 2.6 所示触点 1、2 接通时, 有一个假象的 "概念电流" 或 "能流" (Power Flow) 从左向右流动, 所以左侧放置输入元件, 右侧放置输出元件。能流方向与执行程序逻辑运算时的方向是一致的, 只能从左向右流动。能流这一概念, 可以帮助我们更好地分析和理解梯形图。

②　梯形图中的每个水平梯级（即每一行）代表一个动作过程，当执行一个以上动作过程时，可以用多行来表示，由一个梯形图便可得到一个完整的程序。程序执行的次序是从左到右、从上到下。

③　图形符号应放在水平线上，不应放在垂直线上，例如在图 2.6（a）中，触点 5 与其他触点间的关系无法识别，因为有两个方向的"能流"经过触点 5（经过触点 1、5、4 或经过 3、5、2），这不符合能流只能由左向右流动的原则。因此对此类桥式电路，应按从左到右、从上到下的单向性原则，画出所有可能的通路，修改后的正确的梯形图如图 2.6（b）所示。

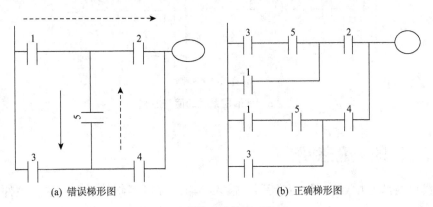

(a) 错误梯形图　　　　　　　　　　　　(b) 正确梯形图

图 2.6　梯形图编程规则举例一

④　每一逻辑行总是起于左母线，然后是触点的连接，最后终止于线圈或右母线（右母线可以不画出）。左母线与线圈之间一定要有触点，而线圈与右母线之间则不能有任何触点。如图 2.7 所示。

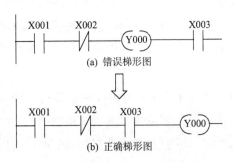

(a) 错误梯形图

(b) 正确梯形图

图 2.7　梯形图编程规则举例二

注：图（a）的触点不应在线圈的右边

⑤　梯形图中的触点可以任意串联或并联，但继电器线圈只能并联而不能串联。

⑥　触点的使用次数不受限制。

⑦　一般情况下，在梯形图中同一线圈只能出现一次。如果在程序中，同一线圈使用了两次或多次，称为"双线圈输出"。对于"双线圈输出"，有些 PLC 将其视为语法错误，绝对不允许；有些 PLC 则将前面的输出视为无效，只有最后一次输出有效；而有些 PLC，在含有跳转指令或步进指令的梯形图中允许双线圈输出。

⑧　有几个串联电路相并联时，应将串联触点多的回路放在上方，称为"上重下轻"原则。

在有几个并联电路相串联时，应将并联触点多的回路放在左方，称为"左重右轻"原则。如图 2.8 所示，这样所编制的程序简洁明了，程序占用存储空间小，运行时扫描速度快。

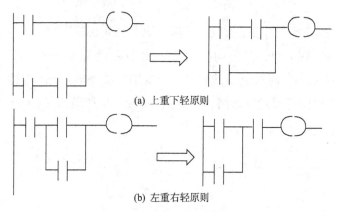

(a) 上重下轻原则

(b) 左重右轻原则

图 2.8　梯形图编程的两个原则

2.2　PLC 的编程资源

CPU 模块内部有微处理器、存储器、输入/输出接口等硬件资源，这些硬件资源是可编程控制器系统工作的基础。通过软件编程，充分利用系统的硬件资源，实现预期的监控功能。可编程控制器在软件编程过程中与任何高级语言一样，其数据也应存放在 RAM 存储区的存储单元中，我们把存储数据的存储单元称为编程元件。由于可编程控制器是由继电器接触控制发展而来的，其很多存放数据的编程元件是按继电器接触控制回路中的物理元件命名的，如触点、线圈、辅助继电器、定时器、计数器等，因此可编程控制器的编程元件被称为软元件或软电器，对应着一定的实际功能，而不仅仅是存储单元。编制用户程序即画梯形图时，首先要从可编程控制器包含的多种软元件中选择需要的软元件，然后把所选择的软元件组织到梯形图中。

可编程控制器中包含的各种软元件就是可编程控制器的编程资源，根据属性分类如下：

① 按使用类型分为用户软元件和系统软元件，其中用户软元件对用户开放，即用户可以在编程中使用。系统软元件专门为 PLC 系统内部使用，用户可以访问，但不能更改。

② 按存储的数据类型分为位元件、字元件、常数和字符串。位元件存储数据以位（bit）为单位；字元件存储数据以字节（byte, 8 个连续的位）、字（word, 16 个连续的位）或双字（double word, 32 个连续的位）为单位。

因而每个软元件都具有两种分类属性，以下按两种分类属性具体介绍三菱 Q 系列 PLC 的软元件。

2.2.1　用户软元件

1）位元件（继电器类）

位元件只有两种不同的状态，即 ON 和 OFF，可以分别用二进制数 1 和 0 来表示。可编程控制器一般有 5 种基本的位编程元件供用户编程使用，为了分辨各种编程元件，各厂商给它们分别指定了专用的字母符号。

（1）输入继电器

输入继电器是 PLC 接收外部输入开关量信号的窗口，用于存储直接输入给 PLC 的物理信号。在 PLC 中所说的继电器（软元件）实际上不是真正的物理继电器，而是一个命名和存储单元，在梯形图和指令表中都不能看到和使用输入继电器的线圈，只能看到和使用其常开、常闭触点。PLC 将外部信号的状态读入并存储在输入继电器内，即输入映象寄存器（软元件）中。当外部输入电路接通时对应的输入映象寄存器为 ON（"1" 状态），当外部输入电路断开时对应的输入映象寄存器为 OFF（"0" 状态）。

在三菱 Q 型 PLC 中输入继电器用字母 "X" 标识，编号采用十六进制数。

（2）输出继电器

输出继电器是 PLC 向外部负载发送开关量信号的窗口，用于存储从 PLC 直接输出的物理信号。PLC 将输出映象继电器（软元件）内的信号传送给输出模块，再由后者驱动外部负载。在梯形图中能看到输出继电器的线圈和触点。PLC 将控制外部设备的信号输出并存储在输出继电器内，即输出映象寄存器（软元件）中。输出模块根据输出映象寄存器状态输出信号，当输出映象寄存器为 ON（"1" 状态），输出信号接通外部驱动电路；当输出映象寄存器为 OFF（"0" 状态），输出信号断开外部驱动电路，控制外部设备的启停。

在三菱 Q 型 PLC 中输出继电器用字母 "Y" 标识，编号采用十六进制数。除了输入 / 输出继电器采用十六进制编号，三菱 Q 型 PLC 中其余的软元件均采用十进制编号。

（3）内部继电器

内部继电器是 PLC 内部的运算标识位，相当于继电接触器控制系统的中间继电器，它用来存储中间状态或其他控制信息。这类元件的线圈与输出继电器一样，由 PLC 内的各种编程元件的触点驱动，但不能直接驱动外部负载，其常开和常闭触点可无限量使用。内部继电器可分为一般用途、停电保持用途和特殊用途三类。

① 通用型内部继电器

即一般用途的内部继电器，它用于逻辑运算的中间状态存储及信号类型的变换。在三菱 Q 型 PLC 中，通用内部继电器用字母 "M" 标识。

② 停电保持用内部继电器

具有停电保持功能，它利用 PLC 内装的备用电池或 EEPROM 进行停电保持，当停电后重新运行时，能保留停电前的状态。在三菱 Q 系列 PLC 中，称为锁存继电器，用字母 "L" 标识。锁存继电器是编写程序的辅助元件，当 PLC 电源出现从 OFF 到 ON 切换或者发生 QCPU 复位时，内部继电器一般不能保持原有状态，而锁存继电器能在上述情况下保存操作结果。锁存继电器的状态可以通过 CPU 的锁存清除操作或 RST 等元件复位指令来实现复位。

③ 特殊用途内部继电器

通常 PLC 有以下几种用途的继电器：

a. 信号报警器

信号报警器是一种特殊用途的内部继电器，在用户检测程序时经常使用。这类元件可以由 SET 或者 OUT 指令来控制。报警器与属于系统软元件（见表2.1）的特殊继电器 SM 及特殊寄存器 SD 相结合，能通过用户编程来检测设备异常和故障，因而用户程序常采用该指令进行工控设备的报警输出。Q 型 PLC 中有 1024 个报警器，用字母 "L" 标识。可以用 SET F（报警器号）将指定的报警器置位（置1）；用 RST F（报警器号）将指定的报警器复位（清零）。

当某个报警器 ON 后，特殊继电器（SM62）将 ON，然后置 ON 的报警器个数及编号将被存储到特殊寄存器（SD62~79）中：

特殊继电器：SM62　　　　　　只要有一个报警器 ON，SM62 即会 ON

特殊寄存器：SD62　　　　　　存储最先 ON 的报警器编号

　　　　　　SD63　　　　　　存储置 ON 的报警器个数

　　　　　　SD64~79　　　　按照置 ON 的时间顺序存储报警器编号

例如，当系统只有一个报警器报警时，SD63 为 1，SD62 和 SD64 存储相同的报警器号。

b. 边沿继电器

边沿继电器是用来存储梯形图中程序块运行结果上升沿信号的编程元件，但只能用作接触器，不能用作线圈。在三菱 Q 型 PLC 中，边沿继电器用字母 "V" 标识，且相同的边沿继电器编号只能使用一次。

c. 通信继电器

用于在 CPU 与网络模块之间进行数据链接刷新的继电器。在三菱 Q 型 PLC 中，通信继电器用字母 "B" 标识，用于 Q-CPU 和 MELSEC NET／H 网络通信模块的通信继电器的刷新。

d. 特殊通信继电器

在三菱 Q 型 PLC 中，特殊通信继电器用于表示通信状态以及对 MELSEC NET／H 网络通信模块之类的智能功能模块的出错检测，用字母 "SB" 标识。

e. 步进继电器

步进继电器是一种 SFC 程序编程元件，可参见 3.5 节中的 SFC 编程。在三菱 Q 型 PLC 中，步进继电器用字母 "S" 标识。步进继电器不能在顺控程序中作为内部继电器使用。如果在顺控程序中作为内部继电器使用，将使 SFC 程序出错，系统停止运行。

2）字元件（寄存器类）

在 PLC 中用 16 个连续的 "位" 组成一个 "字"，32 个连续的 "位" 组成一个 "双字"。Q 系列 PLC 主要的字软元件有定时器、计数器、数据寄存器、通信寄存器等。

（1）定时器

PLC 中的定时器相当于继电器接触控制系统中的时间继电器，它是 PLC 内部累计时间增量的重要编程元件，主要用于定时和延时控制。每个定时器包括以下 4 个组成部分：

① 一个设定值寄存器，字软元件；

② 一个当前值寄存器，字软元件；

③ 一个描述定时器状态的线圈，位软元件；

④ 一个用来存储其输出触点状态的映象寄存器，位软元件。

这 4 个存储单元使用同一个软元件号，三菱 Q 型 PLC 中定时器用字母 "T" 标识，其后的编号为十进制，如定时器 "T0"。

定时器是加法式的，外界条件满足后，定时器线圈接通，当前值寄存器开始以一个设定的周期计数；若当前值寄存器的累计值与设定值寄存器的值相等时，存储输出触点状态的映象寄存器立即接通；当定时器线圈失电时，触点复位。

三菱 Q 型 PLC 有一般定时器和保持定时器两种类型，而每种定时器根据其计数周期的长短又分低速和高速两种，如图 2.9 所示。

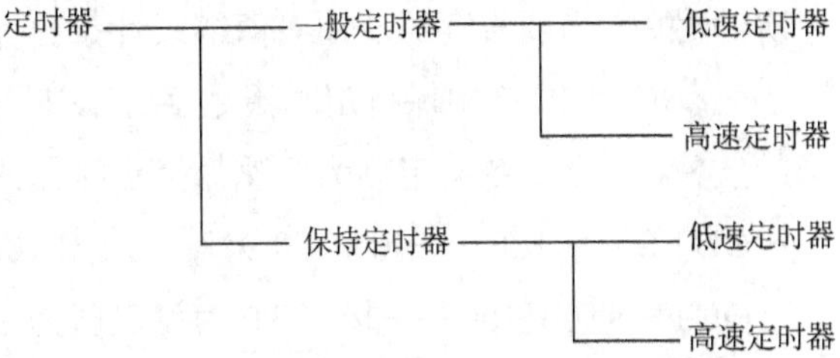

① 一般定时器

一般的定时器当前值寄存器不具备锁存功能，常数可以作为定时器的设定值，也可以用数据寄存器（D）的内容来作为定时器的设定值。低速定时器的默认计数周期为 100 ms，计测单位可以在 1 ~ 1000 ms 的范围内以 1 ms 为单位变化。高速定时器的默认计数周期为 10 ms，其计测单位可以在 0.1 ~ 100 ms 的范围内以 0.1 ms 为单位变化。

在三菱 Q 型 PLC 中，低速定时器和高速定时器是相同的软元件，由指令指定为低速定时器或高速定时器。例如有以下 Q 型 PLC 指令：

OUT T0 K100 —— 指定 T0 为低速定时器，设定值为 100；

OUTH T0 K100 —— 指定 T0 为高速定时器，设定值也为 100。

但二者计数周期不同，假设前者为 100 ms，后者为 10 ms（计数周期可在 PLC 中进行初始设置），则低速定时器的延时时间为 10 s，高速定时器为 1 s。

定时器线圈根据触点条件接通。图 2.10 为一个控制低速定时器的梯形图和时序图，其中 T0 为设定的一般低速定时器，K100 是 T0 计数器的设定值，在默认计数周期下相当于 10 s。

图 2.9　三菱 Q 型 PLC 定时器分类图

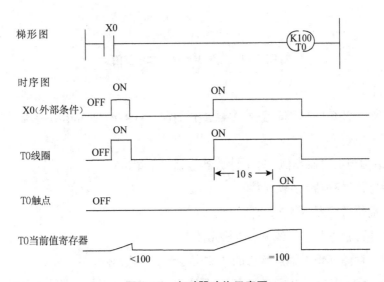

图 2.10　定时器动作示意图

由图 2.10 可见，一般定时器的当前值寄存器不具有保持功能，即外部条件不满足时，定时器触点断开，当前值寄存器清零，在外部条件再次满足后，当前计数器从零开始计数。

② 保持定时器

从计数的角度看，保持定时器和一般定时器的动作条件和动作过程一样。只是在当前寄存器计数开始后，外部条件一旦失去，当前寄存器的值将保持原有值，不会清零，如外部条件再次满足后，当前寄存器从原有值继续计数。保持定时器复位需要用复位指令。

三菱 Q 型 PLC 中保持定时器用字母 "ST" 标识。低速保持定时器和高速保持定时器是相同的软元件，由指令指定其为低速保持定时器或高速保持定时器。例如：

OUT ST0 K100——指定 T0 为设定值为 100 的低速保持定时器；

OUTH ST0 K100——指定 T0 为设定值为 100 的高速保持定时器。

图 2.11 为一保持定时器 ST0 的梯形图和时序图。

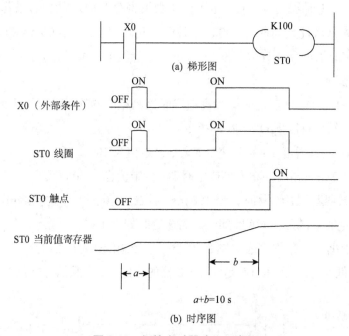

图 2.11　保持定时器动作示意图

（2）计数器

计数器用来对 PLC 的内部映象寄存器提供计数，计数事件是指寄存器的内容从 "OFF" 到 "ON" 的上升次数。

计数器的结构与定时器类似，每个计数器包括以下组成：

① 一个设定值寄存器，字软元件；

② 一个当前值寄存器，字软元件；

③ 一个描述计数器状态的线圈，位软元件；

④ 一个用来存储其输出触点状态的映象寄存器，位软元件。

这些存储单元使用同一个元件号。计数器可用常数 K 作为设定值，也可用数据寄存器

（D）的内容作为设定值。如果计数器输入端信号从"OFF"变为"ON"时，计数器以加 1 或减
1 的方式进行计数。当计数器当前寄存器值加至设定寄存器值或减至"0"时，计数器线圈得
电，存储其输出触点状态的映象寄存器立即接通。计数器分为一般计数器和高速计数器。

计数器复位需用复位指令。

图 2.12 为一般计数器的梯形图和时序图。

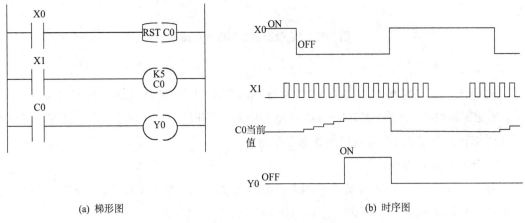

(a) 梯形图　　　　　　　　　　　　　　　　　　　(b) 时序图

图 2.12　计数器动作示意图

为使计数器正确计数，被计数的脉冲（图中的 X1）周期（ON 和 OFF 的变化时间）应大于
PLC 的扫描周期。

一般计数器不但可以对输入端信号计数，而且可以对 PLC 内部其他软元件的触点信号进
行计数，如 Y、M、C、T、S。但高速计数器只能对输入端信号进行计数，而且输入信号的开关
频率可以高达几千赫兹。Q 型 PLC 中，高速计数器的软元件为 C235 ~ C255。

（3）数据寄存器

数据寄存器用于在 PLC 中存储数值型数据，用于数据传送、数据比较、数据运算等操作，
常用在模拟量测控及位置控制等场合存储数据和参数。每个数据寄存器为 16 位存储单元，最
高位为符号位，该位为 0 时数据为正数，该位为 1 时数据为负数。16 位数据存储器存储数据
的范围是 −32768 ~ +32767。三菱 Q 型 PLC 中用字母"D"标识数据寄存器，其后指定编号 n
（十进制数）。

将两个相邻的 16 位数据存储器组合起来，可存储 32 位数据。通过 32 位指令可实现数据
寄存器的组合，以 Dn 与 D（$n+1$）为处理对象，其中 Dn 存放 32 位数据的低 16 位，D（$n+1$）
存放高 16 位。每个双字数据存储器存储数据的范围是 −2147483648 ~ +2147483647。

数据寄存器一般可以按位使用，类似输出继电器，在程序中作为触点信号和输入条件。
例如 D0.1 表示数据寄存器 D0 的第 2 位（第一位从编号 0 开始）。

数据写入数据寄存器后，其值保持不变，直至下次被写为止。当 PLC 复位、停电以及 C
从 RUN 状态进入 STOP 状态时，所有数据寄存器的值清零；初始化为零。图 2.13 表示一个
32 位数据寄存器的赋值操作。

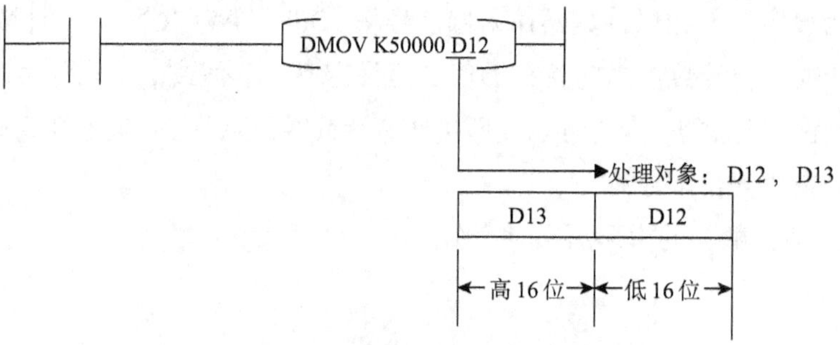

图 2.13　32 位数据寄存器示意图

（4）通信寄存器

三菱 Q 型 PLC 中，通信寄存器 W 用来与 MELSECNET／H 网络模块的通信寄存器 LW 通信，传送刷新数据（范围 −32768 ~ 32767 或 0000H ~ FFFFH）。当不与 MELSECNET／H 网络模块通信时，通信寄存器可以用作数据寄存器。

（5）特殊通信寄存器

三菱 Q 型 PLC 中，特殊通信寄存器 SW 是存储关于通信状态（MELSECNET／H 网络）和智能功能出错数据的寄存器，可用于故障定位和原因分析。

（6）文件寄存器

文件寄存器是扩充的数据寄存器，用于以文件的形式将大容量数据存储在标准 RAM 或存储卡上。标准 RAM 可以存储 32 K 的文件，可以与数据寄存器相同的速率访问。当要使用的文件寄存器超过 32 K 点时，需要使用存储卡。

与数据寄存器不同，文件寄存器可以在 CPU 复位和断电时保存数据。在三菱 Q 型 PLC 中，文件寄存器用字母 "R" 标识。

（7）变址寄存器

变址寄存器是用于修改软元件编号的数据寄存器。除了和普通的数据寄存器一样的功能外，可用来与其他编程元件或数值组合使用，实现改变编程元件或数值内容的目的。此外，还可以用变址寄存器变更常数值。三菱 Q 型 PLC 中，变址寄存器用字母 "Z" 标识，编号为 0 ~ 15。例如：Z0=K10，表示软元件 D0Z0 指向数据寄存器 D10。

3）常数

常数是程序进行数值处理时必不可少的编程元件。在 Q 型 PLC 中，常用的常数有十进制整数、十六进制整数、实数和字符串。

① 十进制常数用 K 来标识，如 K16，K1785 等。十进制常数常用于表示定时器和计数器设定值，或者是应用指令的操作数。16 位十进制常数的范围是 −32768 ~ +32767，最高位是符号位，32 位十进制常数的范围是 −2147483648 ~ +2147483647。

② 十六进制常数用 H 来标识，如 H16，H1785 等。主要用于表示应用指令的操作数。

十六进制有 16 个数码，基数为 16，包括数字 0，1，…，9 和字母 A，B，…，F（或 a，b，…，f），计数规则是逢十六进一。当采用十六进制计数方法表示一个数时，数字符号的位置代表加在每个数字符号上的权值，称为位权。如十六进制常数 H1234 表示十进制数

$1 \times 16^3 + 2 \times 16^2 + 3 \times 16^1 + 4 \times 16^0 = 4660$，即 K4660。$16^3$、$16^2$、$16^1$、$16^0$ 为各位上的位权。每位十六进制数可以转换为等价的 4 位二进制数，例如 H1 ~ HF 对应二进制串 0001 ~ 1111，二进制数中的位权从左至右为 8、4、2、1。因此字长 16 位的十六进制常数的范围是 0 ~ FFFF，32 位十六进制常数的范围是 0 ~ FFFFFFFF。

③ 实数用 "E" 来标识，如 E10.5，主要用于表示应用指令的操作数。实数的指定范围是 $-1.0 \times 2^{128} \sim -1.0 \times 2^{-128}$，0，$1.0 \times 2^{-128} \sim 1.0 \times 2^{128}$ 或（$E \pm 1.17549^{-38} \sim E \pm 3.40282^{+38}$）。在 PLC 程序中，实数也可以采用指数表示，例如 E10.5 可表示成 $E1.05 \times 10^1$。

④ 字符串

字符串常数用引号 "" 来标识，如 "ABC""123" 等。

4）嵌套指针类

（1）嵌套级

在三菱 Q 型 PLC 中，嵌套级是用来指定嵌套级数的编程元件，用字母 "N" 标识，编号为 0 ~ 14。与主控指令 MC 和 MCR 配合使用。

（2）指针

指针与应用程序一起使用，可以改变程序的流向。它可分为分支指针和中断指针。在三菱 Q 型 PLC 中，分支指针用字母 "P" 标识，中断指针用字母 "I" 标识，指针点数根据 PLC 型号的不同而不同。根据功能来分，中断指针有三种类型，对应于输入中断、定时器中断和计数器中断。

2.2.2　系统软元件

内部系统软元件是系统使用的软元件，它们的分配和容量是固定的，用户不能自行变更。按数据存储类型可分为位元件和字元件，按用途分为功能软元件和特殊用途软元件。

1）功能软元件

功能软元件是指在带变量的子程序中使用的软元件，在程序运行中进行形式参数和实际参数的信息交换。功能软元件包括：

（1）功能输入元件（位元件）

功能输入用于将 ON / OFF 的状态数据从主程序传送至子程序。在三菱 Q 型 PLC 中，用 "FX" 标识。

（2）功能输出元件（位元件）

功能输出用于将子程序中的运算结果 ON / OFF 传送回主程序。在三菱 Q 型 PLC 中，用 "FY" 标识。

（3）功能寄存器（字元件）

功能寄存器用于主程序和子程序之间字、双字等信息的交换。在三菱 Q 型 PLC 中，用 "FD" 标识。

2）特殊用途软元件

特殊用途软元件包括特殊继电器和特殊寄存器。

（1）特殊继电器（位元件）

用来表明 CPU 的状态，可以被用户程序访问使用。在三菱 Q 型 PLC 中，用 "SM" 标识。特殊继电器 SM 的用途如下：

SM0 ～ SM99　　　故障诊断用

SM100 ～ SM129　串行通信用

SM200 ～ SM399　系统信息

SM400 ～ SM499　系统时钟／系统计数器

SM500 ～ SM599　扫描信息

SM600 ～ SM699　存储卡信息

SM700 ～ SM799　指令相关

（2）特殊寄存器（字元件）

用来表明 CPU 的状态，可以被用户程序访问使用。在三菱 Q 型 PLC 中，用 "SD" 标识。特殊寄存器 SD 的用途如下：

SD0 ～ SD99　　　故障诊断用

SD100 ～ SD129　串行通信功能用

SD130 ～ SD149　保险丝断路

SD150 ～ SD199　输入／输出模块核对

SD200 ～ SD399　系统信息

SD400 ～ SD499　系统时钟／系统计数器

SD500 ～ SD599　扫描信息

SD600 ～ SD699　存储卡信息

SD700 ～ SD799　指令相关

以上介绍了 PLC 编程软元件分类的一般情况及三菱 Q 系列 PLC 软元件的具体情况。作为信息存储单元，编程软元件是 PLC 控制程序设计的基础，相当于高级语言程序设计中的数据结构。表 2.1 列出了 Q 型 PLC 的内部用户软元件名称和使用范围。

表 2.1　Q 型 PLC 常用软元件一览表

分　类	类　别	软元件名称	默认值	
			点数	使用范围
内部用户软元件	位软元件	输入继电器 X	2048	X0 ～ X7FF
		输出继电器 Y	2048	Y0 ～ Y7FF
		内部继电器 M	8192	M0 ～ M8191
		锁存继电器 L	2048	L0 ～ L2047
		报警器 F	1024	F0 ～ F1023
		边沿继电器 V	1024	V0 ～ V1023
		链接继电器 B	2048	B0 ～ B7FF

（续表）

分　类	类　别	软元件名称	默认值	
			点数	使用范围
内部用户软元件	位软元件	链接特殊继电器 SB	1024	SB0 ~ SB3FF
	字软元件	定时器 T	512	T0 ~ T511
		计数器 C	512	C0 ~ C511
		数据寄存器 D	1136	D0 ~ D1135
		链接寄存器 W	2048	W0 ~ W7FF
		链接特殊寄存器 SW	1024	SW0 ~ SW3FF
内部系统软元件	位元件	功能输入 FX	16	FX0 ~ FXF
		功能输出 FY	16	FY0 ~ FYF
		特殊继电器 SM	1000	SM0 ~ SM999
	字元件	功能寄存器 FD	5	FD0 ~ FD4
		特殊寄存器 SD	1000	SD0 ~ SD999

2.3　PLC 的顺控程序

在 PLC 的 CPU 单元中可以执行三种结构形式的程序：顺控程序、顺序功能图（SFC）程序和结构化文本（ST）程序。

顺控程序是使用顺控程序指令、基本指令、应用指令等设计的程序。

顺控程序的描述有梯形图（LD）模式与列表（IL）模式。

1）梯形图模式的顺控程序

梯形图模式以继电器控制的顺控电路为基本出发点，与顺控电路的编程相类似。梯形图模式是以梯级为单位来进行编程。

梯级指从左母线开始到右母线结束的电路，是进行顺控程序运算的最小单位。每个梯级包含若干个程序步，在每个梯级前标识步号。如图 2.14 所示。

2）列表模式的顺控程序

列表模式通过使用梯形图方式中标有记号的触点、线圈等的

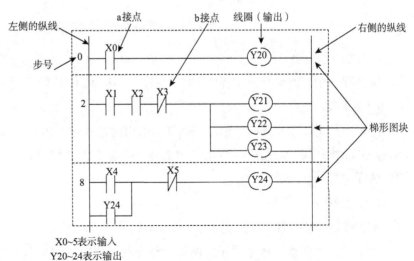

图 2.14　梯形图顺控程序示例

专用指令来进行编程。对常开触点（a 接点）、常闭触点（b 接点）、线圈的操作变为如下指令（表 2.2）：

表 2.2　Q 型 PLC 的基本指令表

	取触点状态	逻辑与	逻辑或	输出
常开触点（a 接点）	LD	AND	OR	—
常闭触点（b 接点）	LDI	ANI	ORI	—
线圈	—	—	—	OUT

3）顺控程序的执行

按照从步 0 到 END／FEND 指令的顺序执行。按从上到下的顺序逐行执行，每个梯级从左母线到右母线进行运算。图 2.15 分别给出两种模式的顺控程序的执行次序。

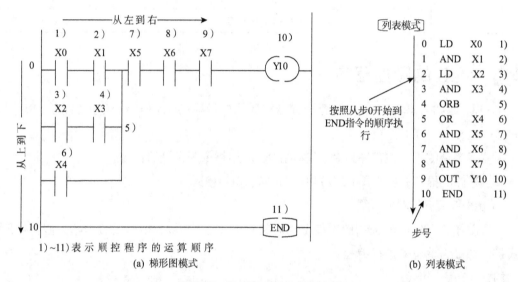

1）~11）表示顺控程序的运算顺序

(a) 梯形图模式　　　　(b) 列表模式

图 2.15　顺控程序的运算顺序图

4）顺控程序的分类

顺控程序中可能包含三类程序，即主程序、子程序、中断程序，如图 2.16 所示。

（1）主程序

主程序是指从步 0 到结束指令（END／FEND）的程序。PLC 可以执行 1 个或多个主程序（对应不同的程序名）。在三菱 Q 系列 PLC 中，基本型 PLC 如 Q00J 中，只能执行一个主程序，程序名固定为 "MAIN"。

（2）子程序

子程序是指从指针（Pn）开始到返回（RET）指令的程序。

子程序只有在接到从主程序中调用子程序的调用指令 CALL（Pn）、FCALL（Pn）等时才能被执行。

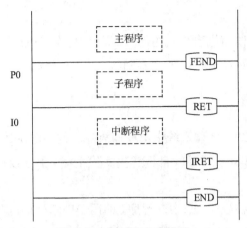

图 2.16　顺控程序结构图

在以下情况时，通过编制子程序能够减少程序的步数：

① 在一个扫描周期中，通过将多次执行的程序编成子程序，可以减少整体步数，从而减少程序存储空间。

② 将只在某种条件成立时才执行的程序编成子程序，可以减少正常执行的程序的步数，从而减少系统执行程序扫描的时间。

在顺控程序中，子程序通常放在主程序之后（FEND 指令以后），如图 2.16 所示；也可以作为一个独立的程序进行存储。

③ 可以使用的指针

在子程序中，可以使用本地指针与公共指针。在使用本地指针的情况下，子程序只能包含在本地程序内，不能从其他程序调用。基本型 PLC 中，只能执行一个程序，因而本地指针与公共指针范围相同。

（3）中断程序

在计算机系统中，中断是一项非常重要的技术。

所谓中断是指 CPU 正在执行程序时，计算机外部或内部发生的某一随机事件，请求 CPU 迅速去处理，CPU 暂时中止当前的工作，转到中断服务处理程序处理所发生的事件。处理完该事件后，再回到原来被中止的地方，继续原来的工作，这个过程就称为中断。

引起中断的原因或设备称为中断源。CPU 处理事件的过程称为 CPU 的中断响应过程。对事件的整个处理过程称为中断处理（或中断服务）。管理中断的逻辑称为中断系统。

中断技术带来的好处包括：

① 分时操作

中断解决了快速 CPU 与慢速外设之间的矛盾，当 CPU 启动慢速外设（如 I / O 设备）后，就可继续执行主程序，当 I / O 操作完成后，外设向 CPU 发出中断请求，CPU 响应中断，终止正在执行的主程序，转去执行中断服务程序，中断服务结束后，又返回主程序继续运行。这样 CPU 就可以与外设并行工作，从而提高效率。

② 实时处理

实时控制现场的各种随机事件，在任一时刻均可向 CPU 发出中断请求，要求 CPU 给予处理。有了中断功能便可及时处理这些随机变化的现场信息，使控制系统具有实时处理功能。

③ 故障处理

中断系统还可以使 CPU 处理系统中出现的故障。例如电源的突变、运算溢出、通信出错等。有了中断系统，计算机系统可以自行解决，不需人工干预或停机，提高了系统的稳定性和可靠性。

在三菱 Q 型 PLC 顺控程序中，中断程序（即用于中断处理的程序）是指从中断指针（In）开始到 IRET 指令的程序。如图 2.16 所示，不同的中断指针对应不同的中断事件，并存储其中断处理程序的入口地址。图 2.17 描述了中断程序的执行时机。

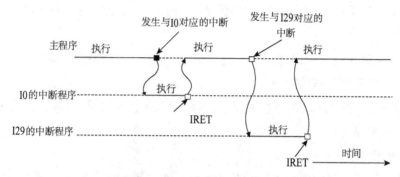

图 2.17　中断程序的执行时机图

2.4　顺控程序的基本逻辑

本节介绍 PLC 顺控程序的基本编程逻辑，包括基本逻辑功能、定时器和计数器。本节采用三菱 Q 系列 PLC 编程指令描述控制逻辑。为了分析可编程控制器中软元件的工作原理以及顺控程序的工作过程，首先介绍两个有用的分析工具——时序图（或称波形图）和逻辑表达式。

2.4.1　顺控程序分析工具

1）时序图

时序图是分析逻辑电路的常用工具。在分析梯形图时，时序图也是一个十分有用的工具。画出梯形图中各触点和线圈的时序图，能够直观地看出各软元件之间的作用和相互影响，从而分析程序的工作过程和结果，便于调试分析。

时序图通常表示逻辑信号的二值状态及状态跃迁，因而由高水平线、低水平线及竖线组成，如图 2.18 所示。其中竖线表示信号的状态跃迁，如线圈的通电时刻或断电时刻及触点的闭合时刻和断开时刻。低水平线表示状态"0"，对应于线圈断电和触点断开状态；高水平线

表示状态 "1"，对应于线圈通电和触点闭合状态。水平线长度表示该状态的持续时间。

当用时序图描述软元件中的定时器和计数器时，为表示非二值的数值变化，表示上会有些变化，可用交叉线或台阶型水平线表示数值的累计过程。

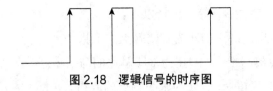

图 2.18　逻辑信号的时序图

图 2.18 中，竖线上加了箭头表示上升沿信号，即从 "0" 变化为 "1"。

2）逻辑表达式

可编程控制器的大部分等效控制电路都可以看成是逻辑控制电路。布尔代数用于描述逻辑关系，因而梯形图的逻辑功能可由基于布尔代数的逻辑表达式导出，以便于逻辑控制电路（程序）的分析。

（1）布尔代数

布尔代数中的数字仅有两个位 "0" 和 "1"，对应于电路中的二值元件（如触点、线圈）的状态 "通" 和 "断"。

在布尔代数中，对于输入 A 和输入 B 的 "逻辑与" 操作可以写成 $A \cdot B = Q$，其中 Q 是输出。当且仅当 A 和 B 全为 1 时，Q 等于 1。输入 A 和输入 B 的 "逻辑或" 操作可以写成 $A + B = Q$，当且仅当 A = 1 或 B = 1 时，Q 为 1。输入 A 的 "逻辑非" 操作可以写成 $\overline{A} = Q$，当且仅当 A = 0 时，Q 为 1。布尔代数的运算规则为：

$$0 + 0 = 0 \qquad 0 \cdot 0 = 0$$

$$0 + 1 = 1 \qquad 0 \cdot 1 = 0$$

$$1 + 0 = 1 \qquad 1 \cdot 0 = 0$$

$$1 + 1 = 1 \qquad 1 \cdot 1 = 1$$

（2）逻辑表达式

用逻辑表达式描述梯形图逻辑时，常开触点和线圈对应的逻辑变量用其软元件表示，常闭触点用其软元件加上划线表示。例如图 2.19 所示梯形图程序的逻辑表达式为 $(X0 + Y1) \cdot \overline{X1} = Y1$。表示当常开触点 X0 = 1（触点闭合）或 Y1 = 1（线圈通电）时，如果常闭触点 $\overline{X1}$ = 1（触点闭合）时，Y1 输出为 1。

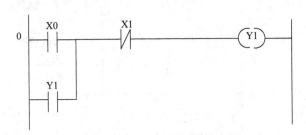

图 2.19　示例程序图

2.4.2 基本逻辑功能

1）触点运算

触点运算是通过触点指令实现的，触点指令的操作运算分为运行开始（取指令）、串行连接（与指令）和并行连接（或指令）等。包括以下：

① LD 为常开触点的取指令；LDI 为常闭触点的取指令。

② AND 为常开触点的与指令；ANI 为常闭触点的与指令。

③ OR 为常开触点的或指令；ORI 为常闭触点的或指令。

④ LDP 为脉冲前沿开始的常开触点取指令，接通一个扫描周期。

⑤ LDF 为脉冲后沿开始的常闭触点取指令，接通一个扫描周期。

⑥ ANDP 为脉冲前沿开始的常开触点与指令，接通一个扫描周期。

⑦ ANDF 为脉冲后沿开始的常闭触点与指令，接通一个扫描周期。

⑧ ORP 为脉冲前沿开始的常开触点或指令，接通一个扫描周期。

⑨ ORF 为脉冲后沿开始的常闭触点或指令，接通一个扫描周期。

上述④、⑥、⑧均为脉冲前沿开始的指令，它们又称为上升沿微分指令；⑤、⑦、⑨均为脉冲后沿开始的指令，它们又称为下降沿微分指令。

常用触点指令用法列在表 2.3 中。

表 2.3　常用触点指令及用法表

序号	指令符号	梯形图符号	处理过程
1	LD		常开触点输入
2	LDI		常闭触点输入
3	AND		常开触点逻辑与
4	ANI		常闭触点逻辑与
5	OR		常开触点逻辑或
6	ORI		常闭触点逻辑或
7	LDP		当常开触点从 OFF 到 ON 时输入
8	LDF		当常开触点从 ON 到 OFF 时输入
9	ANDP		当触点从 OFF 到 ON 时逻辑与
10	ANDF		当触点从 ON 到 OFF 时逻辑与
11	ORP		当触点从 OFF 到 ON 时逻辑或
12	ORF		当触点从 ON 到 OFF 时逻辑或

触点连接与组合的结果控制继电器输出,输出指令为 OUT,作用是驱动线圈。OUT 指令适用于 Y、M、T、C 等软元件,如 OUT Y0,OUT 指令可以并联输出,即同时驱动多个线圈。

(1)单个触点控制线圈输出

该逻辑可用于保持型开关控制电路。

输入:软元件 X0,输出:软元件 Y40。

功能:当且仅当 X0 = 1 时,Y40 = 1。

指令表程序:

0　LD　　X0

1　OUT　Y40

梯形图程序见图 2.20。

(a) 梯形图

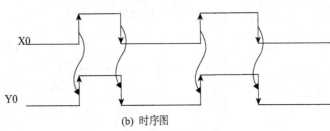

(b) 时序图

图 2.20　单个触点控制线圈输出示意图

(2)逻辑与

图 2.21 中的第 0 ~ 2 步为逻辑与输出,当且仅当两个常开触点 X1、X3 都闭合时才激励线圈 Y41 输出。

(3)逻辑或

图 2.21 中的第 3 ~ 5 步为逻辑或输出,当两个常开触点 X1 或 X3 有一个闭合时就会激励线圈 Y42 输出。

(4)或非门

在或门后面连接一个非门,称为或非门,其逻辑表达式为 $\overline{X1 + X3}$ = Y43。由于 $\overline{X1 + X3} = \overline{X1} \cdot \overline{X3}$,或非门可以表示为 $\overline{X1} \cdot \overline{X3}$ = Y43,如图 2.21 中的第 6 ~ 8 步所示。只有常闭触点 $\overline{X1}$ 和 $\overline{X3}$ 都闭合,即对应的常开触点 X1 和 X3 都断开时,线圈 Y43 才有输出。而当常开触点 X1 和 X3 中有一个为 1 状态时,就会输出状态 0。

(5)与非门

在与门后面连接一个非门,称为与非门,其逻辑表达式为 $\overline{X1 \cdot X3}$ = Y44。

由于 $\overline{X1 \cdot X3} = \overline{X1} + \overline{X3}$,与非门可以表示为 $\overline{X1} + \overline{X3}$ = Y44,如图 2.21 中的第 9 ~ 11 步所示。只要常闭触点 $\overline{X1}$ 和 $\overline{X3}$ 中有 1 个闭合,即对应的常开触点 X1 和 X3 中有 1 个断开时,线圈 Y44 就输出状态 1。当常开触点 X1 和 X3 全都闭合时,Y44 输出状态 0。

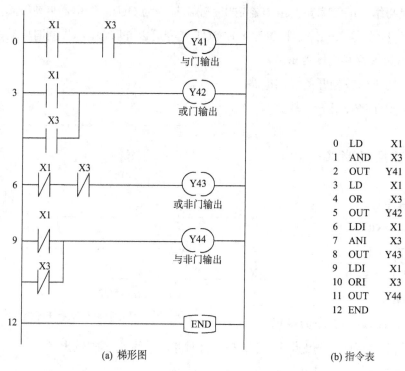

(a) 梯形图　　　　　　　　　(b) 指令表

图 2.21　逻辑与、或、或非、与非关系

（6）异或门

当一个输入为 1，且两个输入不同时为 1 时，输出为 1 的逻辑门，称为异或门。异或门通过连接非门、与门和或门而得到，如图 2.22 所示。

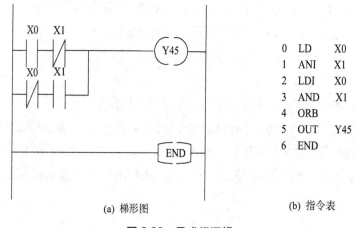

(a) 梯形图　　　　　　　　(b) 指令表

图 2.22　异或门逻辑

当输入常开触点 X0 和 X1 都闭合时，Y45 输出为 0；都断开时，Y45 输出也为 0；只有当两个触点状态相异，不论其中哪个状态为 1 时，异或门输出都为 1。例如，当 X0 = 1 且 X1 = 0 时，上一梯级输出为 1，则 Y45 = 1；或者当 X0 = 0 且 X1 = 1 时，下一梯级输出为 1，因而 Y45 = 1。

在这个异或门的例子中，电路中的两个输入量分别有两个触点，一组是常开的，另一组是常闭的。在 PLC 程序设计中，每个输入都可能根据需要有多组触点，这与继电接触器控制是一致的。

（7）自保持控制逻辑

应用中常用到非保持的启动按钮，当输入断开时还有维持输出。控制电动机的起、保、停电路就是一例。当按下按钮开关时它被启动，尽管开关触点没有一直处于吸合状态，但电动机继续工作，直到按下停止按钮。在这个启动和停止动作之间需要一个锁存电路来保持状态，所以又称为起保停控制。它是一种自保持控制逻辑，在接通之后，能够继续维持这种状态直到接收到另一个输入，使它进入下一状态。

自保持控制可以设计为启动优先和断开优先。图 2.23 中第 0 ~ 9 步为断开优先自保持控制。当 X0 吸合时 Y40 就会产生输出，与此同时输出线圈 Y40 的触点吸合，Y40 触点与 X0 形成一个逻辑或的关系，因此当 X0 断开时，电路仍会保持接通，唯一停止输出的方法是触发常闭触点 X1。当常闭触点 X1 断开时，线圈 Y40 输出为 0，Y40 输出触点断开，自保持状态复位。图 2.23 中第 10 步开始为启动优先自保持控制，与断开优先方式不同的是，当启动触点和停止触点同时动作时，启动优先自保持的输出为 1，因此称为启动优先，而断开优先自保持的输出为 0。

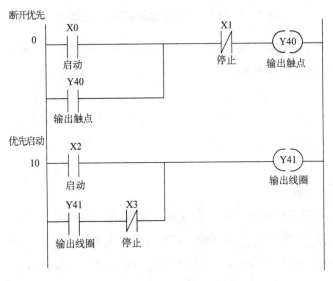

图 2.23　自保持电路

（8）触点状态变化边沿检测

LDP、ANDP、ORP 指令检测触点状态变化的上升沿，当上升沿到来时，使其操作对象接通一个扫描周期。

LDF、ANDF、ORF 指令检测触点状态变化的下降沿，当下降沿到来时，使其操作对象接通一个扫描周期，见图 2.24。

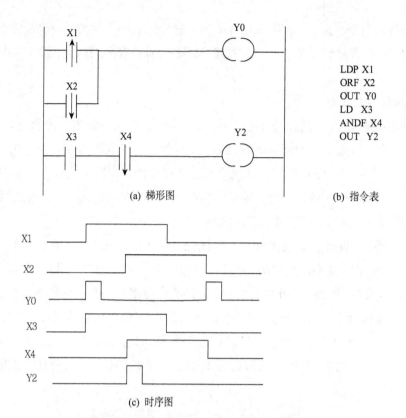

图 2.24　触点状态变化边沿检测指令的应用

触点状态变化边沿检测指令常常作为保持型输出指令的条件，如 SET、RST，或者是计数器，见 SET、RST 和计数器应用举例。

2）连接运算

连接运算是通过连接指令实现的，包括对电路块的逻辑操作（ANB、ORB）、对栈的操作（MPS、MRD、MPP）、对结果的操作（INV、MEP、MEF、EGP、EGF）等。连接运算指令如表 2.4 所示。

（1）电路块的逻辑操作

当若干条支路并联后再串联，或并联支路上的触点个数超过 1 个时，要用块逻辑操作。块逻辑操作指令包括块的逻辑与指令 ANB 和块的逻辑或指令 ORB，这两个指令均无操作数。用梯形图设计程序时，块逻辑操作指令是隐含的，即不用输入该指令，由梯形图编译生成。将梯形图转换为指令表，就可以看出块逻辑操作指令，如图 2.25 所示。

图 2.26 表示了在图 2.25 实例运行时，CPU 模块中输入映象寄存器、逻辑处理器和输出映象寄存器中内容的变化过程。

（2）栈操作

栈是程序设计中常用的一种"后进先出"的线性存储结构，只在栈顶一端操作，栈底一端是封住的。堆栈操作包括压栈、取栈顶元素和弹栈。压栈是将数据存入栈中，即放入栈顶。取栈顶元素是只读取栈顶元素值，而元素不从栈中退出。弹栈是将栈顶元素从栈中取出。

Q 型 PLC 的堆栈指令包括压栈指令 MPS、取栈顶元素指令 MRD、弹栈指令 MPP。堆栈指令的应用如图 2.27，在梯形图中栈指令不会作为显式的符号表示出来，而将梯形图转换为指令表就可以看出栈指令的位置和用意。Q 型 PLC 中共设了 16 个堆栈存储器，即 MPS 可以最多连续使用 16 次，但在用梯形图编程时相应的入栈操作最多只能创建 11 次。

梯形图中的分支越多，则隐含的栈指令就越多，所耗费的处理时间也就越多。这就是梯形图应布局为"左多右少、上大下小"的一个重要原因。

表 2.4 连接指令及用法表

序号	指令符号	梯形图符号	处理过程
1	ANB	ANB	逻辑块之间与操作
2	ORB	ORB	逻辑块之间或操作
3	MPS	MPS	操作结果入栈
4	MRD	MRD	读栈顶信息
5	MPP	MPP	栈顶信息出栈
6	INV		运行结果取反
7	MEP	↑	前沿脉冲时产生状态转换
8	MEF	↓	后沿脉冲时产生状态转换
9	EGP	Vn ↑	前沿脉冲时产生状态转换存储在 Vn 中
10	EGF	↓ Vn	后沿脉冲时产生状态转换存储在 Vn 中

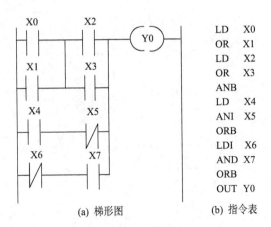

(a) 梯形图   (b) 指令表

图 2.25 块操作连接指令的应用

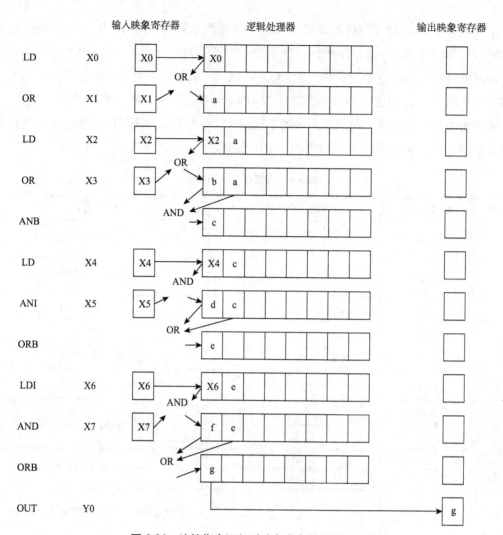

图 2.26　连接指令运行时映象寄存器的变化图

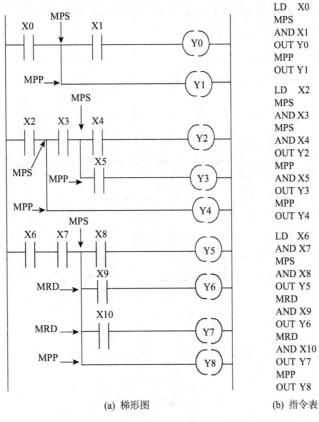

(a) 梯形图　　(b) 指令表

图 2.27　栈操作指令的应用

3）继电器线圈输出

输出指令可以作用于输出映象寄存器，也可以作用于定时器、计数器和报警器，如表 2.5 所示。

表 2.5　输出指令表

序号	指令符号	梯形图符号	处理过程	执行条件
1	OUT	─( )─	软元件输出	
2	SET	─[SET | D]─	软元件置位	
3	RST	─[RST | D]─	软元件复位	
4	PLS	─[PLS | D]─	在输入信号前沿产生 一个周期的脉冲信号	⌐
5	PLF	─[PLF | D]─	在输入信号后沿产生 一个周期的脉冲信号	¬
6	FF	─[FF | D]─	软元件输出取反	⌐

（1）OUT 与 SET / RST 的区别

OUT 指令在输入条件成立时开启指定软元件，在条件不成立时关闭软元件。

置位指令 SET 在输入条件成立时开启指定软元件，并在条件不成立时继续保持开启软元件，用复位指令 RST 使软元件复位为 0。

例如，图 2.28 中所示梯形图程序，采用 X0 的上升沿输入条件使 Y70 通过 SET 指令置位后，虽输入条件未一直保持下去，Y70 仍保持输出为 1，直到 X1 的上升沿输入条件触发 RST 指令使 Y70 复位。

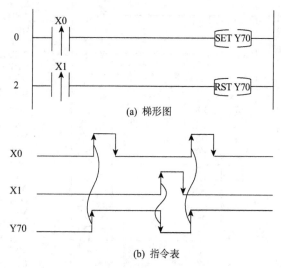

图 2.28　置位、复位指令

本例相当于自保持电路中的"断开优先"方式。如果将图（a）梯形图的第一梯级与第二梯级交换次序，则相当于自保持电路中的"启动优先"方式，这是因为梯形图程序是从上往下执行的。

图 2.29 为输出指令应用于定时器、计数器和报警器的例子，其中 K100 为高速定时器 T0 的设定值，K5 为计数器 C0 的设定值。

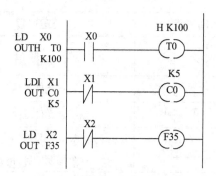

图 2.29　输出指令的应用

（2）微分脉冲输出指令

微分脉冲输出指令有上升沿微分脉冲输出指令 PLS 和下降沿微分脉冲输出指令 PLF。上升沿微分脉冲输出指令 PLS 是在输入条件由 OFF → ON 的上升沿处将制定软元件开启一个扫描周期。下降沿微分脉冲输出指令 PLF 是在输入条件由 ON → OFF 的下降沿处将制定软元件开启一个扫描周期。PLS 和 PLF 指令的操作对象有 Y、M 等软元件。微分脉冲输出指令的用法如图 2.30 所示。

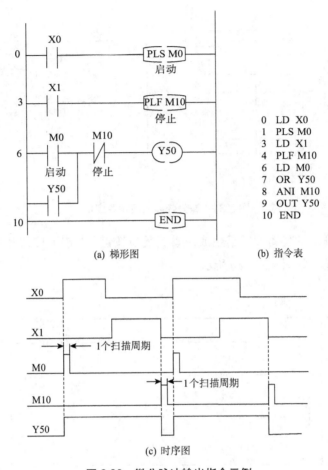

(a) 梯形图　(b) 指令表

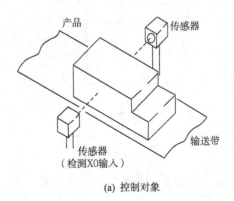

(c) 时序图

图 2.30　微分脉冲输出指令示例

图 2.30 中，取 X0 触点的上升沿为开启信号，取 X1 触点的下降沿为停止信号，通过自保持电路控制输出 Y50。微分脉冲输出指令有很多用途，包括：

① 可用于移动物体的检测程序中。如在流水线中，检测到产品通过后，开始下一道工序，如图 2.31 所示。

(a) 控制对象

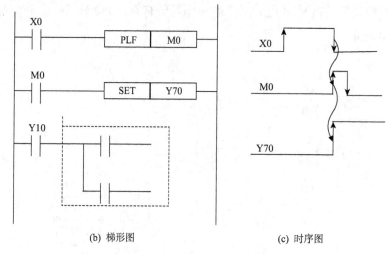

(b) 梯形图   (c) 时序图

图 2.31　微分脉冲输出指令应用

② 微分脉冲输出指令还可用于生成启动／复位按键，即按下按钮开关可交替切换输出软元件的通、断状态。如图 2.32（a）所示。

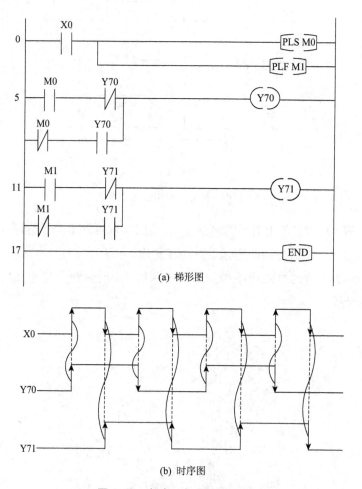

(a) 梯形图

(b) 时序图

图 2.32　启动／复位按键示例

Y70 的接通、断开由触点 X0 的前沿脉冲交替控制；Y71 的接通、断开由触点 X0 的后沿脉冲交替控制。如果 X0 是如图 2.32 中时序图所示的周期方波信号，则 Y70 和 Y71 的周期是其 2 倍，Y70 是其同相二分频信号，Y71 则是反相二分频信号。

（3）状态取反运算

状态取反运算包括运行结果取反和位软元件输出取反。运行结果取反指令为 INV，见表 2.4；位软元件输出取反指令为 FF，见表 2.5。

图 2.33 为运行结果取反 INV 和位软元件输出取反 FF 的应用实例。由时序图可以看出，运行结果取反 INV 指令对输入条件 X3 的状态取反，因此所控制的输出软元件 Y2 与输入条件 X3 的状态相反。位软元件输出取反指令 FF 以输入上升沿为触发条件，翻转输出为软元件的状态，因而，Y3 在每一次 X2 的上升沿翻转自身状态。如果输入条件是周期型信号，如图 2.32 中的 X0，则 FF 的操作对象输出位软元件将是输入周期型信号的二分频信号。因此启动 / 复位按键功能可以通过 FF 指令实现，图 2.32 的梯形图可修改为如图 2.34，其中后沿脉冲状态转换指令 MEF 在运算结果为后沿信号时触发输出条件，见表 2.4。

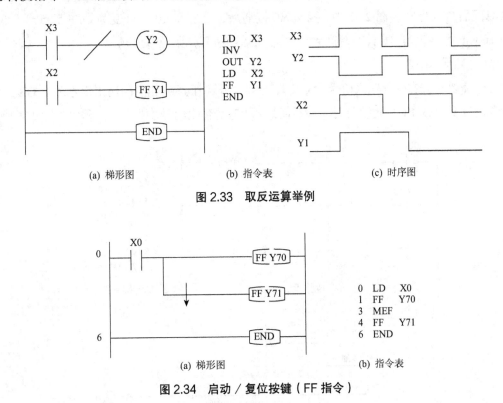

图 2.33　取反运算举例

图 2.34　启动 / 复位按键（FF 指令）

2.4.3　定时器控制逻辑

控制系统中需要时间控制，尤其是在顺序控制系统中。例如，交通灯需周期性的定时控制，全自动洗衣机需要定时程序，电动机、电磁阀门等需要控制其在特定时间内工作或是在某一段时间以后开始工作。定时器是可编程序控制器中不可缺少的重要软元件，它来源于继电器控制中的延时继电器。在 PLC 中，也把它看作是带线圈的继电器，在达到预定时间之后使触点吸合或断开。

通过定时器编程，可以实现多种功能，包括延时、时序、开—关周期定时器等。

1）瞬通延开电路

当外部输入信号为 ON 时，立即产生相应的输出信号，当外部输入信号变为 OFF 后，需延时一段时间后，输出信号才变为 OFF。程序如图 2.35 所示。

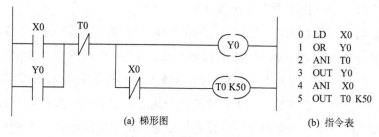

(a) 梯形图　　　　　　　　　　(b) 指令表

图 2.35　瞬通延开电路图

瞬通延开电路中，不需要外部输入停止信号，通过定时器产生的触点信号使输出在延时一段时间后自动停止。图 2.35 中，线圈 Y0 接通后，当输入 X0 信号变为 OFF 后 5 s（计时周期为 100 ms），定时器 T0 计时时间到，T0 常闭触点断开，使 Y0 复位。

2）延通延开电路

有时需要实现在外部输入信号为 ON 时，延时一段时间后，相应的输出信号才为 ON；当外部输入信号变为 OFF 时，也要延时一段时间后，相应的输出信号才为 OFF。程序如图 2.36 所示。

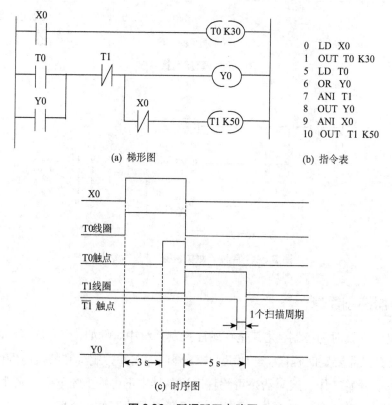

(a) 梯形图　　　　　　　　　　(b) 指令表

(c) 时序图

图 2.36　延通延开电路图

图 2.36 的延通延开电路中，只有一个输入触点，作为启动线圈 Y0 的输入条件，但 X0 未直接作用于 Y0，而是输出到定时器 T0，延时 3 s（计时周期 100 ms）后，通过 T0 触点启动 Y0；当 X0 变为 OFF 后，接通的 Y0 触点启动另一个定时器 T1，5 s 后 T1 常闭触点断开，Y0 停止输出。延通延开电路没有用停止按钮，定时器 T1 提供了 Y0 的复位信号。

图 2.37 是一个延时输出短脉冲信号的程序，它在输入信号为 ON 时，延时一段时间后产生一个短脉冲输出信号，这种短脉冲信号可用作控制设备启动或停止的信号。

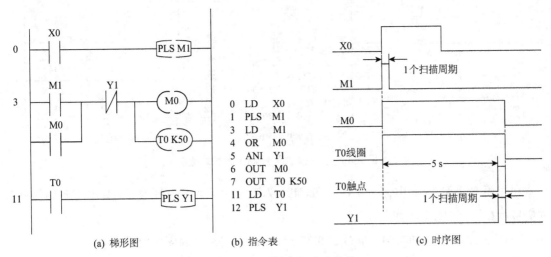

(a) 梯形图　　(b) 指令表　　(c) 时序图

图 2.37　延时输出短脉冲信号

3）级联延时定时器

单个定时器的最大定时时间是固定的，例如 100 ms 定时器的最大定时时间是 3276.7 s。将定时器级联在一起，就可以实现定时器定时时间的延长，或者实现顺序定时控制。

图 2.38 的级联延时定时器实现顺序定时控制，X1 发出启动信号 0.5 s（高速定时器 T0）后，Y40 输出，同时启动高速定时器 T1，经 0.3 s 计时后，Y41 产生输出。

定时器常与计数器级联实现大延时控制，具体见"2.4.4 计数器控制逻辑"。

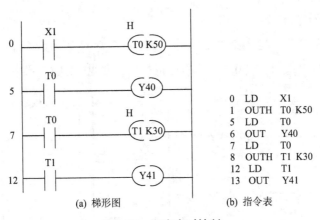

(a) 梯形图　　　　(b) 指令表

图 2.38　顺序定时控制

4）开—关周期定时器（振荡器）

开—关周期定时器可实现信号灯闪烁功能，或者为周期控制提供时钟。如图 2.39 所示的程序，由 T2 提供周期性复位信号，使定时器 T1 产生 ON（3 s）-OFF（3 s）的周期信号，控制 Y40 实现周期性输出。

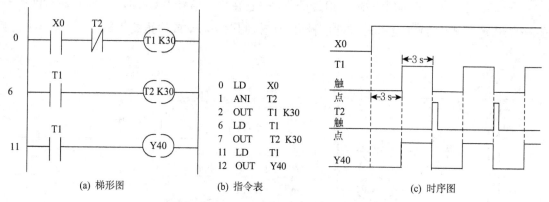

图 2.39 开—关周期控制（闪烁功能）

在三菱 Q 系列 PLC 中，SM400 ~ SM499 为系统时钟/系统计数器，其中有多种周期时钟信号可在编程时使用，如：

SM410 为 0.1 s 周期时钟，即 ON（0.05 s）-OFF（0.05 s）的周期信号。

SM411 为 0.2 s 周期时钟，即 ON（0.1 s）-OFF（0.1 s）的周期信号。

SM412 为 1 s 周期时钟，即 ON（0.5 s）-OFF（0.5 s）的周期信号。

SM413 为 2 s 周期时钟，即 ON（1 s）-OFF（1 s）的周期信号。

SM420 为用户指定周期时钟，指令无输入条件：duty n1,n2,SM420，其中（n1+n2）为时钟周期，n1 为 ON 状态的时间，n2 为 OFF 状态的时间。

如果周期信号的 ON 和 OFF 阶段不等长，可以设置 SM420 周期时钟，也可以按图 2.39 的编程方式，通过调整定时器 T1 和 T2 的设定时间来产生符合要求的周期信号。前者简单，后者在应用时更为灵活。

5）短脉冲序列发生器

通过定时器编程产生一定周期的短脉冲序列（每个宽度为一个扫描周期）作为移位脉冲，常用于移位寄存器控制，见图 2.40。关于移位寄存器控制见"3.4.3 梯形图应用例程及指令"。

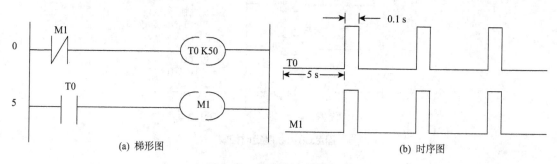

图 2.40 定时器短脉冲序列

6）顺序启停控制

顺序启停控制多用于工业过程。例如主设备运行时，先开启辅助设备，如润滑油泵、冷却系统等，待辅助设备运行一段时间后，再开启主设备；设备关停时，顺序相反，先停主设备，辅助设备延时一段时间再停止，这样的操作顺序往往是为了让主设备运行满足一定条件，保证其安全。图 2.41 中用顺序起停控制两台设备，当出现启动信号 X0 时，设备 1（Y50）先运行，3 s 后，设备 2 启动，当出现关停信号 X1 时，设备 2 立即停止，设备 1 延时 1 s 后再停止。

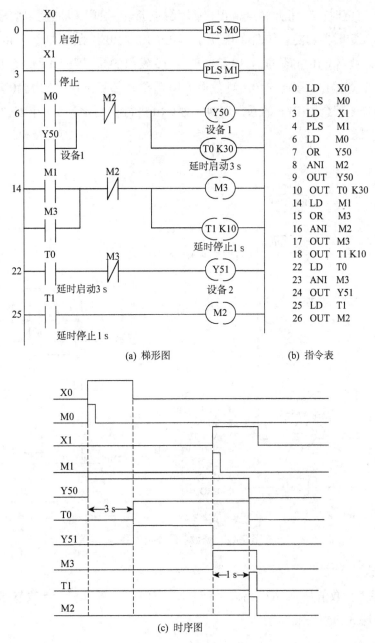

(a) 梯形图　　　　　　　(b) 指令表

(c) 时序图

图 2.41　顺序启停控制

2.4.4　计数器控制逻辑

计数器是对输入信号出现的次数进行计数的软元件。它可以对通过传送带上的物体个数、一个轴旋转的转数或者通过一扇门的人数等进行计数。计数器应用十分灵活，典型的控制逻辑有以下几种：

1）计数器用作定时器

三菱 Q 型 PLC 中的计数器 Cn（n 为整数，范围从 0 ~ 511）对输入的上升沿信号进行累加计数，达到设定值时，Cn 常开触点输出，常闭触点断开。如果以周期型信号作为输入，计数器 Cn 可以实现定时器功能。如图 2.42 所示，输入 X0 发出启动信号后，Y40 延时 3 s 输出，3 s 延时是通过计数器 C10 实现的，C10 接收时钟 T0 发出的周期为 1.1 s 的方波信号，计数值达到 3 时，C10 触点输出，接通 Y40。计数器 C10 需要外部复位信号，SM402 是运行后第一个扫描周期置 ON、其余置 OFF 的系统时钟，对 C10 进行初始化，另一个复位信号是外部复位命令 X1 的上升沿。

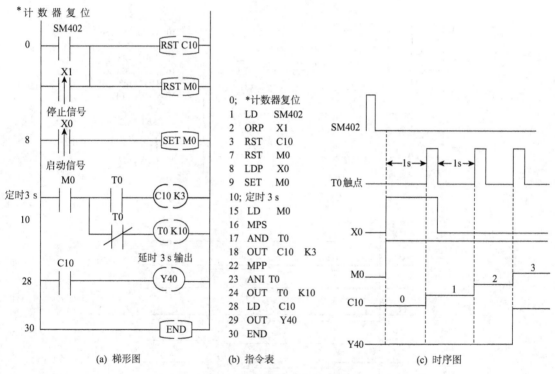

图 2.42　计数器用作定时器

2）计数器扩展

计数器的最大计数值是 32767，将多个计数器组合使用，可以扩大计数范围。计数器有两种扩展方式：加法式和乘法式。

（1）加法式

加法式计数器扩展仅以一个计数器的触点作为另一个计数器线圈接通的条件，而不作为被计入的脉冲，如图 2.43 所示，通过计数器 C10 和 C11 的叠加，Y40 输出响应滞后于输入命令 X1 约 6 s, 即 C10+C11。

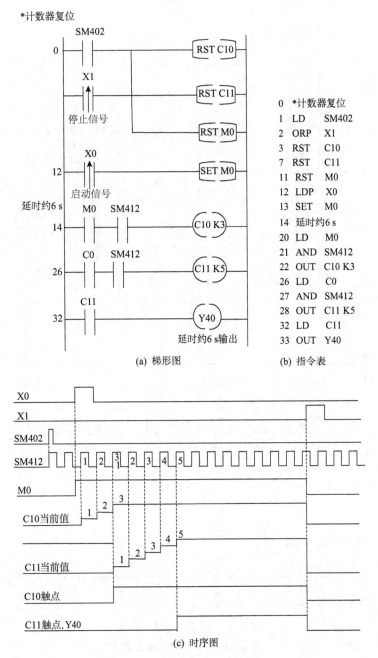

(a) 梯形图　　　　(b) 指令表

图 2.43　计数器加法式扩展

（2）乘法式

乘法式计数器扩展以一个计数器的触点输出作为另一个计数器的计数脉冲，从而形成嵌套计数，如图 2.44 所示，通过计数器 C10 和 C11 的嵌套，Y40 输出响应滞后于输入命令 X1 约 11 s，即 C10×C11。

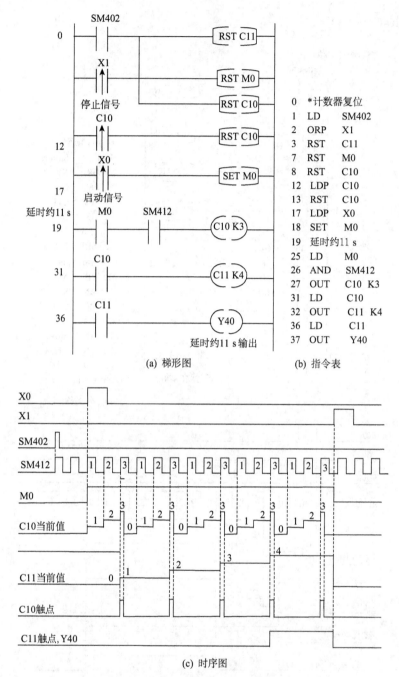

(a) 梯形图

(b) 指令表

(c) 时序图

图 2.44　计数器乘法式扩展

3) 定时器与计数器组合电路

将定时器与计数器嵌套组合，可以形成长延时电路。如图 2.45 所示，定时器 T0 每 10 s 接通一次后立即自复位，产生长度为 1 个扫描周期的脉冲序列，作为计数器 C0 输入，当计数值为 2 时，接通 Y40 输出，X1 为保持型输入，用于启动定时器，X0 用于复位计数器。

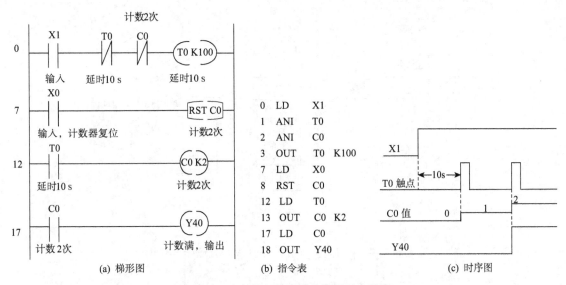

图 2.45　定时器与计数器组合延时电路图

利用定时器与多个计数器的组合,可以实现软时钟。图 2.46 通过 1 个定时器和 3 个计数器的级联递进实现了秒、分、时、日的时钟计时。其中,定时器 T0 的计时周期为 100 ms,当达到设定值 10 时,为 1 s;且 T0 采用自复位,产生间隔 1 s、宽度为 1 个扫描周期的正脉冲序列;计数器 C1 对 T0 脉冲序列计数,等于 60,则为 1 min;同样,触点 C1 是间隔 1 min、宽度为 1 个扫描周期的正脉冲序列;C2 是间隔 1 h、宽度为 1 个扫描周期的脉冲序列,当 C3 计数值达到设定值 24 时,C3 触点为 ON,即代表 1 d。

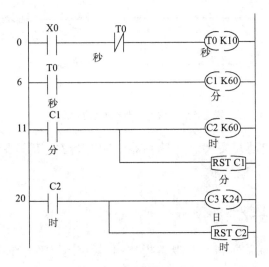

图 2.46　软时钟计时器

定时器与计数器应用举例见图 2.47。

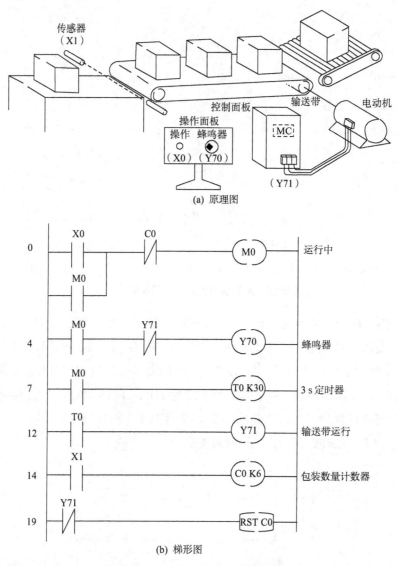

图 2.47 定时器与计数器应用举例

打开输送带，运行启动开关 X0 后，蜂鸣器（Y70）响 3 s，传送带（Y71）开始运行，包装数量达到预定数字后，停止输送带。

2.5 顺控程序基本指令

本节介绍一些三菱 Q 系列 PLC 的基本指令，包括控制程序流程的主控指令、子程序调用和结束指令，对数据进行操作的转移指令、比较指令和算术运算指令。

2.5.1 程序控制指令

1）主控指令

MC、MCR 为主控指令，它们是成对使用的。MC 为主控设置指令，MCR 为主控复位指令。通过主控指令可以开启或关闭一组执行程序，用以生成高效的梯形图控制过程，如表 2.6 所示。

表 2.6　主控指令表

序号	指令符号	梯形图符号	处理过程
1	MC	MC　　n　　D	主控设置
2	MCR	MCR　　n	主控复位

如图 2.48 所示，从指令表可以看出，因为（LD X0）的执行结果除了作为第一梯级的条件，还要在第二和第三梯级中被重复使用，所以在第一梯级中用 MPS 指令压栈，然后在第二梯级又调用了 MRD 读取栈顶元素即（LD X0）的执行结果，最后在第三梯级用弹栈指令 MPP 将栈顶元素弹出作为条件。

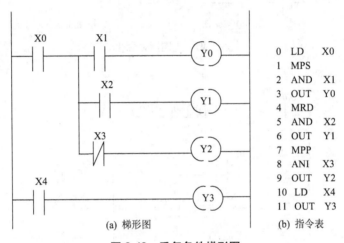

(a) 梯形图　　　　　　(b) 指令表

图 2.48　重复条件梯形图

上述操作将多占存储单元和 CPU 的执行时间，如果用主控指令就可以优化上述过程，如图 2.49 所示。图中 MC 为主控设置指令，MCR 为主控复位指令。M100 为辅助继电器，称为主控触点，N0 为 MC 与 MCR 之间指令的标识，在没有嵌套结构时，通常用嵌套 N0 来标识。图 2.49 中的 X0 同时控制多个输出的触点。当 X0 接通后，主控触点 M100 接通，主控指令 MC 与 MCR 之间的指令将执行；当 X0 断开时，主控触点 M100 断开，主控指令 MC 与 MCR 之间的指令将跳过不执行，从而减少了程序执行时间。

主控指令跳过部分的软元件状态如下：

① 所有软元件由 OUT 指令关闭；

② SET、RST 指令不变；

③ 计数器的数值不变；

④ 普通定时器和高速定时器归零。

嵌套 Nn 的使用次数没用限制，在 MC 与 MCR 有嵌套的情况下，嵌套 Nn 的编号 n 依次增大，可用的前套数为 N0 ~ N14，主控指令的嵌套如图 2.50 所示。

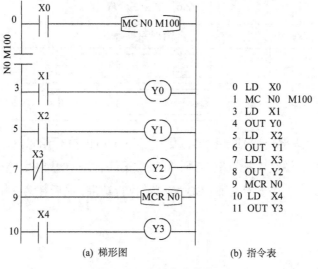

(a) 梯形图　　　　　(b) 指令表

图 2.49　主控指令优化

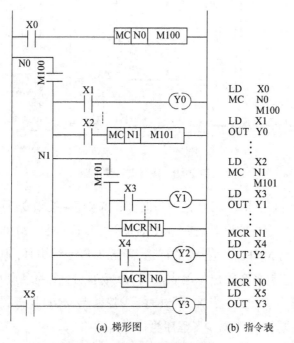

(a) 梯形图　　　　　(b) 指令表

图 2.50　主控指令嵌套应用

　　创建梯形图时，主控触点（如图 2.50 中的 M100、M101）不需要写入，它会在梯形图编译并切换为只读模式后自动添加到程序中。

　　主控指令可以用在需要不同模式切换的控制程序中，例如图 2.51 的梯形图程序是通过 MC 和 MCR 指令实现在手动运行和自动运行之间切换的应用。

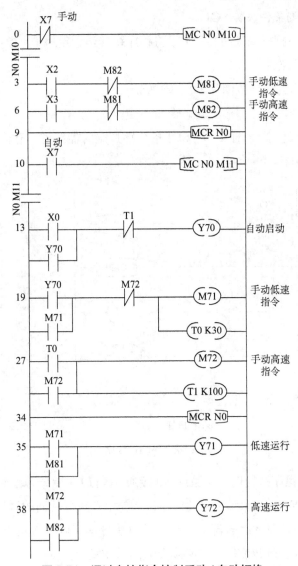

图 2.51 通过主控指令控制手动 / 自动切换

系统运行模式为:

① 输入 X7 断开则处于手动运行模式,手动模式下:

- 输入 X2 接通低速模式。

- 输入 X3 接通高速模式。

② 输入 X7 接通处于自动运行模式,自动模式下:

接通输入 X0 后,系统先在低速模式运行 3 秒,然后进入高速模式运行 10 秒后停止。

通过主控指令控制手动 / 自动切换的梯形图程序如图 2.51 所示。

2)条件跳转指令

三菱 Q 系列 PLC 有两条条件跳转指令:

(1)即刻条件跳转 CJ

满足条件后,CJ 指令立即执行跳转,将程序跳转至指定地址(指针号)。

（2）下一扫描周期条件跳转 SCJ

满足条件后在下一扫描周期执行跳转，将程序跳转至指定地址（指针号）。关于条件跳转指令，需要注意以下几点：

① CJ 和 SCJ 可用的指针范围为 P0 ~ P4095。

② CJ 和 SCJ 指令跳过的梯形图状态保持不变。

③ 定时器线圈接通时，即使 CJ 和 SCJ 指令跳过定时器线圈，定时器也会更新。当定时达到设定值时，接通触点。

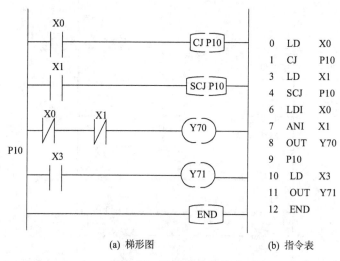

(a) 梯形图 (b) 指令表

图 2.52　跳转指令比较

图 2.52 的梯形图程序执行时，当触点 X0 接通，执行 CJ 指令，跳转至指针 P10 处（即第 9 步程序），被跳过的 Y70 保持接通；当触点 X1 接通，先执行后面的程序，Y70 因 X1 常闭触点断开而关闭，下一周期时才跳转至 P10 处。通过执行程序可以检验出这两条条件跳转指令功能的不同。SCJ 可以在跳转前使一些必须要做的操作完成。

3）子程序调用指令

CALL Pn 和 RET 是一对子程序调用 / 返回指令。其中 CALL Pn 为子程序调用，RET 为子程序返回。一般来说，子程序可实现在程序中可以多次重复使用的功能，从指针 Pn 所指示位置开始，到 RET 指令返回点的程序。指针 Pn 与 CJ、SCJ 指令中使用的指针一样，指针号 n 的范围也是 P0 ~ P4095。

（1）子程序的位置

子程序在主程序结束指令 FEND 和整个程序结束指令 END 之间。调用子程序时的扫描执行过程如图 2.53 所示。

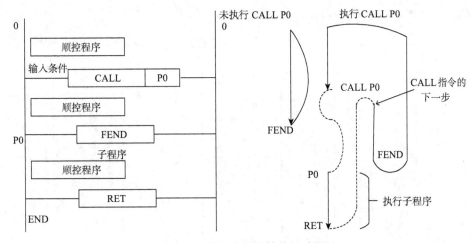

图 2.53　子程序调用的执行过程

由图 2.53 可以看出子程序调用与跳转指令 CJ / SCJ 的不同在于：前者在调用子程序前，会保存返回点，待子程序内容执行完成之后，在本轮扫描中再返回调用点向下继续执行；而跳转指令 CJ / SCJ 在执行跳转后都不返回调用点，继续向下扫描至结束指令，再开始下一轮扫描执行过程。

图 2.54 为子程序调用举例。当输入 X0 为 OFF 时，不执行 CALL 指令，线圈 Y40 为 ON，线圈 Y50 为 OFF；当输入 X0 为 ON 时，执行 CALL 指令，线圈 Y50 变为 ON，返回执行第 8 步，由于 X0 常闭触点断开，线圈 Y40 变为 OFF；如果 X0 又变为 OFF，则 Y40 又变为 ON，但由于不执行 CALL 指令，即不执行子程序，Y50 不进行运算，仍保留原状态 ON。建议读者运行图 2.54 的梯形图，以理解子程序调用指令的执行。

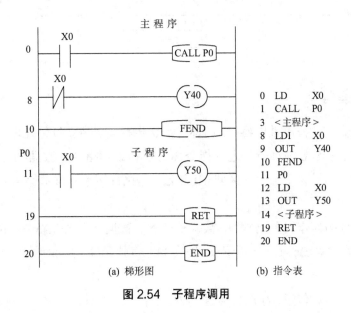

图 2.54　子程序调用

（2）子程序的嵌套

子程序可以嵌套。在一个顺控程序中，CALL Pn 和 RET 指令最多可以嵌套 16 级。子程序调用的嵌套过程如图 2.55 所示。

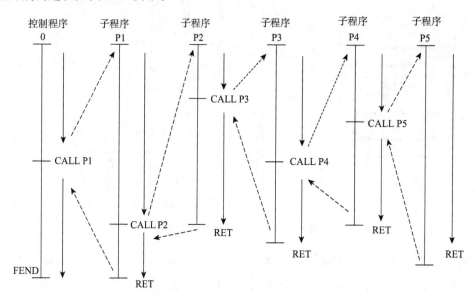

图 2.55　子程序嵌套

4）结束指令

结束指令包括结束主程序指令 FEND，以及结束整个程序 END，见表 2.7。

表 2.7　结束指令表

序号	指令符号	梯形图符号	处理过程
1	FEND	FEND	结束主控程序
2	END	END	结束整个程序

2.5.2　数据处理指令

前面介绍的输入／输出继电器、定时器、计数器等都与独立位的处理，即开关量信号有关。对整数、浮点数等数据进行处理的指令称为数据处理指令。数据处理包括把数据信息从一个存储区传送到另一个不同的区域、比较数值、执行简单的算术运算以及数据格式转换指令。

数据处理指令的操作对象是常数、数据寄存器。数据寄存器（D_n）是 16 位的字软元件，两个相邻的数据寄存器 D_n、D_n+1 可形成双字（32 位）软元件，在双字数据指令中使用。

1）传送指令

传送指令包括整数传送、浮点数传送、数据块传送、多点传送、取反传送、换位传送等，如表 2.8 所示。

（1）16 位整数传送

16 位数据传送指令格式为：MOV（P）　S　D。其中，S：数据源；D：目的软元件。数据源 S 可以是：

① 常数，如 K123，HA9 等；

② 定时器，如 T0；

③ 计数器，如 C10；

④ 数据寄存器，如 D20。

目的（D）一般为数据寄存器，数据在寄存器中以二进制形式存储。

表 2.8　数据传送指令表

序号	指令序号	梯形图符号	处理过程	执行条件
1	MOV	—［ MOV ｜ S ｜ D ］—	16 位整数传送，S 为源地址，D 为目的地址。	┌─┐
2	MOVP	—［ MOVP ｜ S ｜ D ］—		↑
3	DMOV	—［ DMOV ｜ S ｜ D ］—	32 位整数传送，S 为源地址，D 为目的地址。	┌─┐
4	DMOVP	—［ DMOVP ｜ S ｜ D ］—		↑
5	EMOV	—［ EMOV ｜ S ｜ D ］—	浮点数传送，S 为源地址，D 为目的地址。	┌─┐
6	EMOVP	—［ EMOVP ｜ S ｜ D ］—		↑
7	$MOV	—［ $ MOV ｜ S ｜ D ］—	字符串传送，S 为源地址，D 为目的地址。	┌─┐
8	$MOVP	—［ $ MOVP ｜ S ｜ D ］—		↑
9	CML	—［ CML ｜ S ｜ D ］—	16 位数据取反后传送，S 为源地址，D 为目的地址。	┌─┐
10	CMLP	—［ CMLP ｜ S ｜ D ］—		↑
11	DCML	—［ DCML ｜ S ｜ D ］—	32 位数据取反后传送，S 为源地址，D 为目的地址。	┌─┐
12	DCMLP	—［ DCMLP ｜ S ｜ D ］—		↑
13	BMOV	—［ BMOV ｜ S ｜ D ｜ n ］—	数据块的传送，S 为源地址，D 为目的地址，n 为数据块中包含 16 位数据的个数。	┌─┐
14	BMOVP	—［ BMOVP ｜ S ｜ D ｜ n ］—		↑
15	FMOV	—［ FMOV ｜ S ｜ D ｜ n ］—	将一个相同的 16 位数据传送到指定地址，S 为源地址，D 为目的地址，n 为传送个数。	┌─┐
16	FMOVP	—［ FMOVP ｜ S ｜ D ｜ n ］—		↑
17	XCH	—［ XCH ｜ S ｜ D ］—	将地址为 S 的 16 位数，高 8 位和低 8 位互换，传送到 D 地址。	┌─┐
18	XCHP	—［ XCHP ｜ S ｜ D ］—		↑

图 2.56 中，通过数据传送指令 MOV 将定时器 T0 的当前值寄存器中的数值赋值给数据寄存器 D0，用 MOVP 指令（上升沿触发）将计数器 C0 当前值、十进制常数 K123 和十六进制常数 H0A9 分别送入数据寄存器 D1、D2 和 D3。可以通过上位机编程软件 GX Developer 监视软元件 D0 ~ D3，看到以二进制形式存储的数据，参见第三章。最后可使用复位指令 RST 使各个数据寄存器中的所有位恢复为 0。

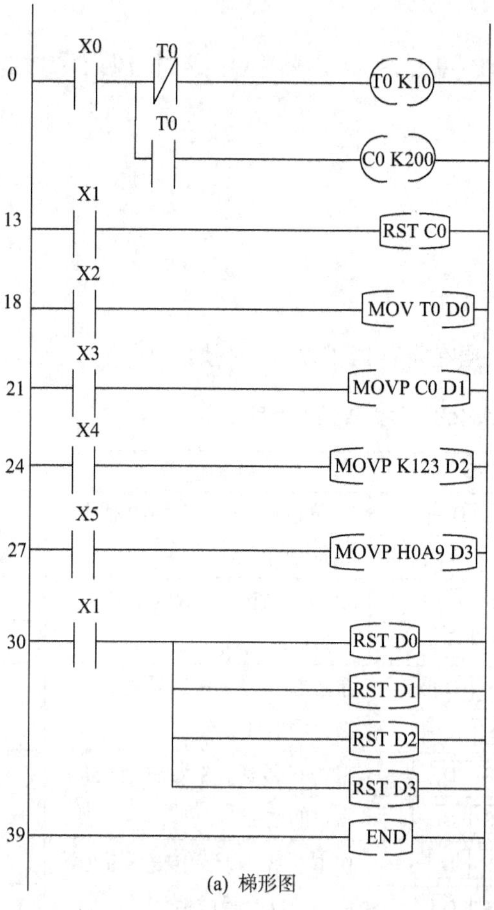

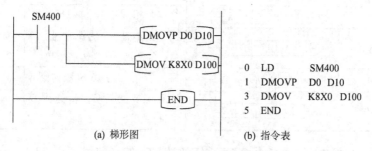

图 2.56　数据传送指令举例

```
0  LD    X0
1  MPS
2  ANI   T0
3  OUT   T0 K10
7  MPP
8  AND   T0
9  OUT   C0 K200
13 LD    X1
14 RST   C0
18 LD    X2
19 MOV   T0 D0
21 LD    X3
22 MOVP  C0 D1
24 LD    X4
25 MOVP  K123 D2
27 LD    X5
28 MOVP  H0A9 D3
30 LD    X1
31 RST   D0
33 RST   D1
35 RST   D2
37 RST   D3
39 END
```

（2）32 位整数传送指令

32 位数据传送指令格式为：DMOV（P）S　D。其中，S：数据源；D：目的软元件。举例如图 2.57，将 D0，D1 的数据存储至 D10、D11。

（此处为图2.57 梯形图及指令表）

```
0  LD    SM400
1  DMOVP D0 D10
3  DMOV  K8X0 D100
5  END
```

(a) 梯形图　　　　(b) 指令表

图 2.57　32 位数据传送指令用法

SM400 是保持为 ON 的系统时钟，它在第一个扫描周期产生的上升沿信号使 DMOVP 指令执行，将 D0 和 D1 寄存器中的 32 位二进制数据传送到 D10（低 8 位）和 D11（高 8 位）中。由于 DMOV 是上升沿触发的指令，在第一个扫描周期之后不再被触发，此后 D0 数据变化不再影响 D10，而 DMOV 指令会用 K8X0 一直刷新到 D100。K8X0 是指从 X0 开始的 32 个连续位,即 X0 ~ X1F,放在软元件前面的十进制常数 K8 表示 4*8=32。

（3）浮点数传送指令

浮点数传送指令格式为:EMOV(P) S D。其中, S: 数据源; D: 目的软元件。功能是将数据源 S 的 32 位浮点实数送到 D 指定的目的软元件中。如图 2.58 的梯形图所示。

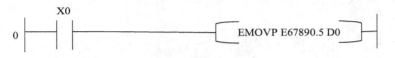

图 2.58 浮点数传送指令

当 X0 由 OFF 变为 ON 时,实数 67890.5 以二进制形式被放入 D0(低 16 位)和 D1(高 16 位)组成的 32 位寄存器中,通过上位机编程软件 GX Developer 的软元件登录功能可以查看 D0 和 D1 中的数值。三菱 Q 系列的基本型 PLC(如 Q00J)不能支持浮点数指令。

数据传送指令集内容丰富,在此不一一叙述,用法参见表 2.8。

2）比较指令

根据比较指令包含的不同属性,可将其从以下三方面划分:

① 从比较的数据类型来看,可以分为 16 位数据比较、32 位数据比较、浮点数比较、字符串比较等。在指令形式上, 32 位数据比较加一个 "D",浮点数比较加一个 "E",字符串比较加一个 "$"。

② 从比较操作来看,可以分为等于比较、不等于比较、大于比较、不大于比较、小于比较和不小于比较。

③ 从指令在梯级中的位置来看,指令格式由 LD 与比较操作符、AND 与比较操作符、OR 与比较操作符构成。

比较指令集如表 2.9 至表 2.12 所示。比较指令的应用如图 2.59 所示。其中 "LD=" 是用作梯级中的第一个输入条件的 16 位数据的等于比较指令,数据相等则该条件为 ON。图 2.59 中的第 0 ~ 3 步程序将从 X0 到 X0F 的 16 位二进制数据与 D0 中的 16 位二进制数据进行比较,如数据相同则 Y40 为 ON。

图 2.59 中第 5 步的 "ANDD< >" 是用作梯级的串联输入条件的 32 位数据的不等于比较指令,数据不等则该条件为 ON。图 2.59 中的程序将十进制整数 3800 与 D1 开始存储的 32 位数据进行比较,如数据不是 3800,则该条件输出为 ON,如果另一输入条件 X10 也为 ON,则 Y41 为 ON。

图 2.59 中第 12 步的 "ANDE<" 是用作梯级中串联输入条件的十进制浮点数的小于比较指令,当第一操作数小于第二操作数则该条件为 ON。图 2.59 中程序将十进制浮点数 1.25 与 D3 中存储的浮点数比较,如 D3 中的数据大于 1.25,且 X10 为 ON,则 Y42 为 ON。

图 2.59 中第 30 步的 "OR$<=" 是用作并联输入条件的关于字符串的小于等于比较指令,字符串在 PLC 中是用 ASCII 码表示及存储的,一个字符用 8 位二进制 ASCII 码表示,因此一个 16 位寄存器可存储两个字符。图 2.59 中程序将存储在 D5 单元及其之后的字符串与 D50

单元及其之后的字符串进行逐个字符比较,如前者中的 ASCII 码值小于等于后者中的,则 Y0 为 NO。第 18 步和 23 步程序已用字符串传送指令 "$MOV" 将字符串 "ANCX" 送入 D5 和 D6、将字符串 "bvnmj" 送入 D50、D51 以及 D52 的低 8 位,因此本例中 Y43 输出为 ON。

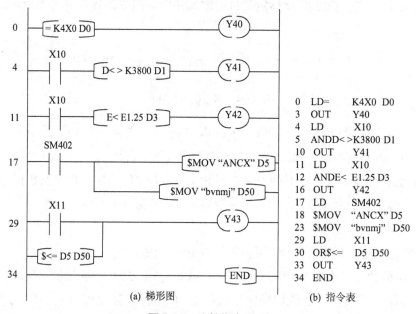

(a) 梯形图

```
0    LD=      K4X0 D0
3    OUT      Y40
4    LD       X10
5    ANDD<>K3800 D1
10   OUT      Y41
11   LD       X10
12   ANDE< E1.25 D3
16   OUT      Y42
17   LD       SM402
18   $MOV     "ANCX" D5
23   $MOV     "bvnmj" D50
29   LD       X11
30   OR$<=    D5 D50
33   OUT      Y43
34   END
```

(b) 指令表

图 2.59　比较指令用法

其他比较指令用法参见表 2.9 至表 2.13,在此不一一详述。

表 2.9　16 位数据比较指令表

序号	指令符号	梯形图符号	处理过程
1	LD=	= S1 S2	
2	AND=	= S1 S2	当(S1 = S2)时,信号导通。
3	OR=	= S1 S2	当(S1 ≠ S2)时,信号断开。
4	LD < >	<> S1 S2	
5	AND < >	<> S1 S2	当(S1 ≠ S2)时,信号导通。
6	OR < >	<> S1 S2	当(S1 = S2)时,信号断开。
7	LD >	> S1 S2	
8	AND >	> S1 S2	当(S1 > S2)时,信号导通。
9	OR >	> S1 S2	当(S1 ≤ S2)时,信号断开。

（续表）

序号	指令符号	梯形图符号	处理过程
10	LD < =	<= S1 S2	
11	AND < =	<= S1 S2	当（S1 ≤ S2）时，信号导通。
12	OR < =	<= S1 S2	当（S1 > S2）时，信号断开。
13	LD <	< S1 S2	
14	AND <	< S1 S2	当（S1 < S2）时，信号导通。
15	OR <	< S1 S2	当（S1 ≥ S2）时，信号断开。
16	LD > =	>= S1 S2	
17	AND > =	>= S1 S2	当（S1 ≥ S2）时，信号导通。
18	OR > =	>= S1 S2	当（S1 < S2）时，信号断开。

表 2.10 32 位数据比较指令表

序号	指令符号	梯形图符号	处理过程
1	LDD=	D= S1 S2	当（S1+1，S）=（S2+1，S2）时，信号导通。
2	ANDD=	D= S1 S2	信号导通。
3	ORD=	D= S1 S2	当（S1+1，S）≠（S2+1，S2）时，信号断开。
4	LDD < >	D<> S1 S2	当（S1+1，S）≠（S2+1，S2）时，信号导通。
5	ANDD < >	D<> S1 S2	信号导通。
6	ORD < >	D<> S1 S2	当（S1+1，S）=（S2+1，S2）时，信号断开。
7	LDD >	D> S1 S2	当（S1+1，S）>（S2+1，S2）时，信号导通。
8	ANDD >	D> S1 S2	信号导通。
9	ORD >	D> S1 S2	当（S1+1，S）≤（S2+1，S2）时，信号断开。

（续表）

序号	指令符号	梯形图符号	处理过程
10	LDD < =	┤├ D<= | S1 | S2 ├┤	当（S1+1，S）≤（S2+1，S2）时，信号导通。 当（S1+1，S）>（S2+1，S2）时，信号断开。
11	ANDD < =	┤├┤├ D<= | S1 | S2 ├	
12	ORD < =	┤├┤├ D<= | S1 | S2	
13	LDD <	┤├ D< | S1 | S2 ├┤├	当（S1+1，S）<（S2+1，S2）时，信号导通。 当（S1+1，S）≥（S2+1，S2）时，信号断开。
14	ANDD <	┤├┤├ D< | S1 | S2 ├	
15	ORD <	┤├┤├ D< | S1 | S2	
16	LDD > =	┤├ D>= | S1 | S2 ├┤├	当（S1+1，S）≥（S2+1，S2）时，信号导通。 当（S1+1，S）<（S2+1，S2）时，信号断开。
17	ANDD > =	┤├┤├ D>= | S1 | S2 ├	
18	ORD > =	┤├┤├ D>= | S1 | S2	

表 2.11　实数比较指令表

序号	指令符号	梯形图符号	处理过程
1	LDE=	┤ E= | S1 | S2 ├┤├	当（S1+1，S）=（S2+1，S2）时，信号导通。 当（S1+1，S）≠（S2+1，S2）时，信号断开。
2	ANDE=	┤├┤├ E= | S1 | S2 ├	
3	ORE=	┤├┤├ E= | S1 | S2	
4	LDE < >	┤ E<> | S1 | S2 ├┤├	当（S1+1，S）≠（S2+1，S2）时，信号导通。 当（S1+1，S）=（S2+1，S2）时，信号断开。
5	ANDE < >	┤├┤├ E<> | S1 | S2 ├	
6	ORE < >	┤├┤├ E<> | S1 | S2	

（续表）

序号	指令符号	梯形图符号	处理过程
7	LDE >	E> S1 S2	当（S1+1, S）>（S2+1, S2）时，信号导通。
8	ANDE >	E> S1 S2	
9	ORE >	E> S1 S2	当（S1+1, S）≤（S2+1, S2）时，信号断开。
10	LDE < =	E<= S1 S2	当（S1+1, S）≤（S2+1, S2）时，信号导通。
11	ANDE < =	E<= S1 S2	
12	ORE < =	E<= S1 S2	当（S1+1, S）>（S2+1, S2）时，信号断开。
13	LDE <	E< S1 S2	当（S1+1, S）<（S2+1, S2）时，信号导通。
14	ANDE <	E< S1 S2	

表 2.12　字符串比较指令表

序号	指令符号	梯形图符号	处理过程
1	LD$=	$ = S1 S2	当（S1=S2）时，信号导通。
2	AND$=	$ = S1 S2	
3	OR$=	$ = S1 S2	当（S1 ≠ S2）时，信号断开。
4	LD$ < >	$<> S1 S2	当（S1 ≠ S2）时，信号导通。
5	AND$ < >	$<> S1 S2	
6	OR$ < >	$<> S1 S2	当（S1=S2）时，信号断开。

（续表）

序号	指令符号	梯形图符号	处理过程
7	LD$ >	$> S1 S2	当（S1 > S2）时，信号导通。
8	AND$ >	$> S1 S2	
9	OR$ >	$> S1 S2	当（S1 ≤ S2）时，信号断开。
10	LD$ < =	$<= S1 S2	当（S1 ≤ S2）时，信号导通。
11	AND$ < =	$<= S1 S2	
12	OR$ < =	$<= S1 S2	当（S1 > S2）时，信号断开。
13	LD$ <	$< S1 S2	当（S1 < S2）时，信号导通。
14	AND$ <	$< S1 S2	
15	OR$ <	$< S1 S2	当（S1 ≥ S2）时，信号断开。
16	LD$ > =	$>= S1 S2	当（S1 ≥ S2）时，信号导通。
17	AND$ > =	$>= S1 S2	
18	OR$ > =	$>= S1 S2	当（S1 < S2）时，信号断开。

3）数据转换指令

数据转换指令可进行不同数据格式之间的转换，包括：

（1）二进制数（16 位或 32 位）与 BCD 码之间的相互转换

指令包括 0 ~ 9999 的二进制数与 BCD 码之间的转换、0 ~ 99999999 的二进制数与 BCD 码之间的转换，转换执行条件分为电平式触发和上升沿触发，参见表 2.13 中的指令 1 ~ 8。

表 2.13 数据转换指令表

序号	指令符号	梯形图符号	处理过程	执行条件
1	BCD	BCD S D	将 S 中的 0 ~ 9999 的二进制数转换为 BCD 码存储在 D 中	⊓
2	BCDP	BCDP S D		↑

（续表）

序号	指令符号	梯形图符号			处理过程	执行条件
3	DBCD	DBCD	S	D	将 S 和 S+1 中的 0～99999999 的二进制数转换为 BCD 码，存储在 D 和 D+1 软元件中	⎍
4	DBCDP	DBCDP	S	D		↑
5	BIN	BIN	S	D	将 S 中的 0～9999 的 BCD 码转换为二进制数，存储在 D 中	⎍
6	BINP	BINP	S	D		↑
7	DBIN	DBIN	S	D	将 S 和 S+1 中的 0～99999999 的 BCD 码转换为二进制数，存储在 D 和 D+1 中	⎍
8	DBINP	DBINP	S	D		↑
9	FLT	FLT	S	D	将 S 和 S+1 中的二进制数 −32768～32767 转换为浮点数，存储在 D 和 D+1 中	⎍
10	FLTP	FLTP	S	D		↑
11	DFLT	DFLT	S	D	将 S 和 S+1 中的二进制数 −2147483648～2147483647 转换为浮点数，存储在 D 和 D+1 中	⎍
12	DFLTP	DFLTP	S	D		↑
13	INT	INT	S	D	将 S 和 S+1 中的浮点数 −32768～32767 转换为二进制数，存储在 D 和 D+1 中	⎍
14	INTP	INTP	S	D		↑
15	DINT	DINT	S	D	将 S 和 S+1 中的浮点数 −2147483648～2147483647 转换为二进制数，存储在 D 和 D+1 中	⎍
16	DINTP	DINTP	S	D		↑

　　BCD 码（Binary Coded Decimal）是指二进制编码的十进制数，又称为二 – 十进制数，主要用于数字的显示。

　　BCD 码用四个二进制位表示一个 0～9 的十进制整数，由于四位二进制的位权是 8、4、2、1，BCD 码又称为 8421 码。例如，十进制数 369 用 BCD 码可表示为 0011 0110 1001，而用二进制表示则是 101110001。BCD 码是用二进制码分段（四位一段）表示的十进制数，所以与二进制数不同。

　　BCD 码用 16 位表示 0～9999 之间的整数，16 位中从低向高每四位一段，分别代表"个""十""百""千"；用 32 位表示 0～99999999 之间的整数。BCD 码可以用于数字开关输入和输出数字显示。BCD 码数字开关示意图如图 2.60 所示。

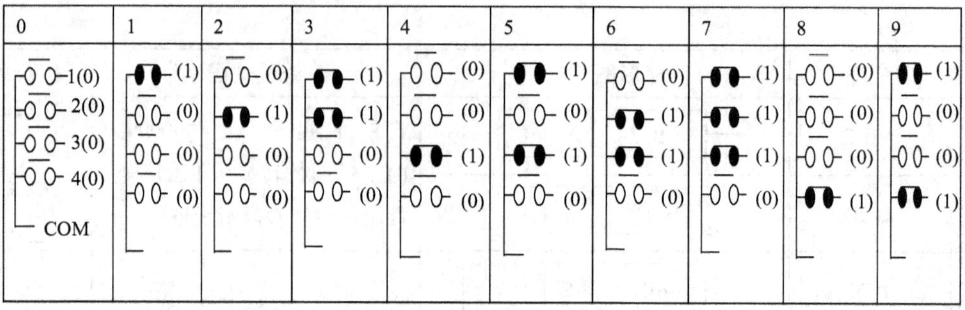

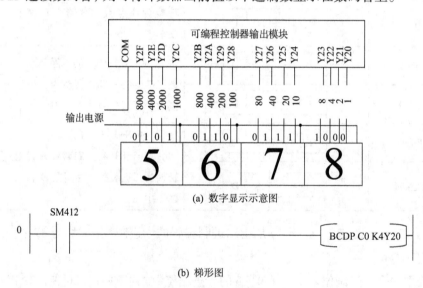

图 2.60　BCD 码数字开关

表 2.13 中的指令 1~8 为二进制数（16 位或 32 位）与 BCD 码之间的相互转换，例如，指令中含有"BCD"的是从二进制数转换为 BCD 码，含有"BIN"的是从 BCD 码转换为二进制数，指令加前缀"D"为 32 位转换，加后缀"P"的执行条件为上升沿信号。

转换指令均为双操作数，如指令"BCD　S　D"中的 S 为源操作数，为二进制数据或者存储二进制数据的软元件的起始编号（16 位），D 为目的操作数，为存储 BCD 数据的软元件的起始编号，该指令将源操作数 S 中的二进制码转换为 BCD 码存入目的操作数 D 中。

转换举例如图 2.61。图 2.61 中，输入条件 SM412 是以 1 s 为周期的系统时钟，它产生的上升沿触发 BCDP 指令将计数器 C0 中的二进制当前值转换为 BCD 码输出到 Y20~Y2F，如果 Y20~Y2F 连接数码管，则可将计数器当前值以十进制数显示在数码管上。

图 2.61　PLC 输出数字显示

（2）二进制数（16 位或 32 位）与浮点数之间的相互转换

表 2.13 中的指令 9~16 为二进制数（16 位或 32 位）与浮点数之间的相互转换指令，转换指令均为双操作数，包括：

① 将 16/32 位二进制整数转换为 32 位浮点数指令 FLT/DFLT 和 FLTP/DFLTP。

指令"FLT　S　D"将 S 中指定的二进制 16 位数据转换为 32 位浮点实数后，存储到 D 中指定编号的软元件中。其中操作数 S 存储 32 位浮点数据的整数或者存储整数数据的起始软元件号（16 位二进制），操作数 D 存储转换为 32 位浮点数据的起始软元件号。FLT 采用高电平触发条件，FLTP 采用上升沿触发条件，见图 2.62。

指令"DFLT　S　D"将 S 中指定的二进制 32 位数据转换为 32 位浮点实数后，存储到 D 中指定编号的软元件中。其中操作数 S 存储 32 位浮点数据的整数或者存储整数数据的起始软元件号（32 位二进制），操作数 D 存储转换为 32 位浮点数据的起始软元件号（实数）。DFLT 采用高电平触发条件，DFLTP 采用上升沿触发条件。

例如，图 2.62 中的"FLT　K44　D0"通过高电平输入条件触发，将十进制整数 44 转换为 32 位浮点数存入 D0 和 D1 中，在监控软元件 D0 时显示浮点数形式 44.000。

图 2.62　FLT 指令执行结果

② 将 32 位浮点数转换为 16／32 位二进制整数指令 INT／DINT 和 INTP／DINTP。

指令"INT　S　D"将第一操作数 S 中指定的 32 位浮点实数转换为 16 位二进制整数后，存储到第二操作数 D 中指定编号的软元件中。其中，第一操作数 S 为要转换为二进制整数值的 32 位浮点数据或者存储浮点数据的起始软元件号；第二操作数 D 为存储转换后的 16 位二进制整数值的起始软元件号。若第一操作数 S 是 16 位寄存器类型（D 寄存器、R 寄存器等），则 S+1 和 S 中指定的 32 位浮点实数的可指定范围为 −32768 ~ 32767。第二操作数 D 中存储的整数值是以 16 位二进制格式存储的。转换后的实数数据的小数点以下第 1 位被四舍五入。

指令"DINT　S　D"是将 32 位浮点实数转换为 32 位二进制整数；第一操作数 S 中指定的 32 位浮点实数的可指定范围为 −2147483648 ~ 2147483647。第二操作数 D 指示存储 32 位整数值的软元件起始编号。

INT／DINT 采用高电平输入条件；INTP／DINTP 指令采用上升沿输入条件。

三菱 Q 系列 PLC 的数据转换指令不限于表 2.12 所列内容，本书不一一叙述，如果需要了解可查阅相关产品手册。

4）算术运算指令

在 PLC 顺控程序中，算术运算指令不作为输入条件而是作为梯级的输出结果。三菱 Q 系列 PLC 的算术运算指令如表 2.14 ~ 表 2.17 所示。从表中看出算术指令可按如下分类。

① 从运算类型来看，可以分为 +、−、*、／ 四则运算。

② 从触发执行条件来看，可以分为电平信号触发和上升沿信号触发。在指令命名规则中，上升沿信号触发多加一个"P"字符后缀，例如"+P"。

③ 从指令的操作数来看，可以分为双操作数、三操作数和单操作数指令。例如：

a. 双操作数指令

表 2.14 中的第 2 条指令"+P　S　D"包含两个操作数 S 和 D，其中第一操作数 S 可以是

常数或软元件，第二操作数 D 是软元件，一般是数据寄存器。运算过程是将 S 和 D 的值相加，结果放入 D 中。

b. 三操作数指令

表 2.14 中的第 3 条指令"+ S1 S2 D"包含三个操作数 S1、S2 和 D，运算过程是将 S1 和 S2 的值相加，结果放入 D 中。

c. 单操作数指令

表 2.17 中的指令均为针对单一数据寄存器值的加一或减一运算。

从计算的数据类型来看，可以分为 16 位数据运算、32 位数据运算、浮点数运算、字符串运算和 BCD 码运算。在指令命名规则中，32 位数据运算指令加前缀"D"，浮点数运算加前缀"E"，字符串运算加前缀"$"，BCD 码运算加前缀"B"。

表 2.14 为二进制 16 位数据和 32 位数据的加减乘除；表 2.15 为 BCD 码 4 位数据和 BCD 码 8 位数据的加减乘除；表 2.16 包括了浮点数的加减乘除、数据块的加法和减法以及字符串的链接；表 2.17 为 16 位数据和 32 位数据的递增和递减算法。

例 2-1：16 位二进制数据加减法指令举例，如图 2.63。

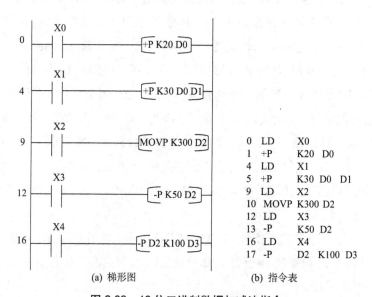

(a) 梯形图　　　　(b) 指令表

图 2.63 16 位二进制数据加减法指令

加减法指令应该使用上升沿执行条件的指令，如"+P"。如果使用"+""−"指令，则输入条件应该为上升沿信号，否则每个扫描周期都会进行运算。例如图 2.63 的第 0～3 步，可以取输入条件 X0 的上升沿，改为：

```
0   LDP    X0
1   +      K20    D0
```

例 2-2：16 位二进制数据乘除法指令举例，如图 2.64。

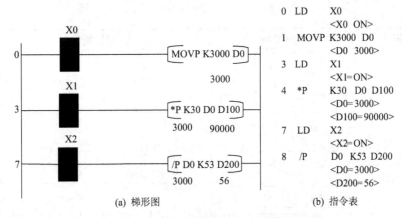

图 2.64　16 位二进制数据乘除法指令举例

　　乘除法指令一般使用上升沿执行条件的指令或上升沿触发信号。一个 16 位寄存器不足以存储两个 16 位二进制数相乘的结果,因此两个 16 位二进制数相乘的结果为 32 位,存放在以第三操作数为起始编号的相邻的两个 16 位寄存器中。如图 2.64 中,乘法的结果 90000 存放在 D100 和 D101 两个寄存器中。两个 16 位二进制数相除的结果也需要放在两个相邻的寄存器中。如图 2.64 中,除法的结果为:商等于 56,余数等于 32。商 56 存在 D200 中,余数 32 存在 D201 中。

　　32 位二进制数据乘法指令的运行结果为 64 位二进制数据,需要 4 个 16 位数据寄存器来存储;32 位二进制数据除法指令的结果是 64 位,低 32 位存放商,高 32 位存放余数。

表 2.14　16 位／32 位二进制数据的算术运算指令表

序号	指令符号	梯形图符号	处理过程	执行条件
1	+	+ S D	$(D)+(S)\rightarrow(D)$	⊓
2	+P	+P S D		⤴
3	+	+ S1 S2 D	$(S1)+(S2)\rightarrow(D)$	⊓
4	+P	+P S1 S2 D		⤴
5	−	− S D	$(D)-(S)\rightarrow(D)$	⊓
6	−P	−p S D		⤴
7	−	− S1 S2 D	$(S1)-(S2)\rightarrow(D)$	⊓
8	−P	−p S1 S2 D		⤴
9	D+	D+ S D	$(D+1,D)+(S+1,S)\rightarrow(D+1,D)$	⊓
10	D+P	D+P S D		⤴

（续表）

序号	指令符号	梯形图符号	处理过程	执行条件
11	D+	D+ S1 S2 D	（S1+1, S1）+（S2+1, S2）→（D+1, D）	⊓
12	D+P	D+P S1 S2 D		↑
13	D−	D− S D	（D+1, D）−（S+1, S）→（D+1, D）	⊓
14	D−P	D−P S D		↑
15	D−	D− S1 S2 D	（S1+1, S1）−（S2+1, S2）→（D+1, D）	⊓
16	D−P	D−P S1 S2 D		↑
17	*	* S1 S2 D	（S1）*（S2）→（D+1, D）	⊓
18	*P	*P S1 S2 D		↑
19	/	/ S1 S2 D	（S1）/（S2）→商（D），余数（D+1）	⊓
20	/ P	/P S1 S2 D		↑
21	D*	D* S1 S2 D	（S1+1, S1）*（S2+1, S2）→（D+3, D+2, D+1, D）	⊓
22	D*P	D*P S1 S2 D		↑
23	D /	D/ S1 S2 D	（S1+1, S1）/（S2+1, S2）→商（D+1, D），余数（D+3, D+2）	⊓
24	D / P	D/P S1 S2 D		↑

表 2.15　4 位 / 8 位 BCD 码的算术运算指令表

序号	指令符号	梯形图符号	处理过程	执行条件
1	B+	B+ S D	（D）+（S）→（D）	⊓
2	B+P	B+P S D		↑
3	B+	B+ S1 S2 D	（S1）+（S2）→（D）	⊓
4	B+P	B+P S1 S2 D		↑
5	B−	B− S D	（D）−（S）→（D）	⊓
6	B−P	B−P S D		↑
7	B−	B−P S1 S2 D	（S1）−（S2）→（D）	⊓
8	B−P	B−P S1 S2 D		↑

（续表）

序号	指令符号	梯形图符号	处理过程	执行条件
9	DB+	DB+ S D	$(D+1, D) + (S+1, S) \rightarrow (D+1, D)$	⊓
10	DB+P	DB+P S D		↑
11	DB+	DB+ S1 S2 D	$(S1+1, S1) + (S2+1, S2) \rightarrow (D+1, D)$	⊓
12	DB+P	DB+P S1 S2 D		↑
13	DB−	DB− S D	$(D+1, D) - (S+1, S) \rightarrow (D+1, D)$	⊓
14	DB−P	DB−P S D		↑
15	DB−	DB− S1 S2 D	$(S1+1, S1) - (S2+1, S2) \rightarrow (D+1, D)$	⊓
16	DB−P	DB−P S1 S2 D		↑
17	B*	B* S1 S2 D	$(S1) * (S2) \rightarrow (D+1, D)$	⊓
18	B*P	B*P S1 S2 D		↑
19	B /	B/ S1 S2 D	$(S1) / (S2) \rightarrow$ 商 (D)，余数 $(D+1)$	⊓
20	B / P	B/P S1 S2 D		↑
21	DB*	DB* S1 S2 D	$(S1+1, S1) * (S2+1, S2) \rightarrow (D+3, D+2, D+1, D)$	⊓
22	DB*P	DB*P S1 S2 D		↑
23	DB /	DB/ S1 S2 D	$(S1+1, S1) / (S2+1, S2) \rightarrow$ 商 $(D+1, D)$，余数 $(D+3, D+2)$	⊓
24	DB / P	DB/P S1 S2 D		↑

表 2.16　浮点数算术运算指令表

序号	指令符号	梯形图符号	处理过程	执行条件
1	E+	E+ S D	$(D+1, D) + (S+1, S) \rightarrow (D+1, D)$	⊓
2	E+P	E+P S D		↑
3	E+	E+ S1 S2 D	$(S1+1, S1) + (S2+1, S2) \rightarrow (D+1, D)$	⊓
4	E+P	E+P S1 S2 D		↑

（续表）

序号	指令符号	梯形图符号	处理过程	执行条件
5	E-	─［ E- ｜ S ｜ D ］─	$(D+1, D)-(S+1, S) \rightarrow (D+1, D)$	⊓
6	E-P	─［ E-P ｜ S ｜ D ］─		⌐
7	E-	─［ E- ｜ S1 ｜ S2 ｜ D ］─	$(S1+1, S1)-(S2+1, S2) \rightarrow (D+1, D)$	⊓
8	E-P	─［ E-P ｜ S1 ｜ S2 ｜ D ］─		⌐
9	DE+	─［ DE+ ｜ S1 ｜ S2 ｜ D ］─	$(S1+1, S1)*(S2+1, S2) \rightarrow (D+1, D)$	⊓
10	DE+P	─［ DE+P ｜ S1 ｜ S2 ｜ D ］─		⌐
11	DE+	─［ DE+ ｜ S1 ｜ S2 ｜ D ］─	$(S1+1, S1) / (S2+1, S2) \rightarrow$ 商$(D+1, D)$	⊓
12	DE+P	─［ DE+P ｜ S1 ｜ S2 ｜ D ］─		⌐

表 2.17 单操作数算术运算指令表

序号	指令符号	梯形图符号	处理过程	执行条件
1	INC	─［ INC ｜ D ］─	$(D)+1 \rightarrow (D)$	⊓
2	INCP	─［ INCP ｜ D ］─		⌐
3	DINC	─［ DINC ｜ D ］─	$(D+1, D)+1 \rightarrow (D+1, D)$	⊓
4	DINCP	─［ DINCP ｜ D ］─		⌐
5	DEC	─［ DEC ｜ D ］─	$(D)-1 \rightarrow (D)$	⊓
6	DECP	─［ DECP ｜ D ］─		⌐
7	DDEC	─［ DDEC ｜ D ］─	$(D+1, D)-1 \rightarrow (D+1, D)$	⊓
8	DDECP	─［ DDECP ｜ D ］─		⌐

思考题与习题 2

2.1 根据如下时序图写出梯形图控制程序（提示：使用 PLF 指令）。

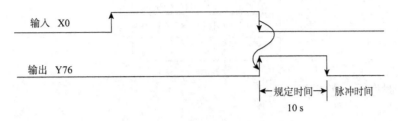

题 2.1 图

2.2 有甲乙两组彩灯，每组 4 只灯泡。要求甲组彩灯按（1 / 2）Hz 的频率闪烁（亮灭时间相等），乙组彩灯按（1 / 4）Hz 的频率闪烁（亮灭时间相等）。试设计其控制电路。

提示：可用 SM412 内部时钟和 FF 指令。

2.3 编写梯形图实现输入信号脉宽任意而输出信号脉宽等宽的功能。变脉宽输入、等脉宽输出电路时序图如下：

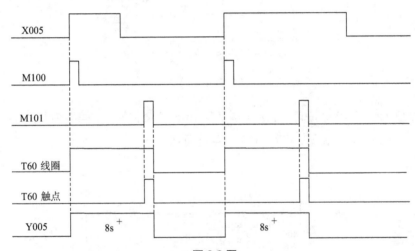

题 2.3 图

2.4 根据以下指令表，画出梯形图和软元件的时序图。

题 2.4 指令表

步号	助记符	I / O 号
0	LD	X6
1	OR	Y74
2	ANI	T1
3	OUT	Y74

（续表）

步号	助记符	I／O号
4	LD	Y74
5	ANI	X6
6	OUT	T1 K30
7	END	

2.5 根据下面时序图，完成梯形图。

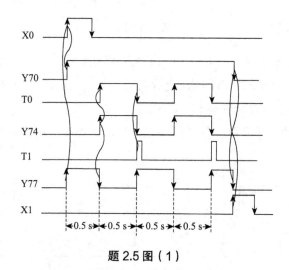

题2.5图（1）

当X0为ON时，Y70保持自保持状态，Y74和Y77交替闪烁，间隔为0.5 s。

当X1为ON时，Y70关闭，Y74和Y77停止闪烁。

梯形图如下：

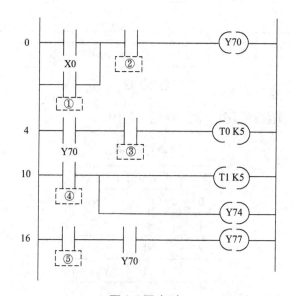

题2.5图（2）

在空格中填入梯形图缺少的指令：

① ＿＿＿＿＿＿＿；② ＿＿＿＿＿＿＿；③ ＿＿＿＿＿＿＿；④ ＿＿＿＿＿＿＿；⑤ ＿＿＿＿＿＿＿。

2.6　梯形图如下：

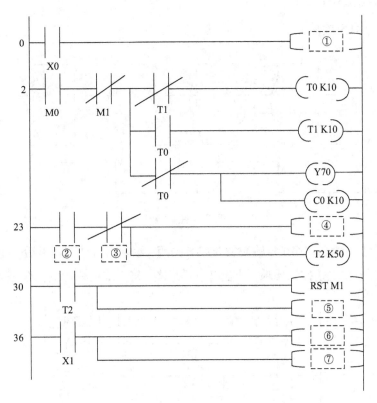

题 2.6 图（1）

时序图如下：

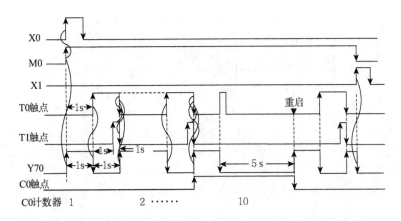

题 2.6 图（2）

X0 为 ON 后，Y70 开始每隔 1 s 闪烁 1 次，闪烁 10 次后熄灭 5 s。重复这一闪烁频率。
X1 接通后停止 Y70 闪烁。

将空缺的梯形图指令填入空格内：

① _____；② _____；③ _____；④ _____；

⑤ _____；⑥ _____；⑦ _____。

提示：用 SET、RST 指令。

2.7　梯形图控制时序图如下：

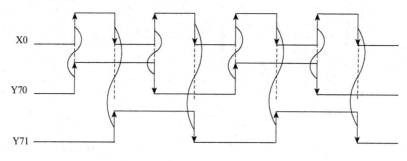

题 2.7 图（1）

检测到 X0 上升沿后，Y70 开始交替开启／关闭，检测到信号下降沿后，触发 Y71 开始和 Y70 同样动作。根据上述控制要求，补全以下梯形图，将空缺的梯形图指令填入空格内：

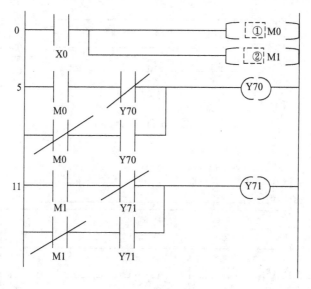

题 2.7 图（2）

① _____；② _____。

提示：用 PLS、PLF 指令。

2.8　将 8 个输入条件（X0 ~ X7）存入 D0，然后将其输出到（Y70 ~ Y77），即当（X0 ~ X7）接通时，（Y70 ~ Y77）接通。请将空缺的梯形图指令填入空格内：

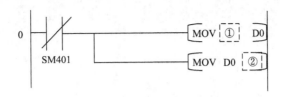

题 2.8 图

① _____; ② _____。

提示：用 MOV 指令。

2.9　用两个 BCD 数字开关（X20 ~ X2F、X30 ~ X3F），执行（A–B）的操作。并在 BCD 数字显示器（Y40 ~ Y4F）上显示结果。

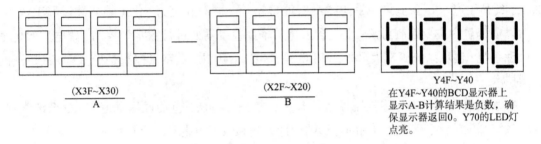

题 2.9 图（1）

梯形图如下：

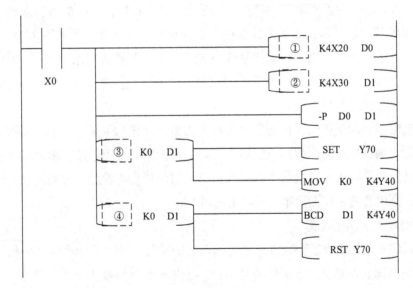

题 2.9 图（2）

请将空缺的梯形图指令填入空格内：

① _____; ② _____; ③ _____; ④ _____。

提示：用 BIN 和比较指令。

第3章 开关量控制

可编程控制器的主要控制任务之一是进行开关量控制。开关量控制，也称为数字量控制，是以二值状态信号为输入／输出的控制方式，广泛应用于离散过程和开环系统，如机械加工、食品生产、交通运输、家用电器、智能楼宇等。同时在电力、化工等连续过程工业中，虽然以模拟量为主要控制对象，也包含大量的辅助设备需要进行数字量控制，如电厂的化学水处理系统、输煤系统等都大量采用 PLC 程序控制。因此，数字量控制是最基础、最广泛的控制技术。

本章介绍运用可编程序控制器进行开关量控制的方法，包括过程通道、PLC 系统配置、PLC 系统开发软件、开关量控制的梯形图设计方法和顺序功能图设计方法。

3.1 过程输入／输出通道概述

在计算机系统中，为了实现对生产过程的控制，必须将被控对象的各种测量参数转换成计算机所要求的数字信号形式送入到计算机中。计算机经过处理、计算之后的结果以数字信号的形式输出，此时计算机也要将此信号转换成适合于控制被控对象的信号。因此，在计算机与被控对象之间必须设置信号转换和传递装置，这个装置称之为过程通道，由它来实现计算机与被控对象之间的信号匹配。

过程通道的作用对于可编程控制器这种特殊类型的计算机也是一样的。将被控对象的各种信号转换为可编程控制器所能接收的信号的装置称为输入过程通道。将可编程控制器输出的控制信号转换成适合于生产过程所需的控制信号的装置称为输出过程通道。过程通道包括数字量输入／输出通道和模拟量输入／输出通道。

1）数字量输入／输出通道

在控制系统中，需要处理一类最基本的输入／输出信号，即开关量（数字量）信号，这些信号包括开关的闭合与断开，指示灯的亮与灭，继电器或接触器的吸合与释放，电机的启动与停止，设备的安全状况等。在控制系统中，这些信号的共同特征是以二进制的逻辑"1"和逻辑"0"出现，对应的二进制数码的每一位都可以代表生产中一个状况，这些状态都被作为控制的依据。

数字量过程通道包括数字量输入通道（DI 通道）和数字量输出通道（DO 通道）。数字量输入通道将生产现场的开关信号等转换成可编程序控制器需要的电平信号，以二进制数字量的形式输入可编程序控制器；而数字量输出通道将可编程序控制器的数字输出转换成现场各种开关设备（如电磁阀、电动门等）所要求的电平、脉冲量等数字信号输出。

2）模拟量输入／输出通道

模拟量转换成数字量的过程称为模／数转换，记为 A／D 转换，数字量转换成模拟量的过程称为数／模转换，记为 D／A 转换。A／D 转换与 D／A 转换为两个互逆的转换，在控制系统中，模拟量输入／输出通道就分别包括了这两个转换。

生产过程的被调参数大都是模拟量，如压力、温度、流量、液位、成分等测量信号，其幅值是随时间连续变化的，通常通过传感器和变送器将它们变换成电流或电压信号。由于可编程序控制器只对数字信号进行处理，所以只有通过模拟量输入通道将模拟量转换为数字量之后才能送入可编程序控制器。模拟量输入通道完成信号的采样、A／D 转换、数据缓冲功能。除此之外，模拟量输入通道中还包含有模拟滤波、信号放大、隔离抗干扰等功能。

可编程序控制器输出的控制信号是以数字量的形式给出的，对于大多数执行机构，如连续调节阀要求提供模拟信号，故应采用模拟量输出通道将可编程序控制器输出的数字量转换成模拟量来实现。另外，可编程序控制器输出的数字信号在时间上是离散的，而执行机构驱动信号通常需要连续的模拟信号。模拟量输出通道的主要部件包括数据缓冲、D／A 转换、输出保持和通道控制等几部分。

图 3.1 给出了控制系统过程通道的一般组成形式。

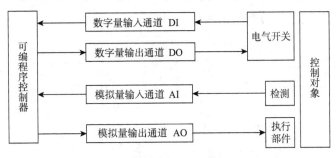

图 3.1　过程通道的一般组成框图

3.1.1　数字量输入／输出通道组成原理

相较于模拟量输入／输出通道，数字量输入／输出通道更加简单，本节将简要介绍其原理。模拟量输入／输出通道在计算机控制系统中是很重要的，其原理将在第 4 章介绍。

1）数字量输入通道

数字量输入通道简称 DI 通道，其任务是把外界生产过程的开关状态信号或数字信号送至计算机或微处理器。

（1）数字量输入通道的结构

数字量输入通道主要由输入缓冲器、输入调理电路、输入口地址译码电路等组成，如图 3.2 所示。

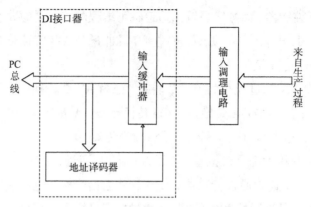

图 3.2　数字量输入通道结构图

（2）输入调理电路

数字量输入通道的基本功能是接收外部装置或生产过程的状态信号。这些状态信号的形式可能是电压、电流、开关的触点等，因此会引起瞬时的高压、过低压、接触抖动等现象。为了将外部开关量引入到可编程控制器，必须将现场输入的状态信号经转换、保护、滤波、隔离等措施转换成可编程控制器能够接收的逻辑信号，这些功能称为信号调理。

① 小功率输入调理电路

如图 3.3 所示为从开关、继电器等触点输入信号的电路。它将触点的接通和断开动作转换成 TTL 电平与可编程控制器相连。为了消除由于触点的机械抖动而产生的振荡信号，一般都采用 RC 滤波电路或 RS 触发电路来消除这种振荡。

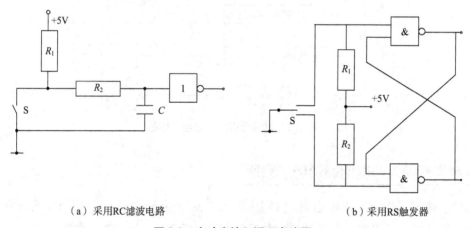

（a）采用RC滤波电路　　　　　　　　　　（b）采用RS触发器

图 3.3　小功率输入调理电路图

② 大功率输入调理电路

在大功率系统中，需要从电磁离合器等大功率器件的接点输入信号。这种情况下，为了使接点工作可靠，接点两端至少要加 12 V 或 24 V 以上的直流电压。相对于交流电来讲，直流电平的响应快，电路简单，因而被广泛采用。但是这种电路容易带有干扰，通常采用光电耦合器进行隔离，如图 3.4 所示。

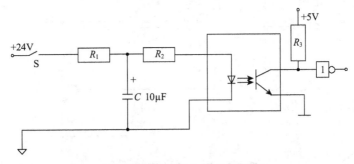

图 3.4 大功率输入调理电路图

（3）数字量输入接口

数字量输入接口包括信号缓冲电路和接口地址译码。当 CPU 执行输入指令时，接口地址译码电路产生片选信号，将经过输入调理电路送来的过程状态（开关信号），通过输入缓冲器送到数据总线上，再送到 CPU 中。

2）数字量输出通道

数字量输出通道简称 DO 通道，其任务是把计算机或微处理器送出的数字信号（或开关信号）传送给开关器件，如指示灯、继电器，以控制它们的通断、闭合或亮灭等。

（1）数字量输出通道的结构

数字量输出通道主要由输出锁存、输出驱动电路、输出口地址译码电路等组成，如图 3.5 所示。

（2）输出驱动电路

输出驱动电路的功能有两个：一是进行信号隔离，二是驱动开关器件。 为了进行信号隔离，可以采用光电耦合器。

① 晶体管输出驱动电路

晶体管输出驱动电路如图 3.6 所示，其适合于小功率直流驱动。输出锁存器后加光耦合器，光耦合器之后加一个晶体管，以增大驱动能力。采用光耦合器隔离，输出动作可以频繁通断，晶体管型输出的响应时间在 0.2 ms 以下。

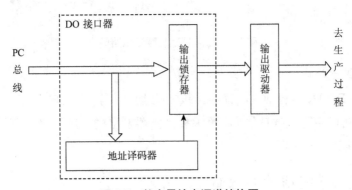

图 3.5 数字量输出通道结构图

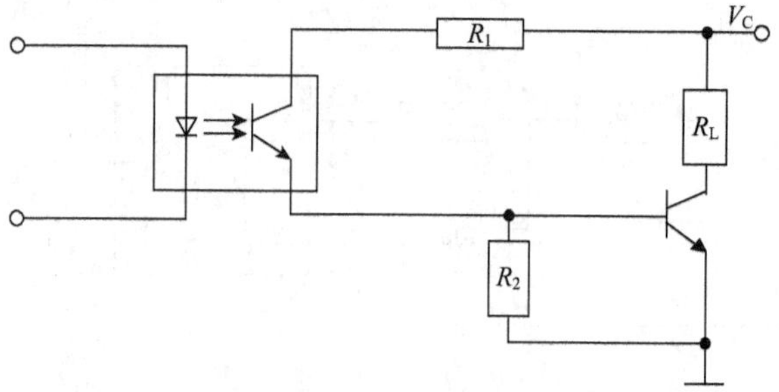

图 3.6　晶体管输出驱动电路图

② 继电器输出驱动电路

继电器输出方式是目前最常用的一种开关量输出方式。一般在驱动大型设备时，往往利用继电器作为控制系统输出到输出驱动级之间的第一级执行机构，通过第一级继电器输出，可完成从低电压直流到高电压交流的过渡。继电器输出驱动电路如图 3.7 所示。输出锁存器后用光耦合器隔离，之后加驱动继电器线圈。隔离方式为机械隔离，由于机械触点开关速度的限制，输出变化速度慢。继电器型输出的响应时间在 10 ms 以上，同时继电器型输出是有寿命的，开关次数有限。由于继电器的驱动线圈有一定的电感，在开关瞬间可能会产生较大的电压，因此通常在继电器的驱动线圈两端并联反接一个保护二极管用于反向放电。

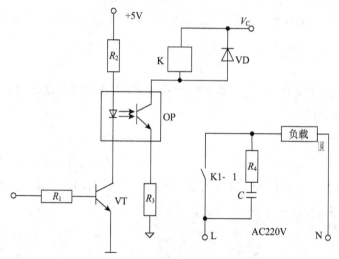

图 3.7　继电器输出驱动电路图

（3）数字量输出接口

数字量输出（DO）接口包括输出锁存器和接口地址译码。当 CPU 执行输出指令 OUT 时，接口地址译码电路产生写数据信号，将可编程控制器发出的控制信号送到锁存器的输出端，再经输出驱动电路送到开关器件。

3.1.2　可编程控制器的 DI / DO 通道

在整体式的小型可编程控制器中，输入／输出通道与 CPU、基板电源等集成为一体；在模块式的可编程控制器（如三菱 Q 系列 PLC）中，输入／输出通道都被做成模块，包含不同的型号规格，硬件安装和软件配置都很方便。

1）输入模块

在 PLC 控制系统中，开关量输入信号，如各种按钮、行程开关、接触器 / 继电器接点、传感器的检测输入等都可以直接与 PLC 输入模块进行连线，经过模块内部的信号转换，变成 PLC 的输入信号。输入模块通常采用接线端子的形式与外部开关、传感器进行连接。

数字量输入 / 输出通道虽然不像模拟量通道那样复杂，但是，实际应用中对数字量输入与输出通道的可靠性要求很高。将数字量输入与输出通道中的信号进行隔离是防止计算机系统受到外部信号干扰的有效措施。为了提高系统的抗干扰能力与工作可靠性，输入模块中通常都采用光电隔离的措施，对隔离器两侧的一次电路和二次电路进行隔离，同时还设计有 RC 滤波器以消除干扰。因此，PLC 对输入信号的响应有一定的延迟，响应时间一般在毫秒级，如 10 ms。

PLC 的输入灵敏度（ON / OFF 状态的阈值电压和电流）与接口电路的设计以及输入限流电阻的选择有关。

输入模块根据输入信号类型分为直流信号（DC）输入模块和交流信号（AC）输入模块。直流信号输入模块又可分为源型、漏型和混合型模块。交流信号输入模块均为源型模块。

源型（拉出式）和漏型（贯入式）用来描述直流装置与 PLC 的连接方式。

源型采用传统的电流流动方向，即从正极流向负极。输入装置接收输入模块的电流，即输入模块是电流源，该输入模块称为源型，如图 3.8（a）所示。对于输出模块来说，如果电流从输出模块流向输出负载，则这个输出模块被称作是源端，如图 3.8（b）所示。

漏型的电流流动方向也是从正极流向负极。输入装置为输入模块提供电流，该输入模块称为漏型，如图 3.9（a）所示。对于输出模块来说，如果电流从输出负载流向输出模块，则输出模块被看作是漏端，如图 3.9（b）所示。

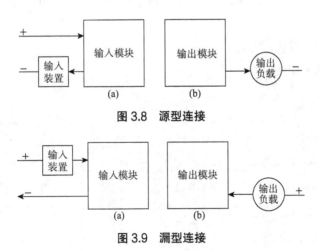

图 3.8　源型连接

图 3.9　漏型连接

三菱 Q 系列 PLC 的 DI 通道产品包括一系列输入模块。相对于三菱 PLC 的输入模块公共端（COM 端或 M 端）而言，源型是电流从公共端流入输入模块，又称正极公共端；漏型是电流从公共端流入输入装置，又称负极公共端。

（1）源型输入模块

源型输入电路如图 3.10 所示。此时，电流从 PLC 公共端（COM 端或 M 端）流入，而从输入端流出，即 PLC 公共端接外接 DC 电源的正极。每一路输入的二极管阳极相连，就构成了共阳极电路（正极公共端型）。三菱 Q 系列 PLC 的源型输入模块包括：

① QX40 DC 输入模块：16 个开关量通道，又称 16 点；

② QX40-S1 DC 输入模块：16 点，响应时间远快于 QX40 DC 输入模块；

③ QX41 DC 输入模块：32 点；

④ QX42 DC 输入模块：64 点。

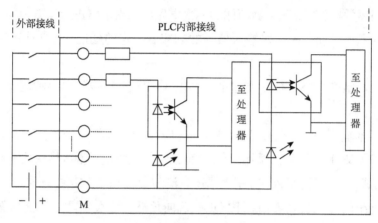

图 3.10　源型输入电路图

（2）漏型输入模块

漏型输入电路如图 3.11 所示。此时，电流的流向正好和源型的电路相反，漏型输入电路的电流是从负载向 PLC 的输入端流进，而从 PLC 公共端流出，即公共端接外接电源的负极。每一路输入的二极管阴极相连，就构成了共阴极电路（负极公共端型）。三菱 Q 系列 PLC 的漏型输入模块包括：

① QX80 DC 输入模块：16 点；

② QX81 DC 输入模块：32 点。

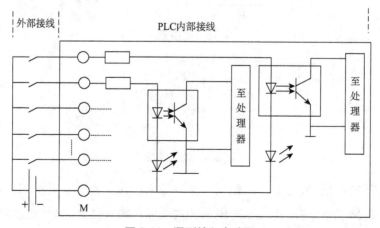

图 3.11　漏型输入电路图

（3）混合型输入模块

因为此类型 PLC 的电流既可从 PLC 公共端（COM 端或 M 端）流入输入模块，再从输入端流向负载，也可从负载向 PLC 的输入端流入，再从 PLC 公共端流出，即 PLC 公共端既可以接外接电源的正极，也可以接负极，同时具有源型输入电路和漏型输入电路的特点，所以这种输入电路被称为混合型输入电路，又称为正极公共端／负极公共端共享型输入电路。其电路形式如图 3.12 所示。

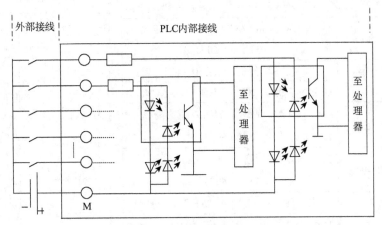

图 3.12　混合型输入电路图

作为源型输入时，公共端接电源的正极；作为漏型输入时，公共端接电源的负极。混合型输入模块的好处是可以根据现场的需要来接线，给接线工作带来极大的灵活性。三菱 Q 系列 PLC 的混合型输入模块有以下型号：

① QX70 DC 输入模块：16 点；

② QX71 DC 输入模块：32 点；

③ QX72 DC 输入模块：64 点。

（4）交流输入模块

交流输入模块是接收交流电路接通（ON）／断开（OFF）信号的输入通道，三菱 Q 系列 PLC 有以下型号的交流输入模块：

① QX10 AC 输入模块：16 点；

② QX28 AC 输入模块：8 点。

以上列出了三菱 Q 系列 PLC 输入模块的分类和型号。由于 PLC 输入模块电路形式和外接传感器输出信号的多样性，我们在 PLC 系统选型时要充分了解输入电路的类型和输入装置（如传感器）的信号形式，选择配置合适的输入模块。

表 3.1 和表 3.2 分别列出 QX10 AC 输入模块和 QX42 DC 输入模块的规格参数、模块引脚图和外部接线方式，供读者参考，其他型号输入模块请参见《Q 系列 I／O 模块用户手册》。

表 3.1　QX10 AC 输入模块参数表

型号 规格	AC 输入模块	
	QX10	外观
输入点数	16 点	
隔离方法	光电耦合器	
额定输入电压、频率	100 ~ 120 VAC（+10% / −15%），50 Hz / 60 Hz（±3 Hz）（失真因数在 5% 以内）	
额定输入电流	约 8 mA（100 VAC, 60 Hz），约 7 mA（100 VAC, 50 Hz）	
输入额定降低值	参考降低额定值图	
启动电流	在 1 ms 内最大 200 mA（在 132 VAC 时）	
ON 电压 / ON 电流	80 VAC 或更高 / 5 mA 或更高（50 Hz, 60 Hz）	
OFF 电压 / OFF 电流	30 VAC 或更低 / 1.7 mA 或更低（50 Hz, 60 Hz）	
输入阻抗	约 12 kΩ（60 Hz），约 15 kΩ（50 Hz）	
响应时间 OFF 至 ON	15 ms 或者更短（100 VAC　50 Hz, 60 Hz）	
响应时间 ON 至 OFF	20 ms 或者更短（100 VAC　50 Hz, 60 Hz）	
介电耐压电压	1780 VAC rms / 3 个周期 ［海拔 2000 m（6557.39ft）］	
绝缘电阻	由绝缘电阻测试仪测出 10 MΩ 或更高	
抗扰度	通过 1500 Vp-p 噪声电压、1 μs 噪声宽度和 25 ~ 60 Hz 噪声频率的噪声模拟器	
	第一瞬时噪声 IEC61000−4−4; 1 kV	
防护等级	IP1X	
公共端子排列	16 点 / 公共端（公共端子：TB17）	
I / O 点数	16（按 16 点输入模块设置 I / O 分配）	
运行指示器	ON 指示（LED）	
外部连接	18 点端子排（M3 × 6 螺钉）	
适用线径	芯 0.3 ~ 0.75mm² ［外径最大 2.8 mm（0.11 in）］	
适用夹紧端子	R1.25−3（不能使用带套管夹紧端子）	
5 VDC 内部电流消耗	50 mA（标准：所有点 ON）	
质量	0.17 kg	

（续表）

额定值降低图		端子排编号	信号名称
		TB1	X00
		TB2	X01
		TB3	X02
		TB4	X03
		TB5	X04
		TB6	X05
		TB7	X06
外部连接图		TB8	X07
		TB9	X08
		TB10	X09
		TB11	X0A
		TB12	X0B
		TB13	X0C
		TB14	X0D
		TB15	X0E
		TB16	X0F
		TB17	COM
		TB18	空

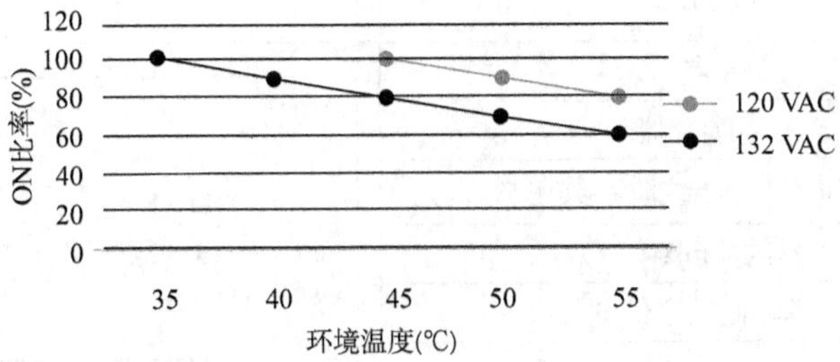

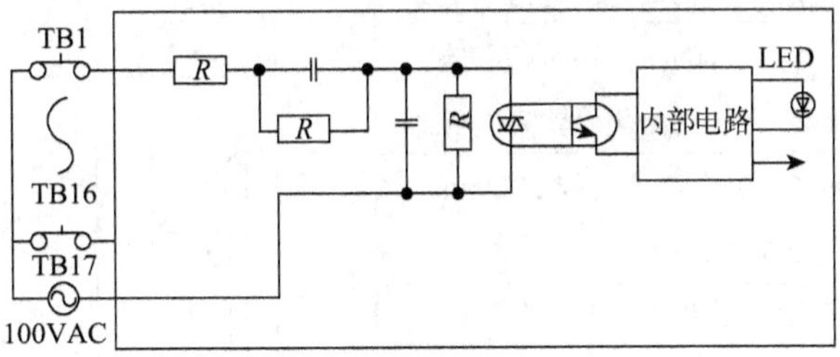

额定值降低图区域：

ON比率(%) 纵轴：0、20、40、60、80、100、120
环境温度(℃) 横轴：35、40、45、50、55
曲线：120 VAC、132 VAC

外部连接图区域：

TB1、TB16、TB17、100VAC、R、R、R、内部电路、LED

表 3.2　QX42 DC 输入模块（正极公共端型）参数表

型号　　规格	DC 输入模块	
	QX42	外观
输入点数	64 点	QX42 0 1 2 3 4 5 6 7 8 9 A B C D E F 0 1 2 3 4 5 6 7 8 9 A B C D E F
隔离方法	光电耦合器	
额定输入电压、频率	240 VDC(+20% / −15%, 纹波系数在 5% 以内)	
额定输入电流	约 4 mA	
输入额定降低值	参考降低额定值图	
ON 电压 / ON 电流	19 V 或更高 / 3 mA 或更高	QX42
OFF 电压 / OFF 电流	11 V 或更低 / 1.7 mA 或更低	DISPLAY
输入阻抗	约 5.6 kΩ	24VDC
响应时间　OFF 至 ON	1 ms / 5 ms / 10 ms / 20 ms / 70 ms 或更短（CPU 参数设置）×1 初始化设置为 10 ms	4mA
响应时间　ON 至 OFF	1 ms / 5 ms / 10 ms / 20 ms / 70 ms 或更短（CPU 参数设置）×1 初始化设置为 10 ms	
介电耐压电压	560 VAC rms / 3 个周期［海拔 2000 m（6557.39 ft）］	
绝缘电阻	由绝缘电阻测试仪测出 10 MΩ 或更高	
抗扰度	通过 500 Vp-p 噪声电压、1 μs 噪声宽度和 25～60 Hz 噪声频率的噪声模拟器 第一瞬时噪声 IEC61000-4-4;1 kV	
防护等级	IP2X	
公共端子排列	32 点 / 公共端（公共端子：1B01、1B02、2B01、2B02）	
I / O 点数	64（按 32 点输入模块设置 I / O 分配）	
运行指示器	ON 指示（LED），使用开关进行 32 点分配	
外部连接	40- 引脚连接器	
适用线径	0.3mm² （For A6CON1）*4	
外部接线连接器	A6CON1、A6CON2、A6CON3（可选）	
适用连接器 / 端子排转换模块	A6TBXY36、A6TBXY54、A6TBXY70	
5 VDC 内部电流消耗	90 mA（标准：所有点 ON）	
质量	0.18 kg	

（续表）

引脚线		引脚编号	信号编号	引脚编号	信号编号	引脚编号	信号编号	引脚编号	信号编号
		1B20	X00	1A20	X10	2B20	X20	2A20	X30
		1B19	X01	1A19	X11	2B19	X21	2A19	X31
		1B18	X02	1A18	X12	2B18	X22	2A18	X32
B20　A20		1B17	X03	1A17	X13	2B17	X23	2A17	X33
B19　A19		1B16	X04	1A16	X14	2B16	X24	2A16	X34
B18　A18		1B15	X05	1A15	X15	2B15	X25	2A15	X35
B17　A17		1B14	X06	1A14	X16	2B14	X26	2A14	X36
B16　A16		1B13	X07	1A13	X17	2B13	X27	2A13	X37
B15　A15		1B12	X08	1A12	X18	2B12	X28	2A12	X38
B14　A14		1B11	X09	1A11	X19	2B11	X29	2A11	X39
B13　A13		1B10	X0A	1A10	X1A	2B10	X2A	2A10	X3A
B12　A12		1B09	X0B	1A09	X1B	2B09	X2B	2A09	X3B
B11　A11		1B08	X0C	1A08	X1C	2B08	X2C	2A08	X3C
B10　A10		1B07	X0D	1A07	X1D	2B07	X2D	2A07	X3D
B09　A09		1B06	X0E	1A06	X1E	2B06	X2E	2A06	X3E
B08　A08		1B05	X0F	1A05	X1F	2B05	X2F	2A05	X3F
B07　A07		1B04	空	1A04	空	2B04	空	2A04	空
B06　A06		1B03	空	1A03	空	2B03	空	2A03	空
B05　A05		1B02	COM	1A02	空	2B02	COM2	2A02	空
B04　A04		1B01	COM	1A01	空	2B01	COM2	2A01	空

模块正视图

额定值降低图

外部连接图

2）输出模块

PLC 控制系统的数字量输出信号包括各种继电器／接触器、电磁阀线圈输出、指示灯输出等。当这些输出信号的负载较小时，一般都可以用 PLC 的输出模块直接驱动，但对于大电流负载，则需要通过中间继电器进行转换，利用中间继电器的触点驱动负载。

为了提高系统的抗干扰能力与工作可靠性，在 PLC 输出模块中采用隔离措施，如光电隔离、继电器隔离等，同时还设计有各种滤波电路，以消除干扰。输出模块与输出装置通常通过接线端子连接。

PLC 输出负载的电源原则上都需要外部提供，根据负载电源的类型与实际需要的驱动电流大小，可以选择不同类型的输出模块。

输出模块的类型主要有继电器触点输出型、直流晶体管输出型和双向可控硅输出型三类。

（1）继电器触点输出模块

继电器触点输出为交／直流通用驱动方式，输出驱动能力强（一般可到 2 A），使用较灵活，在实际系统中使用较普遍。但在驱动 DC12 V 或 3 mA 以下的小电流、低电压负载时，接点接触性能将影响到输出的可靠性，宜采用直流晶体管输出。当 PLC 驱动开关频率高的感性负载时，出于对触点使用寿命的考虑，可以采用双向可控硅输出。

三菱 Q 系列数字量输出模块中，继电器输出模块包括以下型号：

① QY10 触点输出模块（16 点）；

② QY18A 触点输出模块（所有点独立，8 点）。

（2）直流晶体管输出模块

直流晶体管输出主要用于直流执行元件的驱动，特别是 PLC 需要与系统中的其他控制装置进行电子信号连接时，直流晶体管输出可以大大减少输出延迟时间，提高信号处理速度与可靠性。

三菱 Q 系列数字量输出模块中，直流晶体管输出模块包括以下型号：

① QY40P 晶体管输出模块（漏型、16 点）；

② QY41P 晶体管输出模块（漏型、32 点）；

③ QY42P 晶体管输出模块（漏型、64 点）；

④ QY50 晶体管输出模块（漏型、16 点）；

⑤ QY70 晶体管输出模块（漏型、16 点）；

⑥ QY71 晶体管输出模块（漏型、32 点）；

⑦ QY68 晶体管输出模块（漏型／源型、8 点、所有点独立）；

⑧ QY80 晶体管输出模块（源型、16 点）；

⑨ QY81P 晶体管输出模块（源型、32 点）。

模块①～⑥均为漏型输出模块，对应相同点数的模块，其最大负载电流能力不同。

下面从以下几个方面对直流晶体管输出与继电器触点输出的特点进行比较：

① 负载电压 / 电流类型

直流晶体管输出：只能驱动直流负载，允许负载电压一般为 DC 5 ~ 30 V，允许负载电流一般为 0.2 ~ 0.5 A。

继电器触点输出：驱动交、直流负载均可，允许负载电压一般为 AC250 V / DC50 V 以下，允许负载电流可达 2 A。

② 负载能力

直流晶体管输出模块带负载的能力小于继电器触点输出模块带负载的能力，用晶体管时，有时候要加其他继电器、固态继电器等带动大负载。

③ 过载能力

直流晶体管输出的过载能力小于继电器触点输出。一般来说，存在冲击电流较大的情况时（例如灯泡、感性负载等），晶体管输出过载能力较小，需要降额更多。当晶体管输出用于驱动感性负载时，为了防止过电压冲击，应在负载两端加过电压抑制二极管。

④ 响应速度

晶体管响应速度快于继电器。继电器触点输出型的原理是：CPU 驱动继电器线圈，令触点吸合，使外部电源通过闭合的触点驱动外部负载，响应时间慢（约 10 ms）。

晶体管输出型的原理是：CPU 通过光耦合使晶体管通断，以控制外部直流负载，响应时间快（约 1 ms 甚至更小）。晶体管输出一般用于高速输出，如伺服控制、步进电机控制等，以及动作频率高的输出，如电磁阀控制（阀的动作频率高）。

总而言之，晶体管无触点输出速度快，继电器有触点输出速度慢。

⑤ 定位控制

定位控制需要用晶体管输出来发出脉冲，用晶体管输出可以控制伺服、步进电机等；而继电器是不能发出脉冲的，也就不能用于定位控制了。

⑥ 使用寿命

继电器触点输出有使用寿命的限制，一般为数十万次；晶体管是电子元件，只有老化，没有使用次数限制。

继电器触点的每分钟开关次数也是有限制的，如 3600 次 / h，而晶体管的开关频率则没有限制。

继电器输出受接触性能与响应时间等方面的限制，不适用于 DC12 V 或 3 mA 以下的小电流、低电压的负载。

⑦ 抗干扰方式

抗干扰方式不同。晶体管输出模块采用光电隔离，继电器输出采用继电器隔离。

（3）双向可控硅输出模块

双向可控硅输出用于驱动交流负载，可以使交流电路实现无触点通断，解决继电器触点的使用寿命问题。双向可控硅输出的响应速度也比继电器触点输出快。因此与继电器触点输出相比，双向可控硅输出可以减少延迟时间，延长使用寿命。可控硅输出采用公共端连接方式，用光电耦合器隔离可控硅触发电路与 PLC 内部电路。双向可控硅输出的驱动能力一般小于继电器触点输出，允许的负载电压一般为 AC85～242 V。

三菱 Q 系列双向可控硅输出模块型号为 QY22 可控硅输出模块（16 点）。

本章列出继电器触点输出模块 QY10（见表 3.3）和漏型晶体管输出模块 QY41P（见表 3.4）的规格参数、模块引脚图和外部接线方式，供读者参考，其他型号输出模块请参见文献《Q 系列 I / O 模块用户手册》。

表 3.3　继电器触点输出模块 QY10 参数表

型号 规格	触点输出模块	
	QY10	外观
输入点数	16 点	
隔离方法	继电器	
额定切换电压电流	24 VDC 2 A（电阻负载）要 240 VAC 2 A（cosφ=1）/ 点，8A / 公共端	
最小切换负载	5 VDC 1 mA	
最大切换负载	264 VDC 125 VDC	
响应时间　OFF 至 ON	10 ms 或者更短	
响应时间　ON 至 OFF	12 ms 或者更短	
寿命　机械	2 千万次或者更多	
寿命　电气	额定切换电压 / 电流 10 万次以上 200 VAC 1.5 A,240 VAC 1 A（cosφ=0.7）10 万次或更多 200 VAC 0.4 A,240 VAC 0.3 A（cosφ=0.7）30 万次或更多 200 VAC 1 A,240 VAC 0.5 A（cosφ=0.35）10 万次或更多 200 VAC 0.3 A,240 VAC 0.15 A（cosφ=0.35）30 万次或更多 24 VDC 1 A,100 VDC 0.1 A（L / R=7 ms）10 万次或更多 24 VDC 0.3 A,100 VDC 0.03 A（L / R=7 ms）30 万次或更多	
最大切换频率	3600 次 / h	
电涌抑制器	无	
保险丝	无	
介电耐压电压	2830 VAC rms / 3 个周期［海拔 2000 m（6557.39 ft）］	
绝缘电阻	由绝缘电阻测试仪测出 10 MΩ 或更高	

（续表）

型号 规格	触点输出模块	
	QY10	外观
抗扰度	通过 1500 Vp-p 噪声电压、1μs 噪声宽度和 25～60 Hz 噪声频率的噪声模拟器 第一瞬时噪声 IEC61000-4-4;1 kV	
防护等级	IP1X	
公共端子排列	16 点／公共端（公共端子：TB17）	
I／O 点数	16（按 16-点输入模块设置 I／O 分配）	
运行指示器	ON 指示（LED）	
外部连接	18 点端子排（M3×6 螺钉）	
适用线径	芯 0.3～0.75mm² [外径最大 2.8 mm（0.11 in）]	
适用夹紧端子	R1.25-3（不能使用带套管夹紧端子）	
5 VDC 内部电流消耗	430 mA（标准：所有点 ON）	
质量	0.22 kg	

外部连接	端子排编号	信号名称
	TB1	Y00
	TB2	Y01
	TB3	Y02
	TB4	Y03
	TB5	Y04
	TB6	Y05
	TB7	Y06
	TB8	Y07
	TB9	Y08
	TB10	Y09
	TB11	Y0A
	TB12	Y0B
	TB13	Y0C
	TB14	Y0D
	TB15	Y0E
	TB16	Y0F
	TB17	COM
	TB18	空

外部连接图：LED　内部电路　RA　TB1　L　TB16　L　TB17　24VDC　240VAC

表 3.4　漏型晶体管输出模块 QY41P 参数表

型号 规格		晶体管输出模块（漏型）	
		QY41P	外观
输出点数		32 点	
隔离方法		光电耦合器	
额定负载电压		12～24 VDC（+20% / −15%）	
最大负载电流		0.1 A / 点，2 A / 公共端	QY41P
最大启动电流		0.7 A，10 ms 或更短	0 1 2 3 4 5 6 7
OFF 时的泄漏电流		0.1 mA 或更小	8 9 A B C D E F
ON 时的最大电压降		0.1 VDC（标准）0.1 A, 0.2 VDC（最大） 0.1 A	0 1 2 3 4 5 6 7 　8 9 A B C D E F
响应 时间	OFF 至 ON	1 ms 或更短	12/24VDC　　　　QY41P
	ON 至 OFF	1 ms 或更短（额定负载，电阻负载）	0.1A
电涌抑制器		齐纳二极管	
保险丝		无	
外部 电源	电压	12～24 VDC（+20% / −15%, 纹波系数 在 5% 以内）	
	电流	20 mA（在 24 VDC 时）	
介电耐压电压		560 VAC rms / 3 个周期［海拔 2000 m （6557.39 ft）］	
抗扰度		通过 500 Vp-p 噪声电压、1μs 噪声宽度 和 25～60 Hz 噪声频率的噪声模拟器 第一瞬时噪声 IEC61000-4-4;1 kV	
防护等级		IP2X	
公共端子排列		32 点 / 公共端（公共端子：A01、 A02）	
I / O 点数		32（按 32 点输出模块设置 I / O 分配）	
保护功能		有（热保护、短路保护） 以 1 点为增量激活热保护 以 1 点为增量激活短路保护	
运行指示器		ON 指示（LED）	
外部连接		40- 引脚连接器	
适用线径		0.3mm²（A6CON1）	
外部接线连接器		A6CON1、A6CON2、A6CON3（可选）	
适用连接器 / 端子排转 换模块		A6TBXY36、A6TBXY54	
5 VDC 内部电流消耗		105 mA（标准：所有点 ON）	
质量		0.15 kg	

（续表）

引脚线		引脚编号	信号编号	引脚编号	信号编号
		B20	Y00	A20	X10
		B19	Y01	A19	X11
		B18	Y02	A18	X12
		B17	Y03	A17	X13
		B16	Y04	A16	X14
		B15	Y05	A15	X15
		B14	Y06	A14	X16
		B13	Y07	A13	X17
		B12	Y08	A12	X18
		B11	Y09	A11	X19
		B10	Y0A	A10	X1A
		B09	Y0B	A09	X1B
		B08	Y0C	A08	X1C
		B07	Y0D	A07	X1D
		B06	Y0E	A06	X1E
		B05	Y0F	A05	X1F
		B04	空	A04	空
		B03	空	A03	空
		B02	12 / 24 VDC	A02	COM
		B01	12 / 24 VDC	A01	COM

引脚线图：
B20 A20
B19 A19
B18 A18
B17 A17
B16 A16
B15 A15
B14 A14
B13 A13
B12 A12
B11 A11
B10 A10
B09 A09
B08 A08
B07 A07
B06 A06
B05 A05
B04 A04
B03 A03
B02 A02
B01 A01

模块正视图

外部连接

3.2 PLC 控制系统的基本配置

本节将以三菱 Q 系列 PLC 为例，介绍如何配置一个基本 PLC 控制系统，包括硬件配置以及如何用软件设置参数、实现编程及仿真。

3.2.1 PLC 基本系统配置

PLC 系统的配置由实际受控 / 监视的 I / O 点数和远程网络（按需要可选）数据通信的链接软元件点数确定。根据图 1.1 所示的基本 PLC 系统结构，采用模块式的三菱 Q 系列 PLC 可配置出一个基本控制系统，如图 3.13 所示。

Q00JCPU	QX42	QY41P	Q64AD	Q62DA	QJ61BT11
	64 点	32 点	16 点	16 点	32 点
I / O 点数	X000	Y040	X / Y060	X / Y070	X / Y080
	至	至	至	至	至
	03F	05F	06F	07F	09F

图 3.13　基本 PLC 系统结构图

该 PLC 控制系统中包括：

① Q00JCPU

基本型 CPU，主基板、电源、CPU 一体型。

② 数字量输入通道

64 点漏型晶体管输入模块 QX42，软元件号 X000-X03F。

③ 数字量输出通道

32 点漏型晶体管输出模块 QY41P，软元件号 Y040-Y05F。

④ 模拟量输入通道

4 通道（占 16 点）模 / 数转换模块 Q64AD，软元件号 X060-Y06F。

⑤ 模拟量输出通道

2 通道（占 16 点）数 / 模转换模块 Q62DA，软元件号 Y070-Y07F。

⑥ CC-Link 网络通信模块

开放式的现场总线 CC-Link 通信模块 QJ61BT11（占 32 点），软元件号 Y080-Y09F。

这样一个基本的 PLC 控制系统可以进行数字量控制、模拟量控制和网络数字化通信与控制。其中 I / O 点数代表对 CPU 模块与 I / O 模块、智能功能模块进行数据收发需要的存储占用量，每种型号的 PLC 都对 I / O 点数配置有限定，Q 系列 PLC 的 I / O 软元件点数配置如表 3.5 所示。其中 I / O 软元件点数包括 I / O 点数和链接软元件点数，I / O 点数是指数字量输入 / 输出模块和智能功能模块（如模拟量输入 / 输出模块、CC-Link 网络模块等）的软元件所占的点数；链接软元件点数是指三菱的 MELSECNET／H 网的链接继电器 B 和链接寄存器 W 所占的点数。表 3.5 中所列的每一项都是该项可取的最大值，但总和不能超过 I／O 软元件点数。

表 3.5　Q 系列 PLC 的 I／O 点配置表

项目		基本型号			高性能型号				
		Q00J	Q00	Q01	Q02	Q02H	Q06H	Q12H	Q25H
I／O 软元件点		2048			8192				
I／O 点（最高）		256	1024		4096				
链接软元件点	链接继电器	2048			8192				
	链接寄存器	2048			8192				

图 3.13 中基本 PLC 系统使用的 I／O 点之和为 64+32+16+16+32=160 点，Q00JPLC 的 I／O 点数限制为 256 点，该配置符合要求。

3.2.2　PLC 基本系统扩展

模块式 PLC 系统的各模块安装在基板上，基板包括主基板和扩展基板。主基板是安装 CPU、电源及其他模块的基板，当主基板上插槽不够用时，可以使用连接电缆连接扩展基板，将多出的模块插在扩展基板上。如图 3.14 所示，三菱 Q 系列 PLC 的主基板 Q38B 有 8 个插槽（CPU 不占插槽），当使用的模块数多于 8 个时，可连接扩展基板。PLC 系统扩展级数有限制，不同型号 PLC 可扩展的级数有所不同，且 I／O 软元件总数要满足限制，超过的部分无效。例如基本型 PLC Q00J 只能扩展两级。不同型号 PLC 的允许扩展级数可参阅相关手册。

主基板和扩展基板的 I／O 地址号有如下分配规则：

① I／O 地址号（点号）按十六进制编号。CPU 模块在电源投入或者复位解除时，进行 I／O 地址号的分配。

② 基板的各个插槽占用着所安装的 I／O 模块、智能功能模块的 I／O 点数的 I／O 地址号，对基板上的插槽按从左到右的顺序连续分配 I／O 地址号。

③ 如果不对基板进行 I／O 设置，在"自动"参数设置模式下，每个插槽的默认 I／O 点数为 16 点。

④ 对基板中没有安装 I／O 模块、智能功能模块的空插槽可进行"空模块" I／O 地址号分配，默认为 16 点。

⑤ 第一级扩展基板在主基板的 I／O 地址号的下一个号开始分配 I／O 地址号；扩展基板的下一级在上一级扩展基板的最后插槽号后分配 I／O 地址号。

⑥ 输入继电器 X 和输出继电器 Y 统一编号，假设 0 号槽是 32 点数字量输入模块，对应输入继电器编号为 X00～X1F，4 号槽是 32 点数字量输出模块，则对应的输出继电器为 Y70～Y8F。图 3.14 中的 3 号槽是 16 点空闲模块，其编号为 60～6F，表明占用 16 点点数，下一个模块的软元件编号从 70 开始。

⑦ 可采用空闲模块为控制系统的扩展做准备,所占点数被预留下来。

⑧ PLC 的 I／O 地址号可通过开发软件进行分配。

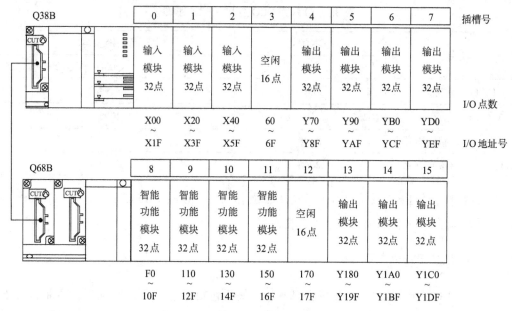

图 3.14 PLC 系统的扩展模块图

3.3 PLC 系统开发软件

PLC 系统所配置的模块需要通过开发软件进行 I／O 地址号分配。PLC 开发软件的基本功能包括以下几个主要方面:

① PLC 系统配置,包括各种模块产品的参数设置;

② 顺控程序的编辑、编译、调试;

③ 运行监视;

④ 系统诊断;

⑤ 控制仿真。

三菱 Q 系列 PLC 的开发软件是多个软件的集合,称为 MELSEC 系列软件,主要用于三菱 PLC 模块的参数设置、诊断维护和编程开发等。表 3.6 给出其产品列表。

表 3.6 MELSEC 软件列表

产品名称	型号	说明
GX Developer	SW8D5C-GPPW-E	MELSEC 可编程序控制器编程软件(英文版)
	SW7D5C-GPPW-C	MELSEC 可编程序控制器编程软件(中文版)
GX Simulator	SW6D5C-LLT-E	MELSEC 可编程序控制器仿真编程软件(英文版)
	SW6D5C-LLT-CL	MELSEC 可编程序控制器仿真编程软件(中文版)
GX Explorer Ver.2	SW1D5C-EXP-E	维护工具(英文版)

（续表）

产品名称		型号	说明
GX Remote Service-I Ver.2		SW1D5C-RAS-E	远程访问工具（英文版）
GX Configurator	CC	SW0D5C-J61P-E	MELSEC-A 专用：CC-Link 单元的设定·监控工具（英文版）
	AD	SW0D5C-QADU-E	MELSEC-Q 专用：A / D 转换单元的设定·监控工具（英文版）
	DA	SW0D5C-QDAU-E	MELSEC-Q 专用：D / A 转换单元的设定·监控工具（英文版）
	SC	SW2D5C-QSCU-E	MELSEC-Q 专用：串行通信单元的设定·监控工具（英文版）
	CT	SW0D5C-QCTU-E	MELSEC-Q 专用：高速计数器单元的设定·监控工具（英文版）
	PT	SW1D5C-QPTU-E	MELSEC-Q 专用：QD70 单元的设定·监控工具（英文版）
	QP	SW2D5C-QD75P-E	MELSEC-Q 专用：QD75P / DM 用的定位单元的设定·监控工具（英文版）
	AP	SW0D5C-AD75P-E	MELSEC-A 专用：AD75P / DM 用的定位单元的设定·监控工具（英文版）
	TI	SW1D5C-QTIU-E	MELSEC-Q 专用：温度输入器单元的设定·监控工具（英文版）
	TC	SW0D5C-QTCU-E	MELSEC-Q 专用：温度调节器单元的设定·监控工具（英文版）
	AS	SW1D5C-QASU-E	MELSEC-Q 专用：AS-i 主控单元的设定·监控工具（英文版）
	DP	SW6D5C-PROFID-E	MELSEC-PLC 专用：PROFIBUS-DP 模块的设定·监控工具（英文版）
GX Converter		SW0D5C-CNVW-E	Excel / 文本用的数据转换器（英文版）
MX Component		SW3D5C-ACT-E	通行用 ActiveX 库（英文版）
MX Sheet		SW1D5C-SHEET-E	支持 Excel 通信的工具（英文版）

　　上述软件产品中，GX Developer 用于三菱 PLC 系统的基本参数设置、编程、监控、诊断等，而 GX Simulator 用于 PLC 程序的离线调试。这是系统开发中最常用的两个工具软件。这两个软件的使用方法可参考相关手册或扫描本书二维码获得帮助。其他常用开发软件如 GX Configurator、MX Sheet、MX Component 等，将在后续相关章节中介绍。

3.4　梯形图程序设计

3.4.1　PLC 控制系统设计步骤

PLC 控制系统设计时应遵循的主要步骤和内容如下：

（1）工艺分析

深入了解控制对象的工艺过程、工作特点、控制要求，并划分控制的各个阶段，归纳各个阶段的特点和各阶段之间的转换条件，画出控制流程图或功能流程图。

（2）选择合适的 PLC 类型

在选择 PLC 机型时，主要考虑下面几点：

① 功能的选择。对于小型的 PLC，主要考虑 I／O 扩展模块、A／D 与 D／A 模块以及指令功能（如浮点数计算功能、中断功能、PID 控制功能等）。

② I／O 点数的确定。统计被控制系统的数字量、模拟量的 I／O 点数，并考虑以后的扩充（一般加上 10%～20% 的备用量），从而选择 PLC 的 I／O 点数和规格。

③ 内存的估算。用户程序所需的内存容量主要与系统的 I／O 点数、控制要求、程序结构长短等因素有关。

（3）分配 I／O 点

分配 PLC 的输入／输出点，编写输入／输出分配表或画出输入／输出端子的接线图，接着就可以进行 PLC 程序设计，同时进行控制柜或操作台的设计和现场施工。

（4）程序设计

这一步是整个设计过程的关键。

① 对于较复杂的控制系统，根据生产工艺要求，画出控制流程图或功能流程图，然后设计出梯形图、指令表、顺序功能图等 PLC 语言表达的程序。

② 利用仿真软件对程序进行模拟仿真调试和修改，直到满足控制要求为止。

（5）控制柜或操作台的设计和现场施工

① 设计控制柜及操作台的电器布置图及安装接线图。

② 根据图纸进行现场接线，并检查。

（6）应用系统整体调试

① 如果控制系统由几个部分组成，则应先作局部调试，然后再进行整体调试。

② 在控制程序的步序较多的情况下，可先进行分段调试，然后连接起来总调。

（7）编制技术文件

技术文件应包括：

① 可编程控制器的外部接线图等电气图纸。

② 电器布置图和电器元件明细表。

③ 顺序功能图、带注释的梯形图和说明等。

3.4.2　梯形图程序设计

程序设计是整个 PLC 系统设计的关键步骤,采用梯形图设计程序前应先设计输入 / 输出接线图。输入 / 输出接线方式会影响梯形图程序设计。在实现控制要求的前提下,可以设计外部接线方式优化 I / O 点的使用,使 I / O 点数减少,梯形图程序也会随之不同。

1)输入 / 输出接线图设计

输入电路中最常用的输入元件有按钮、限位开关、无触点接近开关、普通开关、选择开关、各种继电器接点、数字开关(拨码开关、拨盘)、旋转编码器和各种传感器等。

输出电路中常用的输出元件有各种继电器、接触器、电磁阀、信号灯、报警器、发光二极管等。

以最常见的三相异步电动机控制为例,介绍输入 / 输出接线图设计方法。

（1）三相异步电动机单向运行控制

图 3.15 所示为三相异步电动机单向启动运行的电器控制系统。控制要求是:按下启动按钮 SB2,控制电路中的交流接触器 KM 的触点吸合,电动机启动且保持运行;按下停止按钮 SB1,电动机停止;当电流过大时,熔断器触点 FR 动作,电动机停止。

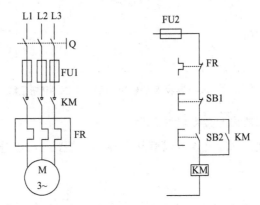

图 3.15　三相异步电动机单向启动运行控制电路图

如果用 PLC 来控制这台三相异步电动机,组成一个 PLC 控制系统,分析上述要求可知,系统主电路不变,只要将输入设备 SB1、SB2、FR 的触点与 PLC 的输入端连接,输出设备 KM 线圈与 PLC 的输出端连接,就构成了 PLC 控制系统的输入、输出硬件电路,而控制部分的功能则由 PLC 的用户程序来实现,图 3.16 所示为等效的 PLC 控制系统。

由输入设备——按钮 SB1、SB2 和熔断器 FR 的触点构成系统的输入部分,由输出设备——交流接触器线圈及其触点 KM 构成系统的输出部分,I / O 测点分配如表 3.7 所示。

表 3.7　电动机单向运行控制的 I／O 地址和状态表

I／O 软元件		设备名称	状态
输入	X0	停止按钮 SB1	常闭触点：0- 电动机保持原状态；1- 电动机停止
	X1	启动按钮 SB2	常开触点：0- 电动机保持原状态；1- 电动机启动
	X2	熔断器 FR	常闭触点：0- 电动机保持原状态；1- 电动机停止
输出	Y0	接触器 KM	常开触点：0- 电动机停止状态；1- 电动机运行状态

图 3.48 为 PLC 接线图与梯形图程序。

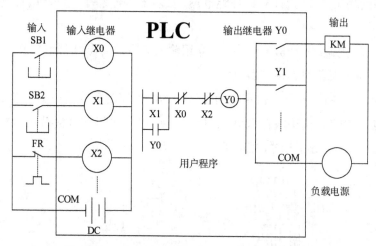

图 3.16　三相异步电动机单向启动 PLC 控制系统

（2）甲、乙两地点控制同一台电动机

为了生产和操作方便，一台设备可以有几个控制按钮站，可以分别在不同的地点进行操作控制。

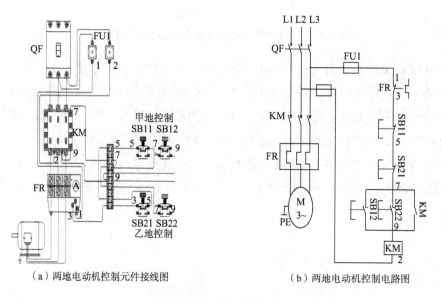

（a）两地电动机控制元件接线图　　　　　（b）两地电动机控制电路图

图 3.17　两地电动机控制

如图 3.17（a）所示，在甲、乙两个控制地点都可对三相异步电动机进行单向运行控制。甲地和乙地分别有启动按钮和停止按钮，两地启动按钮分别是：甲地用 SB12；乙地用 SB22。图中两地停止按钮分别是：甲地用 SB11；乙地用 SB21。

要实现多地点控制，只要在电器控制线路中将启动按钮并联使用，而将停止按钮串联使用即可。若需要 N 地控制，就照此办法加接 N 个控制按钮。两地电动机电器控制图如图 3.17（b）所示。

在设计 PLC 控制系统时，一般会自然地根据操作地点数增加输入触点数，I/O 测点分配如表 3.8 所示。

表 3.8 电动机两地控制的 I/O 地址和状态表

I/O 软元件		设备名称	状态
输入	X0	甲地启动按钮 SB12	常开触点：0- 电动机保持原状态；1- 电动机启动
	X1	甲地停止按钮 SB11	常闭触点：0- 电动机保持原状态；1- 电动机停止
	X2	乙地启动按钮 SB22	常开触点：0- 电动机保持原状态；1- 电动机启动
	X3	乙地停止按钮 SB21	常闭触点：0- 电动机保持原状态；1- 电动机停止
	X4	熔断器 FR	常闭触点：0- 电动机保持原状态；1- 电动机停止
输出	Y0	接触器 KM	常开触点：0- 电动机停止状态；1- 电动机运行状态

根据控制要求和 I/O 分配表，设计 PLC 接线图和梯形图，如图 3.18（a）（b）所示。

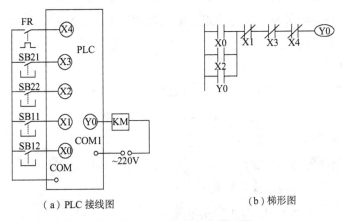

（a）PLC 接线图　　　　　　（b）梯形图

图 3.18 PLC 接线图和梯形图

上述 PLC 系统中，使用了 5 个输入软元件、1 个输出软元件，可配置 16 点源型直流输入模块 QX40 和继电器输出模块 QY10。

将梯形图中的串并联触点改用外接电路方式，可以有效减少输入软元件点数，称之为串并联触点外接法。将两地的启动按钮并联、将两地停止按钮和保护触点串联后接入输入模块，则只需要两个输入软元件就可完成同样控制功能，如图 3.19 所示。

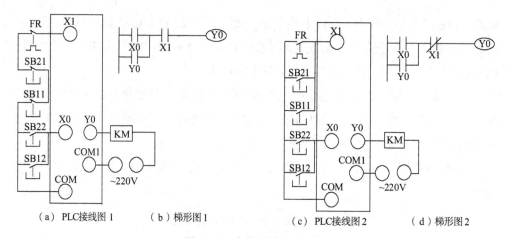

（a）PLC接线图 1　　　（b）梯形图 1　　　（c）PLC接线图 2　　　（d）梯形图 2

图 3.19　串并联触点外接法

图 3.19（a）中，串联的停止按钮 SB21、SB11 和保护开关 FR 都选用常闭触点，在如图 3.19（b）所示的梯形图程序中对应常开触点 X1，这样做更有利于设备运行安全。因为如果外接的是常开触点，如图 3.19 中所示，一旦触点损坏不能闭合，或断线电路不通，人们不易察觉，设备将不能立即停止，可能造成危害。如果图 3.17 中的停止按钮 SB21、SB11 和保护开关 FR 都选用常开触点，则接线和梯形图程序如图 3.19（c）、（d）所示。

利用外接电路减少输入／输出软元件的方法还有编码输入法、译码输出法等。

2）PLC 基本编程方法

PLC 控制对象广泛，控制要求多种多样。但是大多数控制逻辑可以分解为若干基本逻辑的组合。控制电路按逻辑关系可以分为组合电路和时序电路。在一个复杂的控制程序中可能既有组合电路也有时序电路。

（1）组合电路

控制电路只和输入有关的电路称为组合电路。由于组合电路的控制结果只和输入变量的状态有关，所以可以用布尔代数通过计算得出输入／输出的逻辑关系。

组合电路的梯形图设计步骤为：

① 根据控制条件列出真值表；

② 由真值表写出逻辑表达式并简化；

③ 根据逻辑表达式画出梯形图（控制电路）。

例如，用两个开关 S1，S2 控制一盏照明灯 R，控制要求为：只有一个开关闭合时灯亮，两个开关都闭合或断开时灯灭。

设计步骤如下：

① 根据控制要求列出真值表，如表 3.9 所示。

表 3.9　两个开关控制一盏灯的真值表

S2	S1	E
0	0	0
0	1	1
1	0	1
1	1	0

② 根据真值表得出输入／输出逻辑表达式为：

$$E=\overline{S2}S1+S2\overline{S1}$$

即为异或关系。

③ 根据逻辑表达式分配软元件（见表 3.10）并画出梯形图。

表 3.10　两个开关控制一盏灯的 I／O 分配状态表

I／O 软元件		设备名称	状态
输入	X0	开关 S1	0- 断开；1- 闭合
	X1	开关 S2	0- 断开；1- 闭合
输出	Y45	照明灯 R	0- 灯熄；1- 灯亮

梯形图与第 2 章的图 2.22 异或门逻辑相同。此例在生活中很常见，如楼上、楼下各用一个开关控制一盏走廊灯。

（2）时序电路

时序电路也称记忆电路，其中包含记忆元件。时序电路的控制结果不仅与输入变量的状态有关，也和记忆元件的状态有关。中间元件和输出元件都可设置为记忆元件，如计数器和通过 SET 指令设置的输出线圈。因此，时序电路的输出结果和输入变量、中间变量及输出变量都有关系。控制电路中大多数是时序电路，如自锁电路。

由于时序电路中有状态存储元件，时序电路的逻辑关系复杂多样，一般没有固定的设计方式，主要用经验法设计。通过日常积累而掌握多种基本时序逻辑的编程方法，对于 PLC 设计人员来说是十分重要的基本功。

时序电路中还有一种电路叫作顺序控制电路，根据控制条件按一定顺序进行工作。采用基本指令、步进指令、应用指令等都可以设计顺序控制电路。顺序控制电路可分为时间顺序控制、行程顺序控制和计数顺序控制等多种形式，其典型应用将在下一节中举例介绍。

3）梯形图程序设计举例

在实际控制系统中，通常既有时序电路也有组合电路，例如某大型旋转机械布置有 3 台冷却风机，采用 1 只指示灯显示冷却风机的工作状态，对指示灯的控制要求如下：

① 当两台以上冷却风机正常工作时，指示灯保持常亮；

② 当只有 1 台冷却风机正常工作时，指示灯以 0.5 Hz 的频率闪烁提示；

③ 当 3 台冷却风机都不工作时，指示灯以 2 Hz 的频率闪烁报警。

按照上述控制要求，梯形图程序设计步骤如下：

（1）输入／输出元件及功能

以 3 台冷却风机的工作状态为输入，以指示灯状态为输出，分配 I／O 软元件如表 3.11 所示。

表 3.11 I／O 软元件分配状态表

设备名称	I／O 软元件	状态
冷却风机 1	X1	常开输入：0- 停止；1- 工作
冷却风机 2	X2	常开输入：0- 停止；1- 工作
冷却风机 3	X3	常开输入：0- 停止；1- 工作
指示灯	Y40	输出：指示灯常亮：至少两台冷却风机工作；以 0.5 Hz 的频率闪烁：有且只有 1 台冷却风机工作；以 2 Hz 的频率闪烁：无冷却风机工作

（2）分步设计梯形图功能

① 闪烁信号

控制要求通过两种频率的闪烁信号显示不同的报警状态。Q 系列 PLC 的系统继电器 SM413 可提供 0.5 Hz 的闪烁信号。2 Hz 频率闪烁信号的梯形图设计如图 3.20（a）所示。其中 M1 为闪烁信号的启动条件，T0、T1 都是计时周期为 10 ms 的定时器，中间继电器 M10 输出 2 Hz 方波信号，时序图如图 3.20（b）所示。

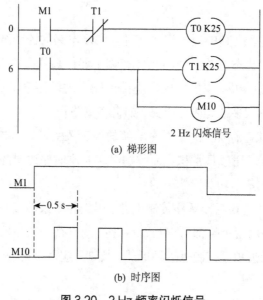

图 3.20　2 Hz 频率闪烁信号

② 冷却风机状态检测

根据冷却风机工作状态的输入信号进行逻辑组合，检测其状态，如图 3.21 所示。

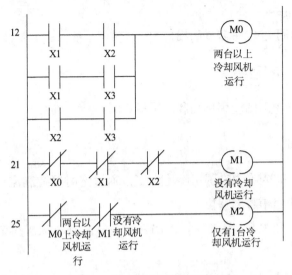

图 3.21 冷却风机状态检测梯形图

检测状态由中间继电器 M0、M1、M2 记忆:

a. 当两台以上冷却风机正常工作时, M0 为 1;

b. 当只有 1 台冷却风机正常工作时, M2 为 1;

c. 当 3 台冷却风机都不工作时, M1 为 1。

③ 指示灯输出控制逻辑

指示灯输出控制逻辑只需要根据冷却风机的运行状态与对应的指示灯显示要求, 利用①②两部分程序的结果进行组合即可得到:

a. M0 为 1, 指示灯保持亮;

b. M2 为 1, 指示灯以 0.5 Hz 的频率闪烁提示;

c. M1 为 1, 指示灯以 2 Hz 的频率闪烁报警。

梯形图程序如图 3.22 所示。

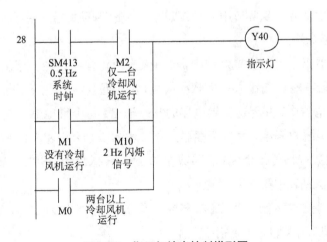

图 3.22 指示灯输出控制梯形图

图 3.22 中 M1 是可去掉的输入触点, 因为 M1 已作为 M10 的产生条件。

（3）完整程序的组合

将设计步骤（2）中①②③步所得的梯形图程序合并，即得到完整控制程序。

3.4.3 梯形图应用例程及指令

本节介绍一些典型梯形图应用例程和应用指令。

1）移位控制

（1）流星灯控制

流星灯控制是典型的移位控制应用示例，可以通过定时器控制流星灯移位，但更方便的是利用移位指令实现输出信号的移位。

控制要求：用一个开关 S1 控制 8 个灯 L1~L8，从左到右依次单个点亮，每秒钟亮一个灯，循环上述过程。

方法一：基本指令法。

采用定时器编程实现流星灯控制。I／O 软元件分配及状态如表 3.12 所示。

表 3.12 流星灯控制 I／O 软元件分配表

I／O 软元件		设备名称	控制功能
输入	X0	非保持型开关 S1	常开触点，单个触点实现控制电路的开、关切换。
输出	Y40~Y47	灯 L1~L8	电路接通后，灯 L1~L8 从左到右依次单个点亮并循环，间隔 1 s 钟。

采用定时器实现的流星灯控制梯形图如图 3.23 所示。状态切换开关是由内部软元件 M0 记忆电路原来的状态，通过输出翻转指令 FF 来实现的。采用 8 个 1 s 延时定时器，控制灯依次单个点亮，当 8 个灯依次亮过 1 s 以后，由复位指令 RST 恢复定时器和输出 Y40~Y47 的初始状态，进入下一个循环。

由于这种方法对于每个输出都要分配一个定时器，当流星灯数量增加时，程序步数同步增加，因此该程序的适用面小。实际应用中，类似的广告灯控制都是通过循环、移位指令来实现的。

方法二：应用指令法。

使用移位寄存器指令实现流星灯控制，可以大大简化程序设计。移位寄存器指令所描述的操作过程如下：若在输入端输入一串脉冲信号，在移位脉冲作用下，脉冲信号依次移到移位寄存器的各个继电器中，并将这些继电器的状态输出，每个继电器可在不同的时间内得到由输入端输入的一串脉冲信号。移位寄存器指令如表 3.13 所示，表 3.13 中的移位指令包括：

① n 位二进制数据移位 1 个位（右移或左移），左移指令为 BSFL／BSFLP，右移指令为 BSFR／BSFRP，用法见表中第 5~8 条指令。

② 16 位二进制数据移位 n 个位（右移或左移），左移指令为 SFL／SFLP，右移指令为 SFR／SFRP，用法见表中第 1~4 条指令。

③ 一个数据块中的 n 个 16 位二进制数据移位 1 个字（右移：向低地址移动；左移：向高地址移动），左移指令为 DSFL／DSFLP，右移指令为 DSFR／DSFRP，用法见表 3.29 中第

9 ~ 12 条指令。

　　根据流星灯的特点，选择 BSFL / BSFLP 移位指令编程。梯形图程序如图 3.24 所示。图中，SM700 为系统继电器，总是保存第 *n* 位移动前的值。由于移位指令不能循环，对流星灯控制而言，需要在每轮的最后 1 个灯亮完后重设状态，即设第一个灯的输出为状态"1"。当 X0 切换按钮切换为"断开"时，成批复位指令 BKRST 清除从输出 Y40 开始的 8 个位，令所有灯熄灭。

　　成批复位指令 BKRST 属于位处理指令。位处理指令集见表 3.14，包括以下功能：

　　① 对字软元件中指定位进行置位（BSET / BSETP）和复位（BRST / BRSTP）操作；

　　② 16 位或 32 位二进制数中指定位的测试，即将该位取出放在指定的位软元件中；16 位指令为 TEST / TESTP，32 位指令为 DTEST / DTESTP；

　　③ 从指定位软元件开始成批复位（BKRST / BKRSTP）。

　　采用移位指令设计流星灯时，运行时间和灯的数量有关，但程序步数不受灯数量的影响。

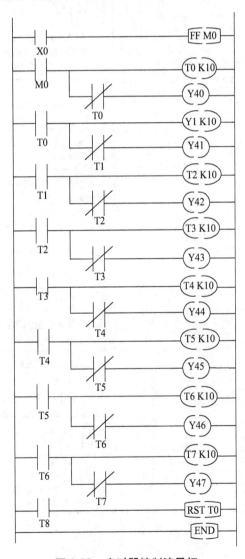

图 3.23　定时器控制流星灯

表 3.13　移位寄存器指令表

序号	指令符号	梯形图符号	处理过程	执行条件
1	SFR	SFR　D　n	$b15$　bn　$b0$　$b15$　$b0$　SM700	
2	SFRP	SFRP　D　n	将 D 中的数据右移 n 位，左侧移入位 0，第 n 位放入进位标志SM700中	
3	SFL	SFL　D　n	$b15$　bn　$b0$　SM700　$b15$　$b0$　$0\ to\ 0$	
4	SFLP	SFLP　D　n	将 D 中的数据左移 n 位，右侧移入位 0，第 n 位放入进位标志SM700中	
5	BSFR	BSFR　D　n	n　(D)　SM700　0	
6	BSFRP	BSFRP　D　n	将D中第 n 位右移到进位标志 SM700中，左侧补入0	
7	BSFL	BSFL　D　n	n　(D)　SM700　0	
8	BSFLP	BSFLP　D　n	将 D 中第 n 位左移到进位标志 SM700中，右侧补入0	
9	DSFR	DSFR　D　n	n　(D)　0	
10	DSFRP	DSFRP　D　n	从 D 指定的软元件开始，将 n 个16位数右移一个字（D+1移到D、D+2移到D+1……D+n−1移到D+n−2）	

（续表）

序号	指令符号	梯形图符号	处理过程	执行条件
11	DSFL	—[DSFL | D | n]—	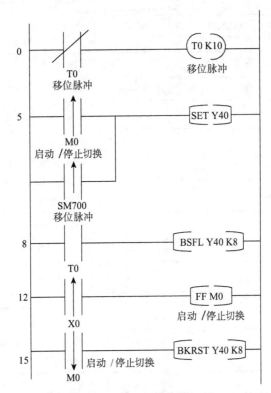	
12	DSFLP	—[DSFLP | D | n]—	从 D 指定的软元件开始，将 n 个 16 位数左移一个字（D+n−2移到D+n−1……D+1移到D+2，D移到D+1）	

图 3.24 移位指令控制流星灯

表 3.14 位处理指令表

序号	指令符号	梯形图符号	处理过程	执行条件
1	BSET	BSET D n	(D) b15 ... bn ... b0; 将 D 中的 n 位置位（=1）	⎍
2	BSETP	BSETP D n	↑ 1	⎍
3	BRST	BRST D n	(D) b15 ... bn ... b0; 将 D 中的 n 位置位（=0）	⎍
4	BRSTP	BRSTP D n	↑ 0	⎍
5	TEST	TEST S1 S2 D	(S1) (S2) b15 to b0 (D)	⎍
6	TESTP	TESTP S1 S2 D	将 S1 软元件（16 位数据）中的 S2 位取出，放在 D 指定的位软元件中	⎍
7	DTEST	DTEST S1 S2 D	(S1) (S2) b31 to b0 (D)	⎍
8	DTESTP	DTESTP S1 S2 D	将 S1 软元件（32 位数据）中的 S2 位取出，放在 D 指定的位软元件中	⎍
9	BKRST	BKRST D n	(S) ON/OFF ... ON/OFF → Reset → (S) OFF/OFF ... OFF/OFF n	⎍
10	BKRSTP	BKRSTP D n	从 S 指定的位软元件开始，将 n 位复位（=0）	⎍

（2）循环彩灯控制

对于循环移位控制，可以采用循环指令实现。循环指令移动的数据包括 16 位二进制数和 32 位二进制数，有以下操作：

① 不含进位标志的循环右移指令 ROR / RORP（16 位），DROR / DRORP（32 位）；

② 不含进位标志的循环左移指令 ROL / ROLP（16 位），DROL / DROLP（32 位）；

③ 含进位标志的循环右移指令 RCR / RCRP（16 位），DRCR / DRCRP（32 位）；

④ 含进位标志的循环左移指令 RCL / RCLP（16 位），DRCL / DROLP（32 位）。

循环指令集如表 3.15 所示。下面是一个典型的循环指令移位控制应用示例。

控制要求：设计一个循环彩灯控制电路，有红、黄、蓝、绿四种颜色的灯泡，每种颜色的灯泡可有多个并联在一起，四种颜色的灯按一定规律排列，每秒变化一次，变化规律如表 3.16 所示。

表 3.15　循环指令表

序号	指令符号	梯形图符号	处理过程	执行条件
1	ROR	ROR | D | n	b15　(D)　b0　　SM700	
2	RORP	RORP | D | n	将 D 中的数据（不含进位标志 SM700）右移 n 位，第 n 位放入 SM700 中	
3	RCR	RCR | D | n	b15　(D)　b0　　SM700	
4	RCRP	RCRP | D | n	将 D 中的数据（含进位标志 SM700）右移 n 位	
5	ROL	ROL | D | n	SM700　b15　(D)　b0	
6	ROLP	ROLP | D | n	将 D 中的数据（不含进位标志 SM700）左移 n 位，第 n 位放入 SM700 中	
7	RCL	RCL | D | n	SM700　b15　(D)　b0	
8	RCLP	RCLP | D | n	将 D 中的数据（含进位标志 SM700）左移 n 位	
9	DROR	DROR | D | n	(D+1)　　(D)　b31 to b16 b15 to b0　SM700	
10	DRORP	DRORP | D | n	将 D 和 D+1 中的数据（不含进位标志 SM700）右移 n 位，第 n 位放入 SM700 中	

（续表）

序号	指令符号	梯形图符号	处理过程	执行条件
11	DRCR	DRCR D n	(D+1) b31 to b16 b15 to b0 SM700	┌┐
12	DRCRP	DRCRP D n	将 D 和 D+1 中的数据（含进位标志 SM700）右移 n 位	┌
13	DROL	DROL D n	(D+1) b31 to b16 b15 to b0 SM700	┌┐
14	DROLP	DROLP D n	将 D 和 D+1 中的数据（不含进位标志 SM700）左移 n 位，第 n 位放入 SM700 中	┌
15	DRCL	DRCL D n	SM700 (D+1) b31 to b16 b15 to b0	┌┐
16	DRCLP	DRCLP D n	将 D 和 D+1 中的数据（含进位标志 SM700）左移 n 位	┌

表 3.16 循环彩灯变化规律表

次序	蓝	绿	黄	红
1	0	0	0	1
2	0	0	1	1
3	0	1	1	1
4	1	1	1	1
5	1	1	1	0
6	1	1	0	0
7	1	0	0	0
8	0	0	0	0

设计步骤：将输出 Y40、Y41、Y42、Y43 分配给红、黄、蓝、绿四种颜色的灯泡组，彩灯每次变化的状态用 1 位十六进制数表示，8 次变化的状态用 8 位十六进制数 08CEF731 表示，如表 3.17 所示。

表 3.17 循环彩灯变化规律表

次序	蓝	绿	黄	红	数值
1	0	0	0	1	1
2	0	0	1	1	3
3	0	1	1	1	7
4	1	1	1	1	F
5	1	1	1	0	E
6	1	1	0	0	C
7	1	0	0	0	8
8	0	0	0	0	0

按照表中的移位变化规律设计梯形图, 如图 3.25 所示。运行时由初始化脉冲 SM402 将 8 位十六进制 08CEF731 预设到 32 位数据寄存器 D1、D0 中。由周期为 1 s 的系统时钟 SM412 对 D1、D0 进行右循环移位, 每秒移位变化一次, 每次移 4 位。将 D0 的低 4 位传送到 K1Y40 中, Y40 ~ Y43 就满足了彩灯变化规律。

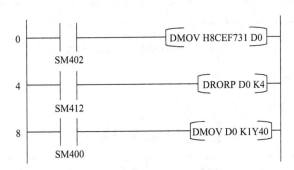

图 3.25 循环彩灯梯形图程序

图 3.57 中, SM400 为恒 1 系统时钟。DRORP 为 32 位右移位循环指令, 即每次上升沿触发寄存器 D1(高 16 位)和 D0(低 16 位)中的 32 位数据向右循环移动 4 位。

利用移位指令可以实现步进功能的控制, 如机械加工中的装配流水线控制, 可以通过产生移位脉冲实现步进和循环控制功能。

2) 应用指令时序控制

以典型的十字路口交通灯控制为例, 介绍两种梯形图时序控制编程方法。

(1) 控制要求

交通信号灯受启动及停止按钮的控制, 当按动启动按钮时, 信号灯系统开始工作, 并周而复始地循环工作, 当按动停止按钮时, 系统将停止在初始状态, 即南北红灯亮, 禁止通行; 东西绿灯亮, 允许通行。

南北红灯亮维持 30 s, 在南北红灯亮的同时, 东西绿灯也亮, 并维持 25 s, 到 25 s 时, 东西方向绿灯闪, 闪亮 3 s 后, 绿灯灭。在东西绿灯灭的同时, 东西黄灯亮, 并维持 2 s, 到 2 s 时, 东西黄灯灭, 东西红灯亮。同时, 南北红灯灭, 南北绿灯亮。

东西红灯亮维持 30 s。南北绿灯亮维持 25 s，然后闪亮 3 s，再熄灭。同时南北方向黄灯亮，并维持 2 s 后熄灭，这时南北红灯亮，东西绿灯亮。

接下去周而复始，直到停止按钮被按下为止。交通信号灯系统动作时序可用图 3.26 表示。

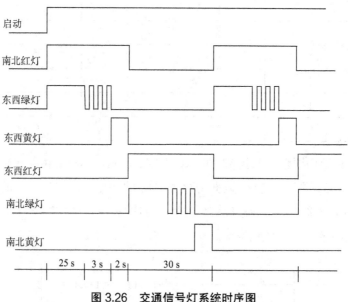

图 3.26　交通信号灯系统时序图

（2）I/O 软元件分配

交通灯 I / O 分配见表 3.18。

表 3.18　交通灯 I / O 分配表

序号	I/O 软元件	设备	序号	I/O 软元件	设备
1	X0	启动按钮 SB1	5	Y2	东西向红灯
2	X1	停止按钮 SB2	6	Y4	南北向绿灯
3	Y0	东西向绿灯	7	Y5	南北向黄灯
4	Y1	东西向黄灯	8	Y6	南北向红灯

（3）梯形图编程

方法一：定时器法。

采用一组定时器对十字路口交通灯控制编程，工作原理如下：

当启动按钮 SB1 按下时，X0 触点接通，Y6 得电，南北红灯亮；同时 Y6 的动合触点闭合，Y0 线圈得电，东西绿灯亮。维持到 25 s，T6 的动合触点接通，与该触点串联的 T22 动合触点每隔 0.5 s 导通 0.5 s，从而使东西绿灯闪烁。又过 3 s，T7 的动断触点断开，Y0 线圈失电，东西绿灯灭；此时 T7 的动合触点闭合，Y1 线圈得电，东西黄灯亮。再过 2 s 后，T5 的动断触点断开，Y1 线圈失电，东西黄灯灭；此时启动累计时间达 30 s，T0 的动断触点断开，Y6 线圈失电，南北红灯灭，T0 的动合触点闭合，Y2 线圈得电，东西红灯亮，Y2 的动合触点闭合，Y4

线圈得电，南北绿灯亮。又经过 25 s，即启动累计时间为 55 s 时，T1 动合触点闭合，与该触点串联的 T22 的触点每隔 0.5 s 导通 0.5 s，从而使南北绿灯闪烁；闪烁 3 s，T2 动断触点断开，Y4 线圈失电，南北绿灯灭；此时 T2 的动合触点闭合，Y5 线圈得电，南北黄灯亮。维持 2 s 后，T3 动断触点断开，Y5 线圈失电，南北黄灯灭。这时启动累计时间达 60 s 钟，T4 的动断触点断开，T0 复位，Y2 线圈失电，即维持了 30 s 的东西红灯灭。

　　上述是一个工作过程，然后再周而复始地进行。梯形图程序如图 3.27 所示。

　　方法二：寄存器法。

　　采用数据寄存器和系统的 1 s 脉冲时钟 SM412 进行计时，用比较指令划分计时区间，确定 6 盏交通灯的输出状态。这种方法采用高级语言编程的思路，可读性好，易于理解，所占用的程序步比定时器法仅多几步，因此也是一种可选的方案。梯形图程序如图 3.28 所示。

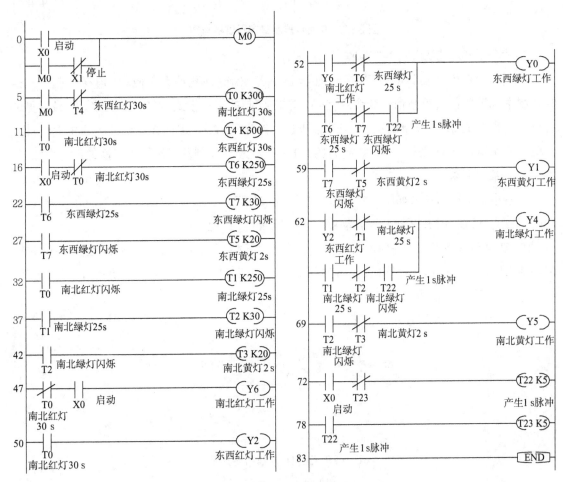

图 3.27　交通灯控制定时器法梯形图

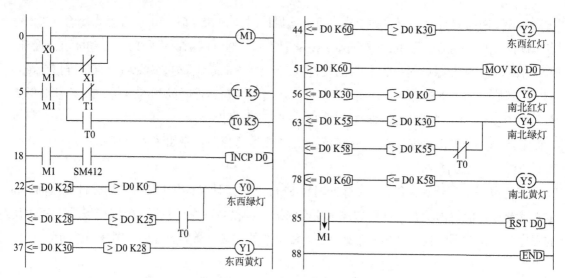

图 3.28 交通灯控制寄存器法梯形图

3）行程顺序控制及工作模式切换

行程控制在生产实际中应用广泛，如运料小车控制、钻孔动力头控制、电梯控制等。这些控制中都需要位置反馈信号和命令信号。顺序控制的工作模式也经常会有多种，最常见的有自动、手动方式，以及单周期、单步、多步连续等运行方式，因而在梯形图程序中要设计工作模式的切换。下面以运料小车控制为例，介绍行程顺序控制及工作模式切换的设计方法。

（1）控制要求

运料小车运行示意图如图 3.29 所示，具体要求如下：

① 小车可在 A、B 两地分别启动停止。A 地装料，B 地下料。

② 在自动状态下无论在何地启动，均先到 B 地下料，停 20 s 后，运行到 A 地停 20 s 装料。装料结束后自动运行到 B 地停止，打开底门下料，20 s 后再向 A 地运行并关闭底门，如此循环。

③ 允许手动操作控制小车在 A、B 两地间运行。

④ 任何情况下均可使小车停车。

图 3.29 运料小车运行示意图

（2）I / O 分配表

运料小车 I／O 分配见表 3.19。

表 3.19　运料小车 I／O 分配表

序号	I／O 软元件	设备功能
1	X0	向 A 地运行启动按钮 SB1
2	X1	向 B 地运行启动按钮 SB2
3	X2	A 地停车限位开关 SQ1
4	X3	B 地停车限位开关 SQ2
5	X6	手动／自动切换开关 SA
6	X7	停车按钮 SB3
7	Y0	电动机向 B 地（正转）接触器 KM1
8	Y1	电动机向 A 地（反转）接触器 KM2
9	Y2	底门控制电磁铁 YV

（3）PLC 接线图

运料小车控制系统 PLC 接线图如图 3.30 所示。

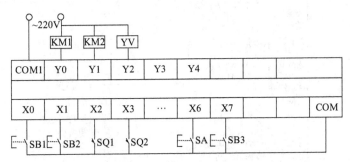

图 3.30　运料小车控制系统 PLC 接线图

（4）运料小车控制系统梯形图

运料小车控制系统梯形图如图 3.31 所示。

该控制程序在功能设计方面包含以下几项功能：

① 手动和自动两种运行模式的切换。通过将自动模式触点 X6（1- 自动，0- 手动）与向 A 地行驶启动触点 X0 串联在一起，分别实现禁止自动模式下向 A 地行驶启动及允许手动模式下向 A 地行驶启动的功能，从而使小车在不同模式下能够正确运行。

② 通过 X0 和 X1 触点上升沿信号实现手动模式下对小车行驶方向的立即改变。

③ 限位开关触点上升沿信号 X2、X3 触发相应的装料、卸料工序。

④ 通过 X7 常闭触点复位所有输出、时间继电器和中间继电器状态，实现小车立即停车在原地。

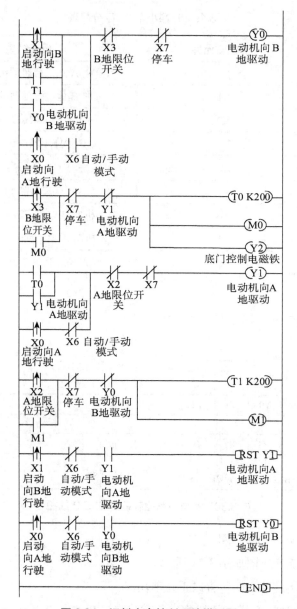

图 3.31 运料小车控制系统梯形图

4）数码管控制

PLC 控制系统中常常需要显示控制状态，如电梯控制中的楼层号显示。数码管是一种简单实用的显示设备。它是一种半导体发光器件，其基本单元是发光二极管。数码管按段数可分为七段数码管和八段数码管，八段数码管比七段数码管多一个发光二极管单元，也就是多一个小数点。1 位七段数码管如表 3.20 所示。数码管是显示屏的一种，能够显示时间、日期、温度等用数字表示的参数。由于它价格便宜、使用简单，在电器特别是家电领域应用极为广泛，例如空调、热水器、冰箱等。

对 PLC 而言，数码管是一个控制对象和输出设备。PLC 根据一定的条件，将一定的计算结果通过数码管编码指令输出到外接的数码管上显示。1 位七段数码管能够显示 0～F 的十六进制数，七段发光二极管中每一段都由一个输出软元件控制，输出编码是根据 7 位输出软元件所对应的字。原理如表 3.20 所示。

表 3.20　七段数码管数据表

| ⑤ | | 七段的构成 | ⑩ | | | | | | | | 显示数据 |
十六进制数	位模式		B7	B6	B5	B4	B3	B2	B1	B0	
0	0000		0	0	1	1	1	1	1	1	0
1	0001		0	0	0	0	0	1	1	0	1
2	0010		0	1	0	1	1	0	1	1	2
3	0011		0	1	0	0	1	1	1	1	3
4	0100		0	1	1	0	0	1	1	0	4
5	0101	B0（上）、B1（右上）、B2（右下）、B3（下）、B4（左下）、B5（左上）、B6（中）	0	1	1	0	1	1	0	1	5
6	0110		0	1	1	1	1	1	0	1	6
7	0111		0	0	1	0	0	1	1	1	7
8	1000		0	1	1	1	1	1	1	1	8
9	1001		0	1	1	0	1	1	1	1	9
A	1010		0	1	1	1	0	1	1	1	A
B	1011		0	1	1	1	1	0	0	0	b
C	1100		0	0	1	1	1	0	0	1	C
D	1101		0	1	0	1	1	1	1	0	d
E	1110		0	1	1	1	1	0	0	1	E
F	1111		0	1	1	1	0	0	0	1	F

数码管译码指令格式如表 3.21 所示。

表 3.21　数码管指令表

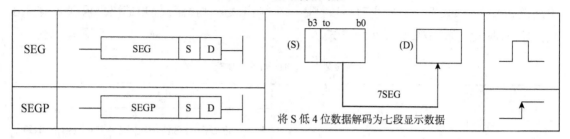

例 3-1：用 SEG 指令将十六进制数从 0 至 F 依次显示在七段数码管上，每 2 s 更新 1 次，循环显示。

梯形图程序如图 3.32 所示。

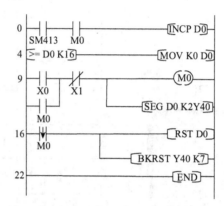

图 3.32　数码管显示控制梯形图

该梯形图程序中，X0 是启动按钮，X1 为停止按钮。

3.5　顺序功能图程序设计

顺控功能图（SFC）语言将控制运行顺序分成一系列步的程序格式，能够清晰地表达程序执行顺序和执行条件。本节通过举例介绍 SFC 设计的基本步骤方法。

SFC 的基本设计思想是按照生产工艺的特点，将控制动作的一个工作周期划分为若干个工作阶段，称为"步"，并明确每一步所要执行的输出；步与步之间通过指定的条件进行转换；在程序中，只需要通过正确连接进行"步"与"步"之间的转换，便可以完成控制的全部动作。

SFC 程序的主要特点是在执行过程中始终只有处于工作状态的步（称为"活动步"或"有效步"）才能进行逻辑处理和状态输出，其余不工作的步（称为"非活动步"或"无效步"）的全部逻辑指令与输出状态均无效。因而，用 SFC 编程只需分别考虑每一步所需要确定的输出，以及步与步之间的转换条件，不需考虑信号之间复杂的互锁条件，用最基本的逻辑运算指令即可完成大程序的编写。

SFC 程序设计具有以下优点：

① 是一种基于工艺控制流程的编程方法，设计者只需掌握简单指令即可，是 IEC 标准推荐的首选编程语言。

② 不需要复杂的互锁电路，更容易设计和维护系统。

③ 程序按照设备的动作顺序进行编写，可读性好，在程序中可以很直观地看到设备的动作顺序。

④ 设备出现故障时易于查找出故障所处的位置。

⑤ 复杂工艺控制流程可分解为多个块，每个块中分成多步，块和步的配置可以容易地改为新的控制应用。

3.5.1 SFC 程序的组成结构

SFC 程序由步、转换条件、有向连接和各步的控制动作组成。在图 3.33 中，设计者将机械设备运行流程按顺序分解为运行单位，SFC 程序按照设备运行顺序分为各步，在各步中用梯形图表示执行的具体控制。

构成 SFC 程序的基本要素是状态、转移条件与有向连线。

（1）状态与状态元件

步在 SFC 中又称为状态。标记状态的软元件称为状态元件。三菱 PLC 中状态元件用 S** 进行标记。在程序执行过程中，PLC 将根据状态元件的值（0 或 1），决定是否使这一状态成为当前执行的状态（有效状态）。程序设计时，只需对不同状态元件进行"置位"或"复位"操作，即可指定 PLC 的实际执行状态。为了保证 PLC 能够循环工作，SFC 程序必须设计有PLC 启动后能立即生效的基本状态，被称为"初始状态"或"初始步"。在 SFC 程序中，状态／步用矩形框表示，初始状态／步用双线矩形框表示，如图 3.33 所示。

每一个 SFC 程序至少应有一个初始状态，且初始状态必须位于 SFC 的最前面。当初始状态需要转移条件进行控制时，初始状态的转移条件应使用来自 SFC 程序以外的触点，并且在 SFC 程序的最前面编制初始状态的转移条件，初始状态的转移条件需要在 PLC 运行后立即予以选择。

（2）转移条件

转移条件是用于改变 PLC 状态的控制信号，用短横线表示。转移条件可以是单独的触点，如输入 X、输出 Y、内部继电器 M、时间继电器 T 的常开或常闭触点，也可以是若干信号的简单逻辑运算的结果。当某一转移条件为 1 时，其后的一个状态成为有效状态而得以执行。如图 3.33 中，若步 1 的转移条件为 1，则步 1 中的梯形图程序将得以执行，Y21 变为"on"，表示"托盘夹紧"操作。

（3）有向连线

有向连线是状态间的连线。有向连线决定了状态的转换方向与转换途径。SFC 程序中的状态一般都需要两条以上的有向连线进行连接，其中 1 条为输入线，从上一级状态而来；一条为输出线，通向下一级状态。

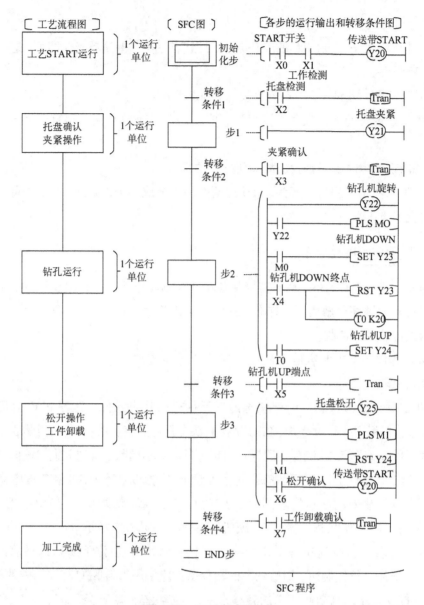

图 3.33 SFC 程序结构图

SFC 程序的运行从初始步开始,接着执行满足转移条件的各步的逻辑处理,遇到 END 步时结束向下运行。执行步骤为:

① 当启动 SFC 程序时,首先执行初始化步;

② 继续初始步的执行,直到满足转移条件 1,当满足该转移条件时停止初始步的执行,继续初始步后的处理;

③ SFC 程序的处理以该方式逐步继续直到执行了 END 步为止。

图 3.33 所示的步序列组成一个块。一个复杂工艺流程可以分解为多个块,每个块包含若干步。图 3.34 所示为一个 SFC 程序结构,包含 320 个块,每块中可包含 2 K 容量的顺控步(梯形图中的程序步,而非状态步)。

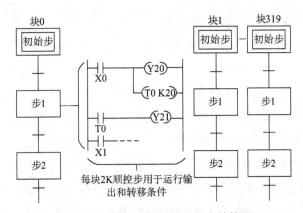

图 3.34 多块组成的 SFC 程序结构图

除了图 3.33 所示的单流程结构的 SFC 程序之外，SFC 程序还有多流程结构，即状态之间有多个并联的工作流程，包括选择性分支、并行分支、选择性汇合、并行汇合等几种连接方式，详见 SFC 编程手册。

3.5.2 步进梯形图编程

本节以三菱 FX2N 系列 PLC 为例，介绍顺序功能图编程的基本特征。三菱 FX 系列采用了一种利用步进指令（STL）表示的 SFC 程序，该程序的执行过程是根据系统的条件按工艺流程控制要求的"工步"进行的，每一"工步"的具体动作按梯形图形式编程，这样的 SFC 程序被称为"步进梯形图"。下面通过两个例子，介绍步进梯形图形式的 SFC 程序设计。

1）闪烁信号生成

自动闪烁信号的生成可以通过梯形图实现，同样也可以用 SFC 编程实现。要求 PLC 上电后 Y0、Y1 以 1 s 为周期交替闪烁，在 GX Developer 中设计 SFC 程序，程序包括两块，第 0 块为梯形图块，第 1 块为 SFC 块。

（1）初始状态触发条件设计（第 0 块）

在 SFC 程序之前，采用梯形图设计 SFC 中初始状态的触发条件，在 PLC 上电后使初始状态立即有效。该触发条件如图 3.35 所示。

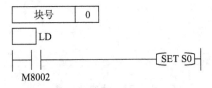

图 3.35 初始状态触发条件梯形图

FX2N 系列 PLC 的内部继电器 M8002 在每次 PLC 运行的第一个扫描周期内输出 1，随后一直为 0。因而初始状态软元件 S0 被置为 1，S0 步成为有效步而得以执行。在 FX2N 系列 PLC 中，S0 ~ S9 规定为初始状态元件，S10 ~ S19 为应用指令使用状态元件，S20 ~ S899 为一般使用状态元件。

（2）闪烁信号控制的 SFC 程序（第 1 块）

图 3.36 所示的块 1 的 SFC 程序为闪烁信号控制的步进梯形图程序，块 1 中包括初始状态 S0 和运行状态 S20。一个状态中的程序，一般具有控制输出（驱动逻辑）、指定转换条件、指定转换目标三种功能。三种功能在状态中的编程指令的输入次序应依次为控制输出、指定转换条件与指定转换目标，先后次序不能颠倒。从图 3.36 中可以清楚地看出三种指令的次序。

图 3.37 是转换为梯形图的自动闪烁 SFC 程序，包括块 0 和块 1。STL 是状态母线生成指令，它可以用状态元件的触点进行控制。当相应的状态元件触点闭合时，与母线相连的梯形图回路工作，否则，梯形图回路不工作。例如，当状态元件 S20 被置 1 后，用 STL 指令生成状态 S20 的状态母线，该状态中的梯形图程序得以执行；若状态元件 S20 未置 1，则状态 S20 的 STL 指令不执行，该状态中的梯形图程序不能执行。在 STL 母线上，即一个状态内，不可以使用 LD、LDI 指令后进行输出，且需要输出的线圈应首先编程。

RET 指令是状态流程结束指令，它表明一个块中的 SFC 程序流程控制指令的结束，程序返回到普通的梯形图指令，母线也由状态母线返回主母线，因此一个 SFC 块就相当于一个子程序调用。

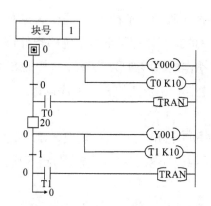

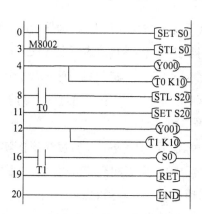

图 3.36　闪烁信号控制的 SFC 程序图　　图 3.37　转换为梯形图语言的闪烁信号 SFC 程序图

2）十字路口交通灯控制

十字路口交通灯的控制要求同前一节中所述。采用与前一节相同的 I／O 分配，用 SFC 编程设计如下：

（1）整个程序分为 3 块

程序分块表如表 3.22 所示。

表 3.22　程序分块表

块号	块标题	块类别
0	初始状态触发	梯形图
1	交通灯控制	SFC
2	关闭交通灯及闪烁信号	梯形图

（2）步进梯形图程序工作原理

采用步进梯形指令单流程编程实现，其状态转移图如图 3.38 所示。由图 3.38 可知，我们把东西和南北方向信号灯的动作视为一个顺序动作，每一个时序同时有两个输出，一个输出控制东西方向的信号灯，另一个输出控制南北方向的信号灯。简述工作原理如下：

当启动按钮 SB1 按下时，X0 的上升沿令 S0 置 1，系统进入 S0 状态，状态转移条件满足，系统继续转移到 S20 状态。

在 S20 状态下，驱动 Y6、Y0，使南北红灯及东西绿灯同时亮，同时驱动定时器 T0，定时器的设定时间为 25 s，25 s 后，状态转移到 S21。

在 S21 状态下，Y6 继续保持，但 Y0 受控于 M1，而 M1 是在块 3 中由两个定时器 T6 和 T7 产生的周期为 1 s 的闪烁信号，使东西方向的绿灯闪亮。在本状态下，同时也驱动定时器 T1，定时时间为 3 s，3 s 时间到，状态转移到 S22。

在 S22 状态下，Y6 仍然被驱动，南北方向红灯继续亮，同时驱动 T2、Y1，东西方向的绿灯灭，Y1 驱动的是东西方向的黄灯，故东西方向的黄灯亮，绿灯灭。T2 的定时时间为 2 s，2 s 时间到，状态转移到 S23。

在 S23 状态下，同时驱动 Y2、Y4 及 T3，东西方向的红灯亮，南北方向的绿灯亮，T3 的定时时间为 25 s，25 s 时间到，状态转移到 S24。

在 S24 状态下，驱动 Y2、Y4，东西方向的红灯继续亮，而南北方向的绿灯驱动端 Y4 受控于 M1，故南北方向的绿灯闪亮。T4 的定时时间是 3 s，3 s 后，状态转移到 S25。

在 S25 状态下，同时驱动 Y2、Y5 及 T5，即东西方向的红灯、南北的黄灯亮，T5 定时器的定时时间为 2 s，2 s 时间到，定时器的定时时间到，T5 的触点接通，状态又重新转移到 S0，系统将重复上述的动作顺序，周而复始地继续工作。

当停止按钮 SB2 被按下时，软继电器 M0 接通，其常闭触点 M0 断开，状态不再转移，同时 ZRST 指令清除 S20～S25 的状态，东西南北交通灯都熄灭。当 SB1 按钮再次被按下时，常闭触点 M0 再次闭合，系统开始执行状态转移，周而复始地工作。

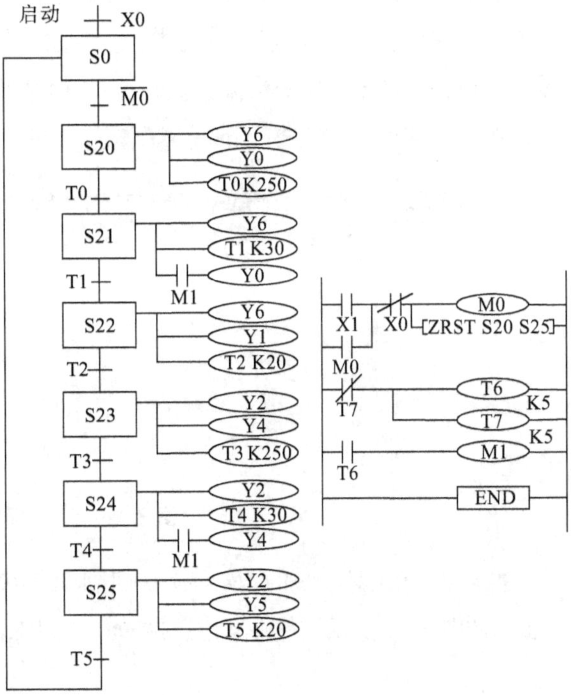

图 3.38 交通灯控制的状态转移图

（3）交通灯控制的步进梯形图设计步骤

设计交通灯控制的步进梯形图时，首先在主程序"MAIN"中登记 3 个块，选择好块的类型，如图 3.39 所示。

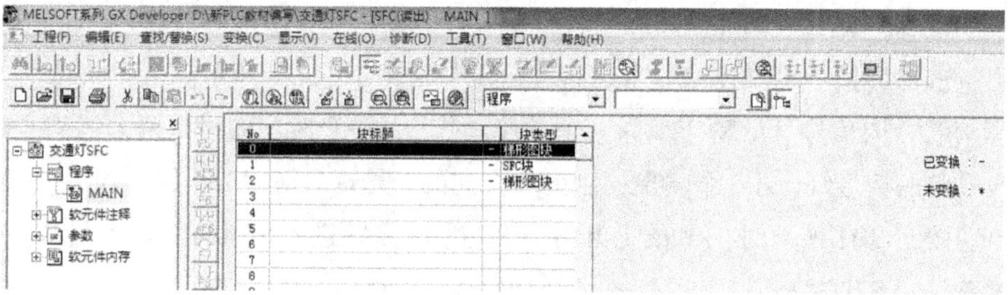

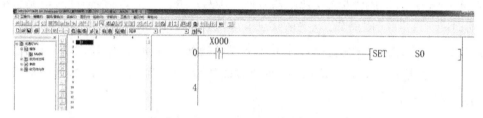

图 3.39　SFC 程序编辑界面一

然后双击块 0 的条目，对该块进行编辑，如图 3.40 所示，在编辑窗口的右边分栏中录入块 0 的梯形图程序。

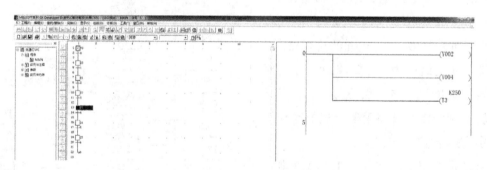

图 3.40　SFC 程序编辑界面二

双击浏览窗口中的"MAIN"，回到图 3.39 所示界面，双击块 1 条目，进入块 1 的编辑界面，如图 3.41 所示。在编辑窗口左栏中，选中任一状态或转移条件，可在编辑窗口右栏中进行梯形图编辑，完成交通灯变换流程。在 SFC 程序的编制过程中每一个状态中的梯形图编制完成后必须进行变换，才能进行下一步工作。

图 3.41　SFC 程序编辑界面三

再双击浏览窗口中的"MAIN"，回到图 3.39 所示界面，双击块 2 条目，进入块 2 的编辑界面，如图 3.41 所示，完成停止条件 M0 和闪烁信号 M1 的梯形图编程。

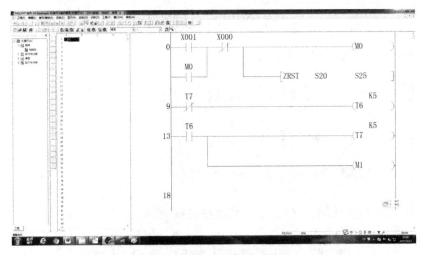

图 3.42　SFC 程序编辑界面四

　　步进梯形图程序录入完成后，进行程序编译，通过后可启动 GX Simulator 进行仿真。如果想看步进梯形图程序对应的顺序控制梯形图程序，可以点击 GX Developer 中的"工程→编辑数据→改变程序类型"，将其变换为梯形图语言。交通灯控制 SFC 程序转换的梯形图程序如图 3.43 所示。

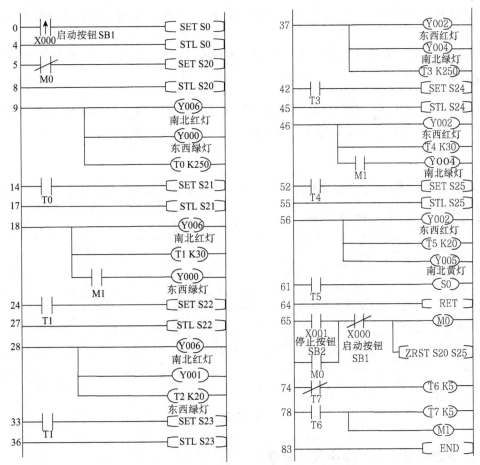

图 3.43　交通灯控制的步进梯形图（梯形图语言）

思考题与习题 3

3.1 试述控制系统过程通道的一般组成。

3.2 直流装置与 PLC 的连接方式有哪两种？如何区分？

3.3 数字量输入／输出通道如何抗干扰？

3.4 三菱 Q 系列输出模块有几种类型？该如何选择？

3.5 将下列 PLC 系统模块的 I／O 分配地址填在空格中。

Q00JCPU	QX41	QY41P	Q62DA	Q64DA	QJ61BT11
	32 点	32 点	16 点	16 点	32 点
I/O 点数	X□□ 至 □□	Y□□ 至 □□	X/Y□□ 至 □□	X/Y□□ 至 □□	X/Y□□ 至 □□

题 3.5 图

3.6 GX Developer 开发梯形图程序的基本步骤是什么？ GX Simulator 有哪些功能？

3.7 用 GX Developer 编梯形图程序，用 GX Simulator 实现风机联锁启停控制仿真运行，控制过程如下：

风机系统由引风机和鼓风机两级构成。当按下启动按钮 X0 后，引风机 Y40 先工作，工作 3 s 后，鼓风机 Y41 工作。当按下停止按钮 X1 后，鼓风机先停止工作，5 s 之后，引风机才停止工作。

3.8 根据以下 GX Simulator 仿真器的仿真时序图，反推出梯形图程序，用于实现顺序启动、同时停止电路，时序如下图所示：

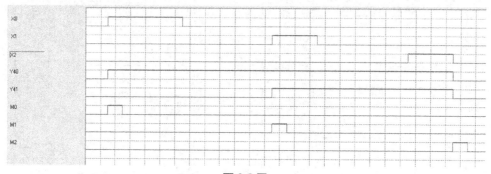

题 3.8 图

3.9 PLC 控制系统设计时应遵循哪些步骤？

3.10　控制电路按逻辑关系可以分为哪两种？各有何特点？

3.11　编写广告牌字的循环闪耀控制。

控制要求：X0 接启动开关，用 Y40～Y43 分别驱动"欢迎光临"四个光字。每个控制周期内的变化如下表所示，每步间隔 1 s。提示：可用循环移位指令。

题 3.11 表

步序	1	2	3	4	5	6	7	8
Y40	1	0	0	0	1	0	1	0
Y41	0	1	0	0	1	0	1	0
Y42	0	0	1	0	1	0	1	0
Y43	0	0	0	1	1	0	1	0

3.12　对 X0 输入脉冲计数，当脉冲数大于数据寄存器 D0 的设定值 K10 时，信号灯 Y50 亮，延时 5 s 后，灯灭，计数器清零，脉冲计数接数码管显示。

3.13　步进梯形图每个状态中的程序包括哪几种功能？

3.14　用顺序功能图设计一个 PLC 节日礼花弹引爆程序。

控制要求如下：1～3 个礼花弹引爆间隔为 1 s，引爆后停 5 s，接着 4～6 个礼花弹引爆，间隔 1 s，引爆后又停 5 s，接着 7～8 个礼花弹引爆，间隔 1 s。引爆启动按钮接输入 X0。礼花弹引爆用输出 Y40～Y47 驱动。

第4章 模拟量控制

模拟量闭环控制是连续型流程生产工业过程控制的主要任务,在能源、电力、化工、冶金、炼油等行业中得到广泛应用。过程控制技术的发展受到生产过程的需求、控制理论的开拓以及控制技术手段三方面的促进和影响。随着行业科技的创新、控制理论和自动化技术的不断进步,过程控制计算机系统从最初的数据监测与采集装置(DAS)到直接控制系统(DDC),再到分层控制的计算机监督控制系统(SCC),又进一步向大型化方向发展为集散控制系统(DCS),向分散化方向发展为现场总线控制系统(FCS),并且采用了在灵活性、分散性和可靠性方面颇具优势的可编程控制器(PLC)控制系统等形式。

可编程控制器在模拟量数据采集、模拟量运算指令以及系统抗干扰方面已具备成熟、可靠的技术,且有应用灵活、编程简化、操作方便、易于维修、易于网络化等优点。PLC产品的功能也日趋完善,包括基本的逻辑运算、定时计数、数制转换、数值计算、步进控制等功能,以及扩展的A/D、D/A转换,PID闭环回路控制,高速计数,通信联网,中断控制及特殊功能函数运算等功能,其还可以通过上位机进行显示、报警、记录、人机对话。因此,PLC控制系统的综合控制水平大大提高。相比于过程控制应用中主流的DCS系统来说,基于PLC的过程控制系统除兼备与DCS相同的所有回路控制功能外,还具有开放性好、维护简便和成本低等特点。此外,与PLC系统配套的通用模拟量I/O单元的选型范围广,因而PLC在过程控制场合越来越受到青睐。

本章介绍基于PLC的过程控制系统的结构、工作原理和算法,以及PLC模拟量控制程序的设计。

4.1 PLC模拟量控制系统原理与组成

PLC模拟量控制系统是采用PLC为控制器的直接数字控制计算机系统(DDC),简称PLC-DDC,其原则性结构如图4.1所示,主要由PLC控制系统和工业生产过程两大部分组成,PLC控制系统通过过程输入/输出通道与被控对象联系,通过触摸屏或上位机人机接口与运行人员相联系。

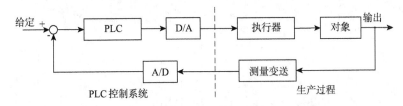

图 4.1　PLC-DDC 模拟量控制系统原则性结构图

PLC-DDC 系统由 PLC 直接对生产过程进行控制,通过模拟量输入通道(AI)实时采集并处理来自传感器和变送器的过程模拟量输入,按控制规律进行数值计算,通过模拟量输出通道(AO)输出处理结果,再经执行机构去控制生产过程。PLC-DDC 系统的工作原理可归纳为以下 3 个步骤:

① 实时数据采集:对来自测量变送装置的被控量的瞬时值进行检测和输入。

② 实时控制决策:对采集到的被控量进行分析和处理,并按已定的控制规律,决定将要采取的控制行为。

③ 实时控制输出:根据控制策略,适时地对执行机构发出控制信号,完成控制任务。

PLC-DDC 系统分时对各回路进行控制,是时间离散控制系统,其基本问题是设计一个数字控制器,对采样周期远小于被控对象时间常数的系统,如热工、化工等生产过程,可以把离散时间系统近似为连续时间系统,采用模拟调节器数字化的设计方法来设计数字控制器。如对象时间常数比采样周期大得不多,或处于同一数量级时,必须采取采样控制理论直接设计数字控制器。

实际生产中所用的 PLC 模拟量控制系统还应当包括数字量输入(DI)和输出通道(DO)及其处理程序,完整结构如图 3.1 所示,因为以模拟量控制为主的过程控制系统仍然需要逻辑运算处理。由于数字量控制在第三章中已介绍,本章只讨论过程控制的模拟量控制功能。

4.2　信号的采样、量化和编码

PLC 只能处理数字量,因而需要对输入的模拟量信号进行模/数转换,对输出信号进行数/模转换。在模拟量转换成数字量的过程中,先由检测部件测量得到模拟电信号,经 A/D 转换器进行编码,变成数字信号,A/D 转换的过程为采样—保持—量化—编码。完成采样、保持这两个过程的电路称为采样保持电路,量化、编码这两个过程是在 A/D 转换器中完成的。

1) 采样和保持

所谓采样是将一个时间上连续变化的模拟量转换为一个幅度取决于输入模拟量的脉冲信号的过程,这个脉冲信号又称为时间上离散变化的模拟量,所以采样的过程也就是离散化的过程。通常采样过程的实现如图 4.2 所示。模拟信号 $f(t)$ 每隔时间间隔 T(采样周期)闭合一次,其闭合时间为 τ,经过模拟采样开关 S 后,变为脉冲宽度为 τ、幅值随 $f(t)$ 幅度变化的脉冲信号(离散信号)$f^*(t)$,$f^*(t)$ 又称为采样信号。由图 4.2 可见,采样信号实际上在时间上是离散的,但幅值是随模拟信号 $f(t)$ 幅值变化的连续信号。

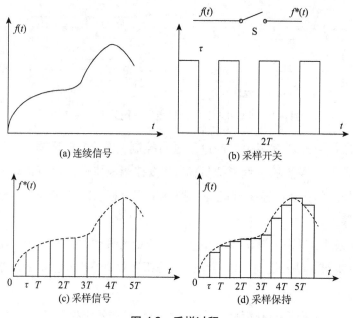

图 4.2　采样过程

f_s 称为采样频率 $(f_s=\dfrac{1}{T})$，它越高，得到的采样信号 $f^*(t)$ 就越接近实际的模拟信号 $f(t)$，但采样设备越复杂，成本越高。如何选择采样频率 f_s，使采样信号 $f^*(t)$ 既不失真于 $f(t)$，硬件设备又易于实现？由香农（Shannon）定理可知，当采样频率 $f_s \geqslant 2f_{max}$ 时，就可以由采样信号 $f^*(t)$ 完全恢复成连续信号 $f(t)$，f_{max} 为 $f(t)$ 的最高频率，即 $f(t)$ 为有限带宽信号。在实际应用中，采样频率 f_s 通常取 5～10 倍的 f_{max}。

保持是指将采样所获取的信号值保持在某值上不变，直到下一次采样时刻。在 A / D 转换器中进行的量化过程是以采样信号为基准的，如果 A / D 转换速度足够快，在采样脉冲宽度 τ 内能完成（τ 一般较小），就不会影响 A / D 转换精度；对于速度较慢的 A / D 转换器，在采样信号脉冲宽度内不能完成量化的过程，为了保证 A / D 转换精度，就必须在 A / D 转换前加保持电路，将采样点的值保持下来，使得在 A / D 转换期间，A / D 转换输入模拟信号不变，以便量化，如图 4.2（c）所示。在 D / A 转换过程中，也需将计算机输出的数字控制信号进行保持，使之变换成连续控制信号，如图 4.3 所示。

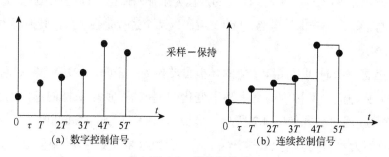

图 4.3　信号保持

2）量化和编码

采样信号仍然是连续信号，必须经过量化以后才能变为数字信号，这样方可送入计算机。

量化就是将采样保持信号的幅值用基本的量化电平 q 的整数倍来表示,使之量级化,将采样信号变成时间上、幅值上均离散的数字信号。量化的过程,实际上是小数取整的过程,可以采用四舍五入法,也可用小数取整法。设量化单位为 q,当采样信号幅值正好等于量化电平 q 时,量化是准确值,否则存在量化误差,量化后的值是近似值。当 q 足够小时,数字信号接近采样信号,因此减小量化电平 q,可以减小量化误差。在小数取整和四舍五入两种量化方法中,四舍五入法的量化误差小。

编码是将量化后的数字信号的幅值用二进制数来表示,以此来衡量其大小。

4.3　模拟量输出通道（D/A）

4.3.1　D/A 转换器原理

数/模转换器（简称 DAC）可完成将数字量转换成模拟量的任务,是模拟量输出通道的核心器件。DAC 的基本结构原理如图 4.4 所示,其主要由电阻解码网络、二进制数字式开关、基准电源和运算放大器 4 个部分组成。

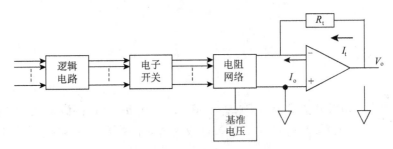

图 4.4　D/A 转换器结构原理图

送至 D/A 转换器的二进制数字量按位（0/1）控制对应电子开关的通/断,使网络中每个电子开关对应的电阻与基准电源接通或接地,在运算放大器的输入端形成一个与二进制数字量成正比的电流信号 I_o,经运算放大器放大,转换成与数字量对应的模拟电压 U_o 输出。D/A 转换器的电阻解码网络有多种不同的结构,常用的有 T 形电阻解码网络、倒 T 形电阻解码网络、权电阻解码网络,以及变形权电阻解码网络等。这些解码网络虽然有各自的特点,但其工作原理一致。在 DAC 集成电路中,多采用倒 T 形电阻 DAC 电路,因为该 DAC 电阻阻值种类只有 R 和 $2R$ 两种,所以集成度较高,且转换速度快,转换误差较小。下面以倒 T 形网络为例介绍 DAC 的工作原理。

1）倒 T 形电阻解码网络 DAC 工作原理

图 4.5 为倒 T 形电阻解码网络 DAC 电路原理图。电阻解码网络由 R–$2R$ 组成,从任一节点 P_i 向左边看过去的等效电阻均为 $2R$,或任一节点 P_i 对地的等效电阻为 R,电流 I 经过一个节点就平分一次,即得到数字量各位的权电流（n 位数字量最高位的权电流为 $\dfrac{I}{2}$）:

$$I_{n-1} = \frac{1}{2} I$$

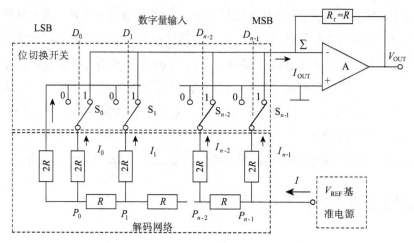

图 4.5 倒 T 形电阻解码网络 DAC 电路原理图

$$I_{n-2} = \frac{1}{2} \times \frac{1}{2} I = \frac{1}{2^2} I$$

$$I_{n-3} = \frac{1}{2^3} I$$

$$\cdots$$

$$I_0 = \frac{1}{2^n} I$$

其中，$I = \dfrac{V_{REF}}{R}$。切换开关 S_i 接地时，$I_i(i=0, 1, 2, \cdots, n-1)$ 直接流入地，对输出电流 I_{OUT} 无影响；当 S_i 接到放大器求和点时，I_i 经 Σ 点成为 I_{OUT} 的一部分。切换开关 S_i 受数字量信号 $D_{n-1}D_{n-2}\cdots D_1D_0$ 控制（n 为数／模转换器输入数字量的位数，一般有 8 位、10 位、12 位等）。当 $D_i=0$ 时，S_i 接地；$D_i=1$ 时，S_i 与放大器求和点相接，I_i 流进 I_{OUT}。因此可得

$$\begin{aligned}
I_{OUT} &= D_{n-1}I_{n-1} + D_{n-2}I_{n-2} + \cdots + D_1I_1 + D_0I_0 \\
&= \left(\frac{1}{2}D_{n-1} + \frac{1}{2^2}D_{n-2} + \cdots + \frac{1}{2^{n-1}}D_1 + \frac{1}{2^n}D_0\right)I \\
&= \frac{V_{REF}}{2^n R}\left(2^{n-1}D_{n-1} + 2^{n-2}D_{n-2} + \cdots + 2^1 D_1 + 2^0 D_0\right)
\end{aligned}$$

上式输出电流 I_{OUT} 与输入数字量 $D_{n-1}D_{n-2}\cdots D_1D_0$ 的大小成正比，I_{OUT} 就是与数字量相对应的模拟量，从而完成了数字量到模拟量的转换。

由图 4.5 可知，I_{OUT} 经过运算放大器就可以得到电压输出：

$$V_{OUT} = -R_f I_{OUT}$$

所以，$V_{OUT} = -\dfrac{V_{REF}R_f}{2^n R}\left(2^{n-1}D_{n-1} + 2^{n-2}D_{n-2} + \cdots + 2^1 D_1 + 2^0 D_0\right)$

又　　$R_f = R$

$$V_{OUT} = -\frac{V_{REF}}{2^n}\left(2^{n-1}D_{n-1} + 2^{n-2}D_{n-2} + \cdots + 2^1 D_1 + 2^0 D_0\right)$$

输出电压 V_{OUT} 正是数字量解码后的对应值。若从位切换开关直接输出 I_{OUT}，则称为电流输出型 D / A 转换器，而经运算放大器转换为电压输出称为电压输出型 D / A 转换器。

2）DAC 的主要指标

衡量 DAC 性能指标的参数主要有分辨率、稳定时间、转换精度和线性度等指标。

（1）分辨率

分辨率反映了 D / A 转换器对模拟量的分辨能力，定义为基准电压与 2^n 之比值，其中 n 为 D / A 转换器的位数，如 8、10、12、14、16 位等。如果基准电压为 5 V，那么 8 位 D / A 转换器的分辨率为 5 V / 256=19.53 mV，12 位 D / A 转换器的分辨率为 1.22 mV。它就是与输入二进制数最低有效位（Least Significant Bit, LSB）相当的输出模拟电压，简称 1 LSB。在实际使用中，一般用输入数字量的位数来表示分辨率大小，分辨率取决于 D / A 转换器的位数。

（2）稳定时间（又称转换时间）

稳定时间是指从数字量输入起，到 D / A 转换器的输出达到离终值 ±1 / 2 LSB 时所需要的时间。对于输出是电流的 D / A 转换器来说，稳定时间是很快的，约几微秒。而输出是电压的 D / A 转换器，其稳定时间主要取决于运算放大器的响应时间。

（3）转换精度

转换精度为转换后所得模拟量输出相对于理想值的准确度，可分为绝对转换精度和相对转换精度两种。

绝对转换精度指在全量程范围内，D / A 转换器的实际输出值与理论值之间的最大偏差。该偏差可用最低有效位 LSB 的分数来表示，如 ±1 / 2 LSB 或 ±1 LSB。它是由 D / A 的增益误差、参考电源误差、电阻解码电路的误差等因素引起的。

相对转换精度是指在满刻度已校准的情况下，整个转换范围内对应于任一输入数据的实际输出值与理论值之间的最大偏差。它的表示方法有两种：一种用实际输出值与理论值之差相对于满刻度输出的百分比来表示；另一种用数字量最低位的位数（LSB）的倍数表示。通常相对转换精度更具有实用性。

（4）线性度

理想的 D / A 转换器的输入 / 输出特性应是线性的。在满刻度范围内，实际特性与理想特性的最大偏移称为非线性度，用 LSB 的分数或相对于满刻度的百分比来表示，如 ±1 / 2 LSB、±1 / 4 LSB、± 1%FSR（Full Scale Range）等。

4.3.2 可编程控制器的 D / A 转换模块

对于 PLC 控制系统设计者来说，选用 PLC 适用的 DAC 通道是一件容易的事，因为不需要像设计单片机控制系统一样，为 DAC 与 CPU 之间的接口电路设计程序。为 PLC 配置 DAC 模块需要从以下 5 个方面入手：

① 了解模拟量接口模块的类型和基本工作原理。

② 详细了解模块的主要功能和技术指标，掌握选型技巧。

③ 掌握模块的硬件配置，特别是通道号、量程设置及接线等。

④ 掌握模块的软件配置方法，特别是标志位的设置。

⑤ 编写梯形图程序调用模拟量模块所处理的数据。

本节以三菱 Q 系列 PLC 适配的 D / A 转换模块为例介绍模块化的 DAC 通道的应用方法。与三菱 Q 系列 PLC CPU 模块组合使用的数模转换模块型号包括 Q62DA、Q64DA、Q68DAV 和 Q68DAI。

1）规格型号

（1）输入／输出规格

表 4.1 所列的模块中：

① Q62DA 有 2 个通道，可以为每个通道选择电压或电流输出；

② Q64DA 有 4 个通道，可以为每个通道选择电压或电流输出；

③ Q68DAV 有 8 个通道，全部是电压输出；

④ Q68DAI 有 8 个通道，全部是电流输出。

表 4.1 Q 系列 D／A 转换模块输入／输出规格表

型号名称 项目	Q62DA	Q64DA	Q68DAV	Q68DAI
模拟输出点数	2 点（2 个通道）	4 点（4 个通道）	8 点（8 个通道）	
数字输入	16 位标记的二进制（正常分辨率模式：-4096 ~ 4095，高分辨率模式：-12288 ~ 12287，-16384 ~ 16383）			
模拟输出 电压	-10 ~ 10 VDC（外部负载电阻值：1 kΩ ~ 1 MΩ）			
模拟输出 电流	0 ~ 20 mA DC （外部负载电阻值：0 ~ 600 Ω）		—	0 ~ 20 mA DC （外部负载电阻值：0 ~ 600 Ω）

（2）I／O 转换特性

I／O 转换特性是指把从 PLC CPU 写入 D／A 模块的数字值转换成模拟电压输出值或电流输出值的关系，并用包括偏置值和增益值的斜线表示（见图 4.6、图 4.7）。

偏置值是指当从 PLC CPU 设置的数字输入值是 0 时，D／A 模块的模拟输出电压值或电流值。

增益值是指当从 PLC CPU 设置的数字输入值是以下数值时，D／A 模块的模拟输出电压值或电流值：

① 数字输入值为 4000，在正常分辨率模式中，见表 4.2、表 4.4。

② 数字输入值为 12000，当在高分辨率模式中选择 1 ~ 5 V、0 ~ 5 V、4 ~ 20 mA、0 ~ 20 mA 或用户范围设置时（见表 4.3、表 4.5）。

③ 数字输入值为 16000，当在高分辨率模式中选择 -10 ~ 10 V 时（见表 4.3）。

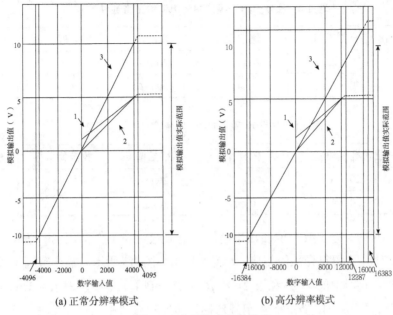

(a) 正常分辨率模式　　　　　(b) 高分辨率模式

图 4.6　电压输出特性曲线

表 4.2　正常分辨率模式中的电压输出特性参数表

编号	输出值范围设置	偏置值	增益值	数字输入值	最大分辨率
1	1 ~ 5 V	1 V	5 V	0 ~ 4000	1.0 mV
2	0 ~ 5 V	0 V	5 V		1.25 mV
3	−10 ~ 10 V	0 V	10 V	−4000 ~ 4000	2.5 mV

表 4.3　高分辨率模式中的电压输出特性参数表

编号	输出值范围设置	偏置值	增益值	数字输入值	最大分辨率
1	1 ~ 5 V	1 V	5 V	0 ~ 12000	0.333 mV
2	0 ~ 5 V	0 V	5 V		0.416 mV
3	−10 ~ 10 V	0 V	10 V	−16000 ~ 16000	0.625 mV

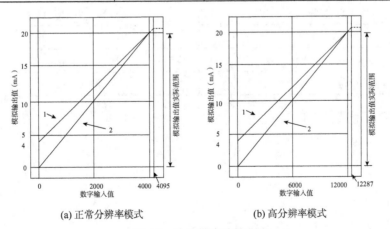

(a) 正常分辨率模式　　　　　(b) 高分辨率模式

图 4.7　电流输出特性曲线

表 4.4　正常分辨率模式中的电流输出特性参数表

编号	输出值范围设置	偏置值	增益值	数字输入值	最大分辨率
1	4 ~ 20 mA	4 mA	20 mA	0 ~ 4000	4 μA
2	0 ~ 20 mA	0 mA	20 mA		5 μA

表 4.5　高分辨率模式中的电流输出特性参数表

编号	输出值范围设置	偏置值	增益值	数字输入值	最大分辨率
1	4 ~ 20 mA	4 mA	20 mA	0 ~ 12000	1.66 μA
2	0 ~ 20 mA	0 mA	20 mA		1.33 μA

在 D / A 转换时,输入数字值和输出电压 / 电流值应在工作范围内,超出范围部分的转换线性度发生变化,不再符合性能规格,如图 4.6、4.7 中虚线所示。输出范围设置是通过设置 D / A 模块缓冲存储器中的第 20 和第 21 号 16 位二进制单元(地址表示为 Un / G20 和 Un / G21,Un 表示外部模块的位置,Gn 表示外部模块缓冲存储器中的存储位置)而进行的。对各个输出通道的设置位和设置值见表 4.6 和表 4.7 所示。

表 4.6　输出范围设置表

位 软元件	b15 ~ b12	b11 ~ b8	b7 ~ b4	b3 ~ b0
Un\G20(设置范围 CH1 ~ CH4)	CH4	CH3	CH2	CH1
Un\G21(设置范围 CH5 ~ CH8)	CH8	CH7	CH6	CH5

表 4.7　参数设置对照表

输出范围	设置值
4 ~ 20(mA)	0_H
0 ~ 20(mA)	1_H
1 ~ 5(V)	2_H
0 ~ 5(V)	3_H
−10 ~ 10(V)	4_H
用户范围设置	F_H

输出的有效范围见表 4.8。

表 4.8　输出范围参数表

输出范围值	正常分辨率模式		高分辨率模式	
	有效范围（实际范围）	当写入有效范围之外的值时设置的数字值	有效范围（实际范围）	当写入有效范围之外的值时设置的数字值
0:4 ~ 20 mA	0 ~ 4095（实际范围：0 ~ 4000）	4096 或更大：4095 −1 或更小：0	0 ~ 12287（实际范围：0 ~ 12000）	12288 或更大：12287 −1 或更小：0
1:0 ~ 20 mA				
2:1 ~ 5 V				
3:0 ~ 5 V				
4:−10 ~ 10 V	−4096 ~ 4095（实际范围：−4000 ~ 4000）	4096 或更大：4095 −4097 或更小：−4096	−16384 ~ 16383（实际范围：−16000 ~ 16000）	16384 或更大：16383 −16385 或更小：−16384
F: 用户范围设置			−12288 ~ 12287（实际范围：−12000 ~ 12000）	12288 或更大：12287 −12289 或更小：−12288

（3）分辨率

D / A 转换的正常分辨率模式和高分辨率模式下的最大分辨率如表 4.2、表 4.3 所示。分辨率模式（正常 / 高）可以按照应用来切换，将分辨率设置为 1 / 4000、1 / 12000 或 1 / 16000。

（4）精度

精度以模拟输出最大波动值表示。D / A 模块的精度不会随着更改偏置 / 增益设置、输出范围和分辨率模式而更改，始终保持在性能规格范围以内。

图 4.8 表示当选择 −10 ~ 10 V 范围并且在正常分辨率模式时的精度波动范围。当环境温度是 20 ~ 30℃时，Q62DA、Q64DA、Q68DAV 和 Q68DAI 模块模拟输出的精度是 ±0.1%（±10 mV）；当环境温度是 0 ~ 55℃时，精度是 ±0.3%（±30 mV）。

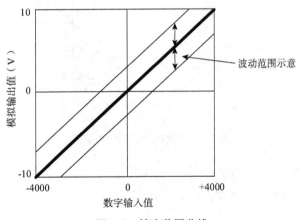

图 4.8　精度范围曲线

（5）转换速度

Q62DA、Q64DA、Q68DAV 和 Q68DAI 模块每个通道的转换速度是 80 μs × 允许转换的通道数。上述 D / A 转换模块的其他重要性能如表 4.9 所示。

表 4.9 D／A 转换模块的其他重要性能参数表

项目	型号名称	Q62DA	Q64DA	Q68DAV	Q68DAI
绝对最大输出	电压	± 12 V			—
	电流	21 mA		—	21 mA
EEPROM 写次数		最大 10 万次			
输出短路保护		有			
隔离方法		I／O 端子和 PLC 电源之间：光电耦合隔离器 输出通道之间：无隔离 外部电源和模块输出之间：无隔离			

2）模块使用和编程方法

Q62DA、Q64DA、Q68DAV 和 Q68DAI 数模转换模块的外观如图 4.9 所示。图中用标号指示的各部件名称说明如下。

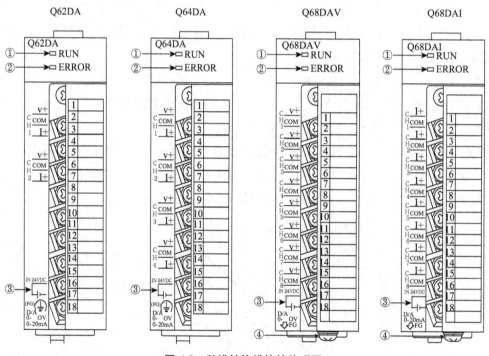

图 4.9 数模转换模块的外观图

说明：下面①、②、③、④与图 4.9 中标识对应。

① RUN LED：显示数模转换模块的运行状态。

On：正常运行；

闪烁：偏置／增益设置模式期间；

Off：断开 5 V 电源，WDT 出错或允许在线模块更换。

② ERROR LED：显示数模转换模块的出错状态。

On：出错；

Off：正常运行；

闪烁：开关设置中出错。

如果出现错误，可检查出错代码，详情可参阅《Q 系列模数转换模块用户手册》中所提供的出错代码和信息，以便于维护。

③ 外部电源端子：是用于连接 24 VDC 外部电源的端子。

④ FG 端子：是框架的接地端子。

端子信号如表 4.10 所示。

表 4.10　D／A 模块端子信号名称表

端子编号	信号名称							
	Q62DA		Q64DA		Q68DAV		Q68DAI	
1	CH1	V+	CH1	V+	CH1	V+	CH1	I+
2	CH1	COM	CH1	COM	CH1	COM	CH1	COM
3	CH1	I+	CH1	I+	CH2	V+	CH2	I+
4	空		空		CH2	COM	CH2	COM
5	CH2	V+	CH2	V+	CH3	V+	CH3	I+
6	CH2	COM	CH2	COM	CH3	COM	CH3	COM
7	CH2	I+	CH2	I+	CH4	V+	CH4	I+
8	空		空		CH4	COM	CH4	COM
9	空		CH3	V+	CH5	V+	CH5	I+
10	空		CH3	COM	CH5	COM	CH5	COM
11	空		CH3	I+	CH6	V+	CH6	I+
12	空		空		CH6	COM	CH6	COM
13	空		CH4	V+	CH7	V+	CH7	I+
14	空		CH4	COM	CH7	COM	CH7	COM
15	空		CH4	I+	CH8	V+	CH8	I+
16	24 V				CH8	COM	CH8	COM
17	24G				24 V			
18	FG				24G			

3）以 Q62DA 为例，介绍 D／A 转换模块在 PLC 系统中的安装应用

（1）外部接线

电压和电流输出的接线方式如图 4.10 和图 4.11 所示。

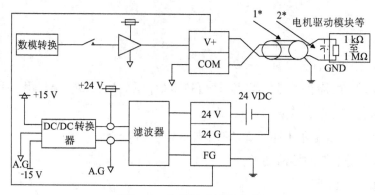

图 4.10　电压输出接线方式

说明:

1*　电源线采用两芯双绞屏蔽线。

2*　如果在外部接线中有噪声或纹波,则在 V+ / I+ 端子和 COM 之间连接 0.1 ~ 0.47 mF / 25 V 的电容器。

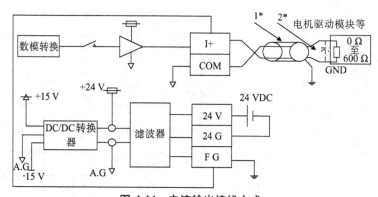

图 4.11　电流输出接线方式

说明:

1*　电源线采用两芯双绞屏蔽线。

2*　如果在外部接线中有噪声或纹波,则在 V+ / I+ 端子和 COM 之间连接 0.1 ~ 0.47 mF / 25 V 的电容器。

(2)D / A 转换模块设置

D / A 转换模块属于智能功能模块,首先使用 GX Developer 的 I / O 分配设置进行智能功能模块的位置和点数的设置。在图 4.12(a)的界面中,Q62DA 模块插在第一插槽中,类型为"智能"模块,I / O 点数为 16 点。用鼠标点击"开关设置",就进入智能功能模块开关设置界面,如图 4.12(b)所示。智能功能模块开关由开关 1 至开关 5 组成,并且使用 16 位数据设置,开关参数定义了 D / A 转换模块的工作方式及功能,取值见表 4.11"智能功能模块的设置项目表",按照此表可选择设置智能功能模块的工作方式及功能。

其次,D / A 转换模块还需利用 GX Configurator 软件进行 D / A 通道的通信设置,包括采样方式、存储软元件的地址等。由于 A / D 转换模块也需要在 GX Configurator 软件中进行设置，第 4.4 节中将举例介绍 D／A 和 A／D 模块的参数设置。

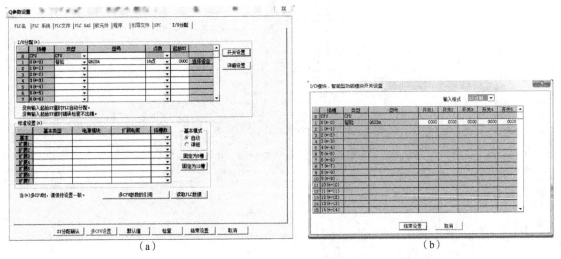

（a）　　　　　　　　　　　　　　　　　　　（b）

图 4.12　用 GX Developer 的 I／O 分配设置 D／A 转换模块

表 4.11　智能功能模块的设置项目表

设置项目		
开关 1	输出范围设置（CH1 至 CH4） CH4　CH3　CH2　CH1　H	输出范围 / 设置值
开关 2	输出范围设置（CH5 至 CH8） CH8　CH7　CH6　CH5　H	（见下表）
开关 3	关于 Q62DA 和 Q64DA CH4　CH3　CH2　CH1　H	HOLD／CLEAR 功能设置 0_H：CLEAR 1 至 F_H：HOLD
	关于 Q68DAV 和 Q68DAI b15　b8　b7　b6　b5　b4　b3　b2　b1　b0 0　to　0 CH8 CH7 CH6 CH5 CH4 CH3 CH2 CH1	HOLD／CLEAR 功能设置 0：CLEAR 1：HOLD

输出范围设置值对照（位于开关1、开关2右侧）：

输出范围	设置值
4 至 20（mA）	0_H
0 至 20（mA）	1_H
1 至 5（V）	2_H
0 至 5（V）	3_H
-10 至 10（V）	4_H
用户范围设置	F_H

（续表）

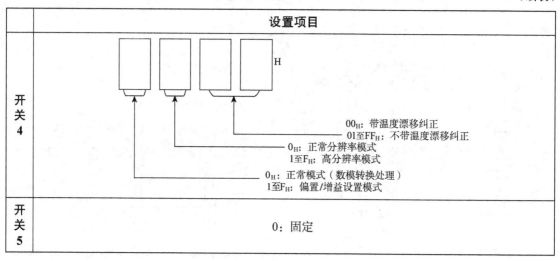

设置项目	
开关4	00ₕ：带温度漂移纠正 01至FFₕ：不带温度漂移纠正 0ₕ：正常分辨率模式 1至Fₕ：高分辨率模式 0ₕ：正常模式（数模转换处理） 1至Fₕ：偏置/增益设置模式
开关5	0：固定

4.4 模拟量输入通道与接口

4.4.1 A／D 转换器的工作原理及主要性能指标

在检测系统中，将传感器获取的模拟信号经放大、处理之后，转换成数字信号送入计算机进行处理，这种完成模拟量转变为数字量的电路称为模／数转换器，简称 ADC 或 A／D 转换器。A／D 转换器是模拟量输入通道中的核心器件，其芯片产品种类繁多，根据输出数字信号的有效数可分为 4 位、8 位、10 位、12 位、16 位等；从结构原理上看可分为逐次逼近式、双积分式、V／F 转换等。

1）A／D 转换器的原理

（1）逐次逼近式 A／D 转换

逐次逼近式转换电路的原理框图见图 4.13。它主要由逐次逼近寄存器 SAR、数模转换器、比较器、时序及控制逻辑等部分组成。

逐次逼近式 A／D 转换是逐次把设定在 SAR 中的数字量所对应的数／模转换网络输出的电压，跟要被转换的模拟电压进行比较，比较时从 SAR 中的最高位开始。逐位确定数码是 1 还是 0，其工作过程如下：

当计算机发出"启动转换"命令时清除 SAR 寄存器，控制电路先设定 SAR 中的最高位 D_{n-1} 为"1"，其余位为"0"，由 D／A 转换器将此数字量转换成模拟电压 V_f，然后使 V_f 和输入模拟电压 V_i 在比较器中比较。若 $V_i > V_f$，说明预置结果正确，应予保留；若 $V_i \leq V_f$，则预置结果错误，应予清除。然后按上述方法继续对次高位及后续各位依次进行预置、比较和判断，决定该位是"1"还是"0"，直至确定 SAR 最低位为止。这个过程完成后，状态线改变，最后 SAR 中的内容即为转换结果。

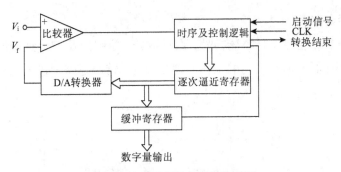

图 4.13 逐次逼近式转换原理图

逐次逼近式 A / D 转换器的优点是精度高、转换速度较快,而且转换时间是固定的,因而特别适合数据采集系统和控制系统的模拟量输入通道。

（2）双积分式 A / D 转换

双积分式 A / D 转换的电路原理如图 4.14 所示。电路中的主要部件包括积分器、比较器、计数器、控制逻辑和标准电压源。

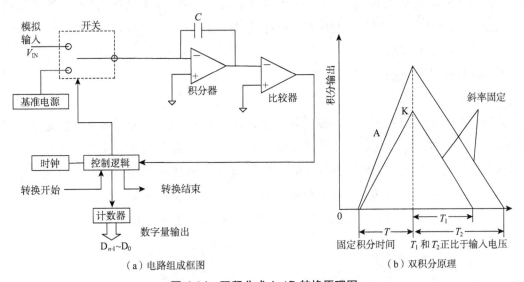

（a）电路组成框图   （b）双积分原理

图 4.14 双积分式 A / D 转换原理图

双积分式 A / D 转换的工作过程分为两个阶段,即定时积分阶段和反向积分阶段。在"转换开始"信号控制下,控制逻辑将开关接通模拟输入端,进入定时积分阶段,输入的模拟电压 V_{IN} 在固定时间 T 内对积分器上的电容 C 充电（正向积分）,时间一到,控制逻辑将开关切换到与 V_{IN} 极性相反的基准电源上,进入定压反向积分阶段。此时电容 C 开始放电（反向积分）,同时计数器开始计数。当比较器判定电容 C 放电完毕时就输出信号,由控制逻辑停止计数器的计数,并发出转换结束信号。这时计数器所记的脉冲个数正比于放电时间。

放电时间 T_1 或 T_2 正比于输入电压 V_{IN},即输入电压越大,则放电时间越长,计数器的计数值越大。因此,计数器计数值的大小反映了输入电压 V_{IN} 在固定积分时间 T 内的平均值。双积分式 A / D 转换的特点是精度高、干扰小,但是速度慢,通常为 10 ~ 50 次 / s。

（3）电压频率转换法

采用电压频率转换法的 A / D 转换器，由计数器、控制门及一个具有恒定时间的时钟门控制信号组成，如图 4.15 所示。它的工作原理是 V / F 转换电路把输入的模拟电压转换成与模拟电压成正比的脉冲信号。

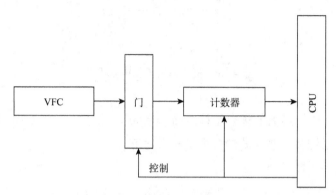

图 4.15　电压频率转换原理图

采用电压频率转换法的工作过程是：当模拟电压 V_i 加到 V / F 的输入端时，便产生频率与 V_i 成正比的脉冲，在一定的时间内对该脉冲信号计数，统计到计数器的计数值正比于输入电压 V_i，从而完成 A / D 转换。

2）A / D 转换器的主要技术指标

（1）分辨率

分辨率表示转换器对微小输入模拟量变化的敏感度，即表示能分辨最小的量化信号的能力，通常用转换器的输出数字信号的位数来表示。N 位 A / D 转换器分辨率为 N 位，它对输入量变化的敏感程度为输入电压满刻度的 $1 / 2^N$。若输入电压满刻度为 5 V，N=8 时，分辨率为 8 位，A / D 转换器对输入电压的分辨能力为 5 V / $2^8 \approx 19.5$ mV；N=12 时，分辨率为 12 位，分辨能力为 5 V / $2^{12} \approx 1.2$ mV。由此得出，分辨率越高，A / D 转换时对输入模拟信号变化的反应程度就越灵敏。

（2）转换精度

转换精度是反映 A / D 转换器的实际输出值与理想输出值接近程度的性能指标。它是用非线性、零点刻度、满量程刻度和温度漂移等因素引起的综合误差来衡量的，通常用数字量的最低有效位（LSB）来表示 A / D 转换的精度。A / D 转换器的输入信号是连续的模拟量，输出是离散的数字量。所以不可能是一个模拟量对应一个数字量，而是由某一范围内的模拟量对应一个数字量。有某些点的模拟量与数字量是一一对应的，它们之间没有误差，转换精度为 ±0 LSB。但更多的点是接近某一数字量，输出与实际输入存在转换误差，最大为 ±1 / 2 LSB。

（3）转换率

转换率表示 A / D 转换的速度，用完成一次 A / D 转换所需的时间（转换时间）的倒数来表示。此外，A / D 转换器的技术指标还有量化误差、非线性、建立时间、电源电压灵敏度等。

4.4.2 可编程控制器的 A / D 转换模块

1）规格型号

（1）输入／输出规格

表 4.12 所列的模块中：

① Q64AD 有 4 个通道，可以为每个通道选择电压或电流输入；

② Q68ADV 有 8 个通道，全部是电压输入；

③ Q68ADI 有 8 个通道，全部是电流输入。

表 4.12　Q 系列 A / D 转换模块输入／输出规格表

项目　　型号名称		Q64DA	Q68ADV	Q68ADI
模拟输入点		4 点（4 个通道）	8 点（8 个通道）	8 点（8 个通道）
模拟输入	电压	−10 ~ 10 VDC（输入电阻值 1 MΩ）		—
	电流	0 ~ 20 mA DC（输入电阻值 250 Ω）	—	0 ~ 20 mA DC（输入电阻值 250 Ω）
数字输出		16 位标志的二进制（正常分辨率模式：−4096 ~ 4095、高分辨率模式：−12288 ~ 12287、−16384 ~ 16383）		

（2）I / O 转换特性及分辨率

I / O 转换特性是指把从 PLC 外部发来的模拟信号电压或电流输入转换成数字值的关系，并用由增益值和偏置值所形成的斜线（折线）来表示。

偏置值是指使数字输出值变为 0 的模拟输入电压或电流值。

增益值是指使数字输出值变为以下数值时的模拟输入电压或电流值：

① 4000，正常分辨率模式中；

② 12000，当在高分辨率模式中选择 0 ~ 5 V、1 ~ 5 V、4 ~ 20 mA、0 ~ 20 mA 或用户范围设置时；

③ 16000，当在高分辨率模式中选择 −10 ~ 10 V 或 0 ~ 10 V 时。

表 4.13　正常分辨率模式下的电压输入转换参数表

编号	输入值范围设置	偏置值	增益值	数字输出值	最大分辨率
1)	1 ~ 5 V	1 V	5 V	0 ~ 4000	1.0 mV
2)	0 ~ 5 V	0 V	5 V		1.25 mV
3)	−10 ~ 10 V	0 V	10 V	−4000 ~ 4000	2.5 mV
4)	0 ~ 10 V	0 V	10 V	0 ~ 4000	2.5 mV

表 4.14 高分辨率模式下的电压输入转换参数表

编号	输入值范围设置	偏置值	增益值	数字输出值	最大分辨率
1)	1~5 V	1 V	5 V	0~12000	0.333 mV
2)	0~5 V	0 V	5 V		0.416 mV
3)	−10~10 V	0 V	10 V	−16000~16000	0.625 mV
4)	0~10 V	0 V	10 V	0~16000	0.625 mV

需要注意的是：

① 应当把各个输入范围设置在模拟输入范围和数字输出范围之内，如果超过这些范围，则 I／O 转换特性发生改变，最大分辨率和精度不会在性能规格之内，如图 4.16 中的虚线区。

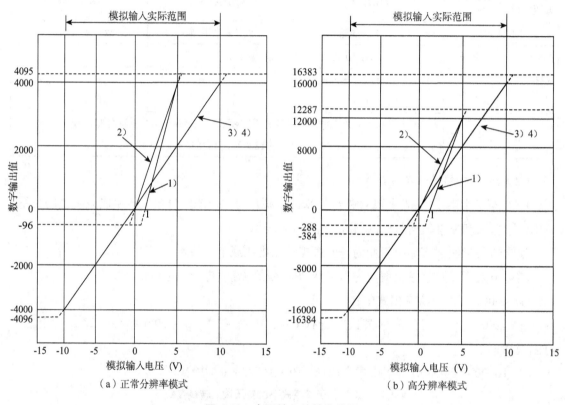

（a）正常分辨率模式 （b）高分辨率模式

图 4.16 电压输入特性曲线图

② 不要输入大于 ±15 V 的模拟输入电压，否则输入元件可能会损坏。

③ 当输入超过表 4.13、表 4.14 中数字输出值范围的模拟值时，数字输出值将固定在图 4.16 中的最大值，如 4095，或最小值，如 −96。

表 4.15 正常分辨率模式下的电流输入转换参数

编号	输入值范围设置	偏置值	增益值	数字输出值	最大分辨率
1)	4~20 mA	4 mA	20 mA	0~4000	4 μA
2)	0~20 mA	0 mA	20 mA		5 μA

表 4.16　高分辨率模式下的电流输入转换参数

编号	输入值范围设置	偏置值	增益值	数字输出值	最大分辨率
1)	4 ~ 20 mA	4 mA	20 mA	0 ~ 12000	1.66 μA
2)	0 ~ 20 mA	0 mA	20 mA		1.33 μA

同样地需要注意：

① 当转换电流输入信号时，应当把各个输入范围设置在模拟输入范围和数字输出范围之内，如果超过这些范围，则最大分辨率和精度不会在性能规格之内，如图 4.17 中所示的虚线区。

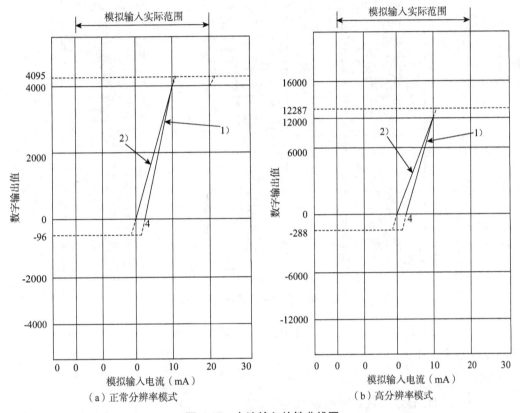

（a）正常分辨率模式　　　　　　　　（b）高分辨率模式

图 4.17　电流输入特性曲线图

② 不要输入大于 ±30 mA 的模拟输入电流，否则由于过热可能导致元件损坏。

③ 当输入超过数字输出值范围的模拟值时，数字输出值将固定在最大值（正常分辨率：4095，高分辨率：12287）或最小值（正常分辨率：-96，高分辨率：-288）。

（3）精度

当环境温度是（25±5）℃时，Q64AD、Q68ADV、Q68ADI 三种模块转换过程的精度是 ±0.1%。

（4）转换速率

Q64AD、Q68ADV、Q68ADI 三种模块的转换速率均为 80 μs / 通道，另外当有温度漂移时，可以用全部通道的转换时间 +160 μs 所得的时间作为转换速率。

（5）隔离方式

I/O 端子和 PLC 电源之间采用光电耦合器隔离，通道之间不相互隔离。

（6）绝对最大输入

电压：± 15 V；电流：± 30 mA。

2）模块使用和编程方法

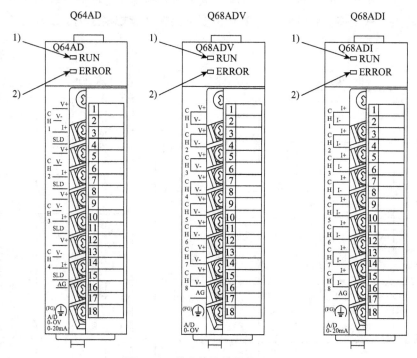

图 4.18　模数转换模块的外观图

Q64AD、Q68ADV 和 Q68ADI 模数转换模块的外观如图 4.18 所示。图中用标号指示的各部件名称说明如下。

说明：

1* RUN LED：显示模数转换模块的运行状态。

On：正常运行；

闪烁：偏置／增益设置模式期间；

Off：断开 5 V 电源，WDT 出错或允许在线模块更换。

2* ERROR LED：显示模数转换模块的出错状态。

On：出错；

Off：正常运行；

闪烁：开关设置中出错或智能功能模块的 5 号开关已设置成大于 0 的值。

如果出现错误，可检查出错代码，详情可参阅模块产品手册中所提供的出错代码和信息，以便于维护。端子信号如表 4.17 所示。

表 4.17　A／D 模块端子信号名称表

端子编号	信号名称					
	Q64AD		Q68ADV		Q68ADI	
1	CH1	V+	CH1	V+	CH1	I+
2		V−		V−		I−
3		I+	CH2	V+	CH2	I+
4		SLD		V−		I−
5	CH2	V+	CH3	V+	CH3	I+
6		V−		V−		I−
7		I+	CH4	V+	CH4	I+
8		SLD		V−		I−
9	CH3	V+	CH5	V+	CH5	I+
10		V−		V−		I−
11		I+	CH6	V+	CH6	I+
12		SLD		V−		I−
13	CH4	V+	CH7	V+	CH7	I+
14		V−		V−		I−
15		I+	CH8	V+	CH8	I+
16		SLD		V−		I−
17	AG（ANALOG GND）					
18	FG					

下面以 Q64AD 为例，介绍 A／D 转换模块在 PLC 系统中的安装应用。

（1）外部接线

为了充分利用模／数转换模块的功能并确保系统可靠性，外部接线需要防止噪音，外部接线请遵循以下注意事项：

① Q64AD／Q68ADV(I) 的 AC 控制电路和外部输入信号要使用隔离电缆，以避免 AC 侧电涌和感应的影响。

② 固定电缆时不要让电缆靠近除 PLC 之外的主电路线、高压电缆或负荷电缆，或者把电缆与除 PLC 之外的主电路线、高压电缆或负荷电缆捆扎在一起，这可能增加噪声电涌和感应的影响。

③ 对屏蔽线和焊封电缆的屏蔽作单点接地。

④ 带套管无焊点压装端子不能用于端子排，推荐用标记管或绝缘管盖住压装端子的电缆接头部分。

电压和电流输入的接线方式如图 4.19 所示。

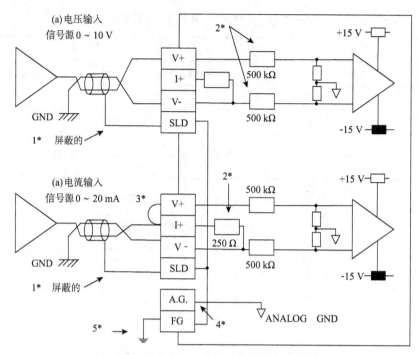

图 4.19　电压、电流输入接线方式图

说明：

1* 电源线采用两芯双绞屏蔽线。

2* 表示 Q64AD 的输入阻抗。

3* 如果电流输入则必须连接到 V＋和 I＋端子。

4* 通常 AG 端子不需要接线，它可以用作兼容设备接地的 GND。

5* 必须使用接地。另外，把电源模块的 FB 接地。

（2）A／D 转换模块设置

假设 PLC 控制系统有 Q64AD 和 Q62DA 各一块。A／D、D／A 模块参数设置过程如图 4.20 ～ 图 4.23 所示。

① 使用 GX Developer 的 I／O 分配设置进行智能功能模块的位置和点数的设置。

在图 4.20（a）的界面中，Q64AD 模块在第 2 插槽中，类型为"智能"模块，起始 I／O 地址为 40H，占 I／O 点数 16 点。Q62DA 模块在第 3 插槽中，类型为"智能"模块，起始 I／O 地址为 50H，I／O 点数为 16 点。用鼠标点击"开关设置"，就进入智能功能模块开关设置界面，如图 4.20（b）所示。智能功能模块开关由开关 1 至开关 5 组成，并且使用 16 位数据设置，开关参数定义了 A／D、D／A 转换模块的工作方式及功能，D／A 转换模块取值见表 4.11、A／D 转换模块取值见表 4.18。由图 4.20（b）中开关 1 的值为"0000"可知，Q64AD 的 4 个模拟量输入通道选择为 4 ～ 20 mA 电流输入。

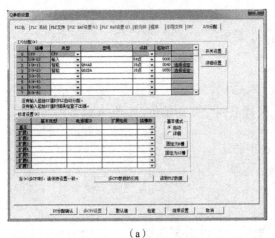

（a）　　　　　　　　　　　　　　　　　　　　（b）

图 4.20　用 GX Developer 的 I／O 分配设置 A／D、D／A 转换模块

表 4.18　A／D 转换模块的参数设置表

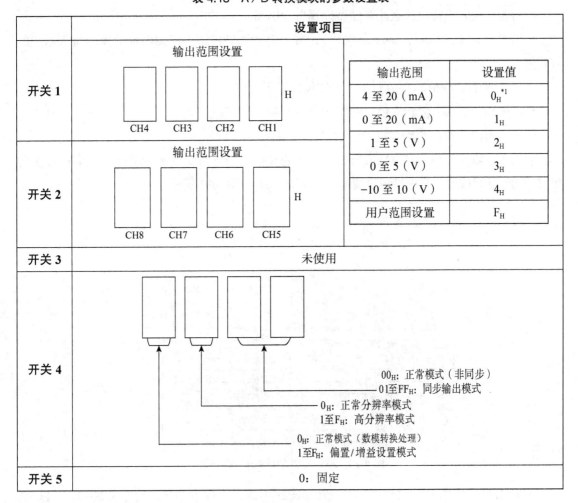

表 4.18 中，模数单元输入范围的设置如下所示：

- Q64AD：0_H 至 5_H、F_H。

- Q68ADV：0_H、2_H 至 5_H、F_H。

*1 当设置是 0_H 时，输入运行范围将是 0 ~ 10 V。

- Q68ADI：0_H 1_H F_H。

② 利用 GX Configurator 软件进行 A／D、D／A 模块设置。

a. GX Configurator 软件的初始化模块功能，设置下列需要初始化设置的项目：

- 通道的模／数转换允许／禁止设置。
- 通道的采样处理／平均处理设置。
- 通道的时间／次数指定。
- 通道的平均时间／平均次数设置。

当 PLC CPU 进入 RUN 状态时，将已完成初始化设置的数据注册在 PLC CPU 的参数中并自动写入模／数转换模块。

b. GX Configurator 软件的自动刷新设置功能。

- 为模／数转换模块的缓冲存储器设置自动刷新。
- 当对 PLC CPU 执行 END 命令时，设置为自动刷新的缓冲存储器自动读和写入指定的软元件。

c. GX Configurator 软件的监视／测试包括以下内容：

- 监视和测试模／数转换模块的缓冲存储器和 I／O 信号。
- 运行条件设置：在运行期间更改模数运行状态。
- 偏置／增益设置：GX Configurator 软件的具体使用方法请读者参考产品供应商提供的相关手册，下面截取主要的参数设置屏幕，如图 4.21 ~ 图 4.23 所示。

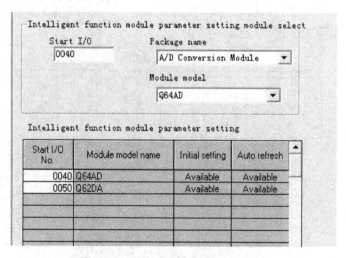

图 4.21 AD／DA 模块的 I／O 分配

AD／DA 模块的 I／O 分配与 GX Developer 中相同。每块 A／D 可供 4 路输入，D／A可供 2 路输出。

Module information
Module model　Q64AD　　　　　　　Start I/O　0040
Module　　A/D Conversion Module

Setting item	Module side Buffer size	Module side Transfer word count		Transfer direction	PLC side Device
CH1 Digital output value	1	1		->	D21
CH2 Digital output value	1	1		->	D22
CH3 Digital output value	1	1		->	D23
CH4 Digital output value	1	1		->	
CH1 Maximum value	1	1		->	
CH1 Minimum value	1	1		->	
CH2 Maximum value	1	1		->	
CH2 Minimum value	1	1		->	

图 4.22　A/D 模块的刷新软元件设置

Module information
Module model　Q62DA　　　　　　　Start I/O　0050
Module　　D/A Conversion Module

Setting item	Module side Buffer size	Module side Transfer word count		Transfer direction	PLC side Device
CH1 Digital value	1	1		<-	D11
CH2 Digital value	1	1		<-	D12
CH1 Set value check code	1	1		->	
CH2 Set value check code	1	1		->	
Error code	1	1		->	

图 4.23　D/A 模块的刷新软元件设置

由图 4.22 的设置可知，Q64AD 模块的功能是把通道 1（CH1）、通道 2（CH2）和通道 3（CH3）的模拟量输入信号转化成数字量信号，传送到 PLC 的软元件 D21、D22 和 D23 中。通道 4（CH4）未使用。

由图 4.23 的设置可知，Q62DA 模块的功能是把 PLC 控制信号由数字量转化成模拟量，传送给实际对象。Q62DA 模块的第一个通道将PLC 数据寄存器 D11 中的数字量控制信号转化成模拟量信号，送到外部设备。D/A 中的第二个通道将 PLC 数据寄存器 D12 中的数字量控制信号转化成模拟量信号，送到外部设备。寄存器自动刷新 AD/DA 采样程序，如图 4.24 所示。

需要注意的是，A/D 转换的启动无需程序控制。但 D/A 转换需要用相应输入软元件进行启动。如本例中的 D/A 模块的起始地址为 50，

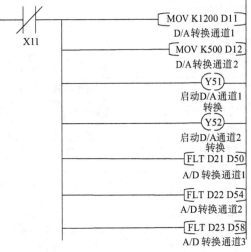

图 4.24　寄存器自动刷新 AD/DA 采样程序

则其通道 1 启动软元件为 Y51，通道 2 启动软元件为 Y52。在程序中需置 Y51、Y52 为 ON 后 D/A 转换才开始，否则 D/A 转换模块不执行转换，这一点在初学时常常会被忽视而导致无法正常转换。GX Configurator 软件提供了友好的图形界面对 A/D、D/A 转换模块进行设置。除此之外，开发者还可以采用编程方式进行模块设置及数据刷新。

③ 通过编程进行 A/D、D/A 模块设置

上述三菱 Q 系列 PLC 适配的 A/D、D/A 转换模块均占 16 个 I/O 点，在用 GX Developer 软件进行 I/O 分配时，均选择 16 点智能功能模块。每个 A/D、D/A 转换模块所占用的 I/O 点所对应的输入信号 Xn0 ~ XnF（Xn0 为该模块 I/O 起始地址）和输出信号 Yn0 ~ YnF 具有特定功能，用于模块的初始化设置及运行中的启动、停止控制等。设置参数存储在 A/D、D/A 转换模块的数据缓冲区中，例如 Q64AD 的数据缓冲区地址为 0_H ~ $D9_H$（218 个 16 位寄存器单元），如表 4.19 所示。数据刷新也可以通过存取模块的数据缓冲区来实现。Q64AD 模块的缓冲存储器分配见表 4.20。

模/数转换模块数据缓冲区的访问可采用智能功能模块软元件，智能功能模块软元件的格式为 Un\Gn，例如 Q64AD 的起始 I/O 地址为 60_H，则其数据缓冲区 0_H 单元对应的智能功能模块软元件为 U6\G0。

表 4.19　模数转换模块 I/O 信号

信号方向 CPU ← 模/数转换模块		信号方向 CPU → 模/数转换模块	
软元件地址（输入）	信号名称	软元件地址（输入）	信号名称
X0	模块 READY	Y0	
X1	温度漂移补偿标志	Y1	
X2	禁用	Y2	
X3		Y3	
X4		Y4	禁用
X5		Y5	
X6		Y6	
X7		Y7	
X8	高分辨率模式状态标志	Y8	
X9	运行条件设置完成标志	Y9	运行条件设置请求
XA	偏置/增益设置模式标志	YA	用户范围写请求
XB	通道更改完成标志	YB	通道更改请求
XC	禁用	YC	禁用
XD	最大值/最小值复位完成标志	YD	最大值/最小值复位请求
XE	模/数转换完成标志	YE	禁用
XF	出错标志	YF	出错清零请求

表 4.20　Q64AD 缓冲存储器分配

地址		说明	R／W	地址		说明	R／W
十六进制	十进制			十六进制	十进制		
0_H	0	模／数转换允许／禁止设置	R／W	24_H	36	CH4 最大值	R／W
1_H	1	CH1 平均时间／平均次数	R／W	25_H	37	CH4 最小值	R／W
2_H	2	CH2 平均时间／平均次数	R／W	$26_H \sim 9D_H$	38～157	系统区	
3_H	3	CH3 平均时间／平均次数	R／W	$9E_H$	158	模式切换设置	R／W
4_H	4	CH4 平均时间／平均次数	R／W	$9F_H$	159		R／W
$5_H \sim 8_H$	5～8	系统区		$A0_H \sim C7_H$	160～199	系统区	
9_H	9	平均处理设置	R／W	$C8_H$	200	保存的数据类型设置	R／W
A_H	10	模／数转换完成标志	R	$C9_H$	201	系统区	
B_H	11	CH1 数字输出值	R	CA_H	202	CH1 工厂设置偏置值	R／W
C_H	12	CH2 数字输出值	R	CB_H	203	CH1 工厂设置增益值	R／W
D_H	13	CH3 数字输出值	R	CC_H	204	CH2 工厂设置偏置值	R／W
E_H	14	CH4 数字输出值	R	CD_H	205	CH2 工厂设置增益值	R／W
$F_H \sim 12_H$	15～18	系统区		CE_H	206	CH3 工厂设置偏置值	R／W
13_H	19	出错代码	R	CF_H	207	CH3 工厂设置增益值	R／W
14_H	20	设置范围（CH1～CH4）	R	$D0_H$	208	CH4 工厂设置偏置值	R／W
15_H	21	系统区		$D1_H$	209	CH4 工厂设置增益值	R／W
16_H	22	偏置／增益设置模式偏置规格	R／W	$D2_H$	210	CH1 用户范围偏置值	R／W
17_H	23	偏置／增益设置模式偏置规格	R／W	$D3_H$	211	CH1 用户范围增益值	R／W
$18_H \sim 1D_H$	24～29	系统区		$D4_H$	212	CH2 用户范围偏置值	R／W
$1E_H$	30	CH1 最大值	R／W	$D5_H$	213	CH2 用户范围增益值	R／W
$1F_H$	31	CH1 最小值	R／W	$D6_H$	214	CH3 用户范围偏置值	R／W
20_H	32	CH2 最大值	R／W	$D7_H$	215	CH3 用户范围增益值	R／W
21_H	33	CH2 最小值	R／W	$D8_H$	216	CH4 用户范围偏置值	R／W
22_H	34	CH3 最大值	R／W	$D9_H$	217	CH4 用户范围增益值	R／W
23_H	35	CH3 最小值	R／W				

　　由于本书篇幅所限，对于模／数转换模块 I／O 开关的设置和缓冲存储区的存取方法不做进一步讨论，请参阅供应商提供的相关模／数转换模块产品手册。同样地，数／模转换模块 I／O 开关的设置和缓冲存储区的存取方法参见供应商提供的相关数／模转换模块产品手册。图 4.25 给出一个通过对 I／O 开关和智能功能模块软元件编程实现 A／D 转换的例子。

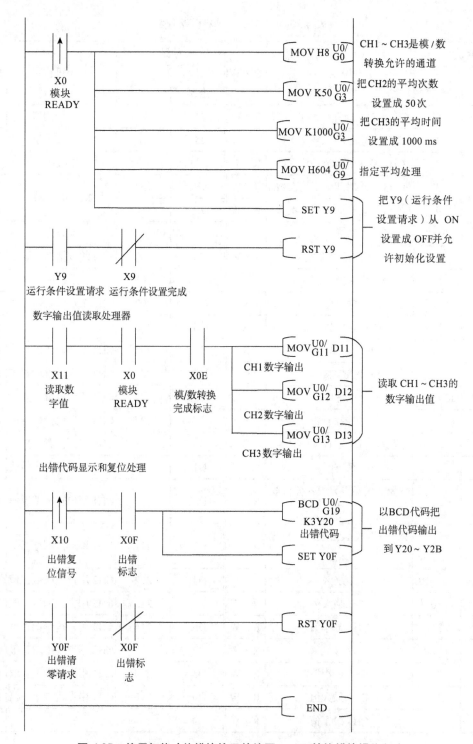

图 4.25 使用智能功能模块软元件编写 A / D 转换模块操作程序

通过本节介绍可知，三菱 Q 系列 PLC 适配的模 / 数和数 / 模转换模块系列具有以下特点：

① 分辨率高，正常分辨率为 12 位，高分辨率为 14 位。

② 多路通道转换，可关闭不用的通道，不占用采样时间。

③ 工作方式灵活，可设置转换的偏置、增益、采样时间等。

④ 抗干扰设计好。

⑤ 输入／输出数据可采用自动刷新方式，不需要对数据转换和采集过程进行编程。

因而采用 PLC 控制器构建过程控制计算机系统时，在过程通道的配置和使用方面具有优越性，能够大大加快控制系统的设计进度。

4.5　PLC 模拟量控制基本算法及应用指令

4.5.1　PLC 模拟量控制理论基础

PLC 模拟量控制系统（PLC-DDC）属于离散时间控制系统，它与连续时间控制系统在本质上有很多不同。首先，系统中存在有多种信号形式的变换，是一个混合信号系统；其次，控制系统分析和设计所采用的数学工具通常为离散时域的差分方程、离散状态空间方程或复数域的脉冲传递函数等。

PLC-DDC 系统中控制对象属于连续时间，控制器属于离散时间，因而系统中的信号是混合类型的，如图 4.26 所示，包括：

① 模拟信号：时间、幅值上都是连续的。

② 离散信号：时间上离散，但幅值上是用模拟信号来实现的。

③ 数字信号：时间上、幅值上都是离散量化的。用一组相互孤立的数值来表示某个变量的过程称为量化。

④ 量化模拟信号：时间上、幅值上都是连续量化的信号。

连续时间系统与数字离散系统在控制系统设计中所使用的方法不同，如表 4.21 所示。

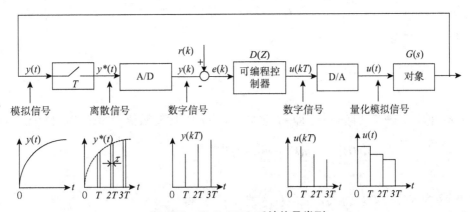

图 4.26　PLC-DDC 系统信号类型

表 4.21　连续时间系统与数字离散系统的对应表

	输入／输出关系描述	经典理论应用主要数学方法	现代控制理论描述
连续时间系统	微分方程	拉氏变换、传递函数	状态方程
数字离散系统	差分方程	Z 变换、Z 传递函数	离散时间状态方程

针对连续时间受控对象的离散域控制，设计方法可分为两类：

① 离散时间系统的模拟化设计

当采样周期较小、计算机转换及运算字长较长时，可以先在连续时间域内设计出模拟控制器，然后将其离散化，用 PLC 编程实现。

② 直接数字设计法

当采样周期较大，以及量化效应不可忽略时，必须采用采样控制理论直接分析和设计数字离散化系统，才能取得良好的控制效果。

由于大部分过程控制对象都具有较大的惯性时间（时间常数），采样周期相对较小，因而允许采用模拟化设计。它的好处是可以利用经典反馈控制理论设计 PID 控制器参数，将得到的控制器离散化后，调用可编程控制器 PID 指令进行编程，实现 PLC-DDC 功能。

1）离散时间系统的模拟化设计

利用离散等效原理，将连续域设计好的控制律 $D(s)$ 利用离散化方法变换为离散控制律 $D(Z)$，称为离散时间系统的模拟化设计，它采用连续系统设计方法设计模拟控制器，求出其传递函数或微分方程，然后将此传递函数或微分方程通过离散化近似方法，化为脉冲传递函数或差分方程，从而得到数字控制器算法，这种方法能够沿用成熟的连续域设计方法，其离散化过程又较为简单，因此在计算机常规控制设计中得到广泛应用。

连续时间系统离散化方法有后向差分法、双线性变换等。

（1）差分变换法

设连续系统的传递函数为

$$D(s)=\frac{U(s)}{E(s)}=\frac{1}{s} \tag{4-1}$$

则该系统的微分方程为

$$\frac{\mathrm{d}u(t)}{\mathrm{d}t}=e(t) \tag{4-2}$$

用 $t=kT$ 时刻的一阶后向差分，即 kT 时刻与（$k-1$）T 时刻数值之差来代替微分，即令

$$\left.\frac{\mathrm{d}u(t)}{\mathrm{d}t}\right|_{t=kT}\approx\frac{u(kT)-u[(k-1)T]}{T} \tag{4-3}$$

式中，T 为采样周期。将式（4-3）代入式（4-2），得

$$u(kT)-u[(k-1)T]=Te(kT) \tag{4-4}$$

对式（4-4）作 Z 变换：

$$U(z)=z^{-1}U(z)+TE(z) \tag{4-5}$$

由式（4-5）便可求出离散后的传递函数：

$$D(z)=\frac{U(z)}{E(z)}=\frac{T}{1-z^{-1}} \tag{4-6}$$

比较式（4-6）与式（4-1），得 s 与 z 之间的变换关系为

$$s \triangleq \frac{1-z^{-1}}{T} \tag{4-7}$$

由此，可得后向差分变换公式

$$D(z) \triangleq D(s)\Big|_{s=\frac{1-z^{-1}}{T}} \tag{4-8}$$

公式（4-8）用于对传递函数进行离散化，只要将传递函数中的 s 算子用含有 z 的表达形式代换后，就得到离散化近似的脉冲传递函数，可进一步化为差分时间方程。公式（4-3）则用于离散化微分方程。后向差分法也就是数值积分中的矩形面积近似法。

（2）双线性变换法

双线性变换法又称 Tustin 代换，具有更高的近似精度，它是 s 与 z 关系的另一种近似法。根据定义：

$$z = \mathrm{e}^{Ts} = \mathrm{e}^{\frac{T}{2}s}/\mathrm{e}^{-\frac{T}{2}s} \tag{4-9}$$

$$\mathrm{e}^{\frac{T}{2}s} = 1 + \frac{T}{2}s + \frac{T^2}{8}s + \cdots$$

$$\mathrm{e}^{-\frac{T}{2}s} = 1 - \frac{T}{2}s + \frac{T^2}{8}s - \cdots$$

对以上两式，若只取前两项作为近似式代入（4-9），则可得

$$z = \frac{1 + \frac{T}{2}s}{1 - \frac{T}{2}s} = \frac{\frac{2}{T} + s}{\frac{2}{T} - s} \tag{4-10}$$

式（4-10）可表示为

$$s = \frac{2}{T} \times \frac{z-1}{z+1} = \frac{2}{T} \times \frac{1-z^{-1}}{1+z^{-1}} \tag{4-11}$$

式（4-11）称为双线性变换，可以看作是从 s 平面到 z 平面的映射。

已知连续系统传递函数后，双线性变换公式为

$$D(z) \triangleq D(s)\Big|_{s=\frac{2}{T} \times \frac{1-z^{-1}}{T}} \tag{4-12}$$

双线性变换也就是数值积分中的梯形面积近似法。

另外还有其他的离散化方法，如阶跃响应不变法、脉冲响应不变法和零极点保持法等。

2）数字 PID 控制算法

PID 控制是按偏差的比例（Proportional）、积分（Integral）、微分（Derivative）对被控对象

进行控制,是连续系统中技术成熟、应用广泛的控制方法,具有原理简单、易于实现、结构典型(如 P、PI、PID 等)、参数整定方便、鲁棒性强、适用面广和效果显著等特点,特别适用于对象动态特性不完全掌握、得不到精确数学模型、难以用控制理论进行分析和综合的场合。半个世纪以来,模拟 PID 控制器成功地应用于很多工业控制系统,在计算机应用于生产过程以前,一直占据着垄断地位。随着过程计算机控制的出现及现代控制理论的发展,在由计算机组成的离散控制系统中采用了很多复杂的、只有计算机才能实现的控制算法。然而,在过程计算机控制系统中,PID 算法(包括各种智能化 PID 控制算法)仍然是应用最广泛、最成功的控制算法,它利用计算机运算速度快、容量大、逻辑判断功能强、软件变化灵活等特点,不是简单地把模拟控制 PID 算法数字化,而是进一步发展,使其具有智能化,更适合各种生产过程的控制要求。

(1)递推式 PID 控制算式

模拟 PID 控制器的理想算式为

$$u(t) = K_P \left[e(t) + \frac{1}{T_I} \int_0^t e(t) \mathrm{d}t + T_D \frac{\mathrm{d}e(t)}{\mathrm{d}t} \right] \tag{4-13}$$

对式(4-13)作拉氏变换,可写出如下传递函数:

$$\frac{U(s)}{E(s)} = D(s) = K_P \left(1 + \frac{1}{T_i s} + T_D s \right) = K_P + \frac{K_P}{T_I} \cdot \frac{1}{s} + K_P T_D s \tag{4-14}$$

式中,$e(t)$ 是被控量 $y(t)$ 与给定值 $r(t)$ 的偏差值(控制器输入信号);$u(t)$ 是控制量(控制器输出信号);K_P 为比例增益(K_P 与比例带 δ 成倒数关系,即 $K_P=1/\delta$);T_I 为积分时间常数;T_D 为微分时间常数。

图 4.27 为连续 PID 控制系统方框图。实际应用中,控制器的 P、I、D 可根据对象特性和控制要求灵活改变结构,取其中一部分构成控制规律,例如 P、PI、PD 控制器,在工业控制中用得最多的是 PI 控制器。

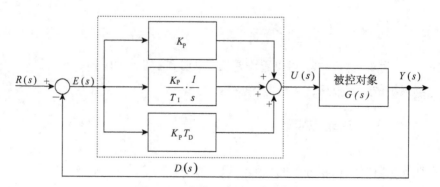

图 4.27 连续 PID 控制系统框图

PID 控制器中,比例作用为纠正偏盖,使其反应迅速;积分作用能清除静差,改善系统静态特性;微分作用有利于减小超调,克服振荡,提高系统的稳定性,加快系统过渡过程的作用，改善系统的动态特性，但对过程或测量噪声很敏感。

对式（4-14）采用后向差分法离散时，可得

$$D(z) = D(s)\Big|_{s=\frac{1-z^{-1}}{T}} = K_P + \frac{K_P T}{T_I} \cdot \frac{1}{1-z^{-1}} + \frac{K_P T_D}{T_I}(1-z^{-1})$$
$$= K_P + K_I \frac{1}{1-z^{-1}} + K_D(1-z^{-1}) \tag{4-15}$$

上式即为数字 PID 控制器的表达式，其中，$K_I = \dfrac{K_P T}{T_I} =$ 积分系数，$K_D = \dfrac{K_P T_D}{T_I} =$ 微分系数，T 为采样周期。

将式（4-15）的脉冲传递函数写成差分方程形式，则有

$$(1-z^{-1})U(z) = \left[K_P(1-z^{-1}) + K_I + K_D(1-z^{-1})^2\right]E(z)$$

对上式两端作 z 反变换，可得

$$u(k) = u(k-1) + K_P\left[e(k) - e(k-1)\right] + K_I e(k) + K_D\left[e(k) - 2e(k-1) + e(k-2)\right] \tag{4-16}$$

上式即为递推式数字 PID 控制算式。其方框图见图 4.28。

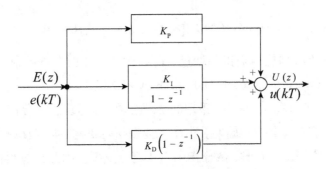

图 4.28　数字 PID 控制器的方框图

（2）位置式 PID 算式

对模拟 PID 控制规律式（4-13），当采样周期 T 很小时，可通过离散化将这一方程直接化为差分方程，为此可作如下近似，即

$$\begin{cases} t = kT \qquad k = 0,1,2,\cdots \\[2mm] \int_0^t e(t) \approx \sum_{j=0}^{k} e(jT) \cdot T = T\sum_{j=0}^{k} e(j) \\[2mm] \dfrac{de(t)}{dt} \approx \dfrac{e(kT) - e[(k-1)T]}{T} \\[2mm] \qquad\quad = \dfrac{e(k) - e(k-1)}{T} \end{cases} \tag{4-17}$$

式中，T 为采样（或控制）周期；k 为采样序号；$e[(k-1)T]$、$e(kT)$ 等简化为 $e(k-1)$、$e(k)$，分别为 $k-1$ 和 k 次采样所得的偏差信号。

将式（4-17）代入式（4-13），可得差分方程

$$u(k) = K_P \left\{ e(k) + \frac{T}{T_I} \sum_{j=0}^{k} e(j) + \frac{T_D}{T} [e(k) - e(k-1)] \right\} \tag{4-18}$$

或

$$u(k) = K_P e(k) + K_I \sum_{j=0}^{k} e(j) + K_D [e(k) - e(k-1)] \tag{4-19}$$

式中，$u(k)$ 是 k 时刻的控制，如果采样周期 T 较被控对象时间常数 T_P 小得多，那么上述近似是合理的，且与连续控制十分相近。这种控制算法是非递推公式，由于结果是控制量的绝对值 $u(k)$，将对应执行机构（如调节阀）的实际位置，故这种算法又称为 PID 的位置算式。然而计算机实现位置算式（4-19）不够方便，因为要累加偏差 $e(j)$，因此递推式和增量式用途更广。

（3）增量式数字 PID 算式

将式（4-16）写为

$$u(k) = u(k-1) + \Delta u(k) \tag{4-20}$$

$$\Delta u(k) = K_P [e(k) - e(k-1)] + K_I e(k) + K_D [e(k) - 2e(k-1) + e(k-2)] \tag{4-21}$$

式中，$\Delta u(k)$ 是 k 时刻控制输出的增量；$u(k-1)$ 为 $k-1$ 时刻的控制输出。对应 k 时刻的实际控制输出见式（4-20），称式（4-21）为增量式 PID 算式。

式（4-16）、式（4-18）和式（4-21）采用的是理想微分，但理想微分作用并不"理想"，从阶跃响应看，它只能维持一个采样周期。由于工业用执行机构（如气动或电动调节阀）的动作速度受到限制，致使偏差较大时，微分作用不能充分发挥。因此在过程控制中，通常采用具有其他形式微分作用的 PID 控制算法。

3）改进微分的数字 PID 控制算法

（1）实际微分 PID 控制算法

微分作用的引进改善了系统动态特性，但也容易引进高频干扰，在控制算法中采用实际微分或加上低通滤波，将使控制性能显著改善。

该算式的传递函数为

$$\frac{U(s)}{E(s)} = K_P \left(1 + \frac{1}{T_I s} + \frac{T_D s}{1 + \frac{T_D}{K_D} s} \right) \tag{4-22}$$

式中，K_P 为比例增益；T_I 为积分时间；T_D 为微分时间；K_D 为微分增益。

展开上式：

$$U(s) = \left[K_{\mathrm{P}} \left(1 + \frac{1}{T_{\mathrm{I}}s} + \frac{T_{\mathrm{D}}s}{1 + \frac{T_{\mathrm{D}}}{K_{\mathrm{D}}}s} \right) \right] E(s)$$

离散为　　　$u(k) = u_{\mathrm{P}}(k) + u_{\mathrm{I}}(k) + u_{\mathrm{D}}(k)$

其中，比例控制输出和积分控制输出分别为

$$u_{\mathrm{P}}(k) = K_{\mathrm{P}}e(k)$$
$$u_{\mathrm{I}}(k) = K_{\mathrm{I}}e(k) + K_{\mathrm{I}}\sum_{j=0}^{k-1}e(j) = K_{\mathrm{I}}e(k) + u_{\mathrm{I}}(k-1)$$

或写成增量式

$$\begin{cases} \Delta u_{\mathrm{P}}(k) = K_{\mathrm{P}}[e(k) - e(k-1)] \\ \Delta u_{\mathrm{I}}(k) = K_{\mathrm{I}}e(k) \end{cases} \quad (4\text{-}23)$$

与普通 PID 算式完全相同，式中 $K_{\mathrm{I}} = K_{\mathrm{P}} \cdot T / T_{\mathrm{I}}$。

现对 $u_{\mathrm{D}}(k)$ 进行推导，实际微分环节传递函数为

$$U_{\mathrm{D}}(s) = \frac{K_{\mathrm{P}}T_{\mathrm{D}}s}{1 + \frac{T_{\mathrm{D}}}{K_{\mathrm{D}}}s} E(s)$$

写成微分方程　　　$u_{\mathrm{D}}(t) + \dfrac{T_{\mathrm{D}}}{K_{\mathrm{D}}}\dfrac{\mathrm{d}u_{\mathrm{D}}(t)}{\mathrm{d}t} = K_{\mathrm{P}}T_{\mathrm{D}}\dfrac{\mathrm{d}e(t)}{\mathrm{d}t}$

用增量式近似代替微分，使上式离散化，则

$$u_{\mathrm{D}}(k) + \frac{T_{\mathrm{D}}}{K_{\mathrm{D}}}\frac{u_{\mathrm{D}}(k) - u_{\mathrm{D}}(k-1)}{T} = K_{\mathrm{P}}T_{\mathrm{D}}\frac{e(k) - e(k-1)}{T}$$

经整理后

$$u_{\mathrm{D}}(K) = \frac{T_{\mathrm{D}}}{K_{\mathrm{D}}T + T_{\mathrm{D}}}\{u_{\mathrm{D}}(k-1) + K_{\mathrm{P}}K_{\mathrm{D}}[e(k) - e(k-1)]\} \quad (4\text{-}24)$$

$$\Delta u(k) = u_{\mathrm{D}}(k) - u_{\mathrm{D}}(k-1)$$

实际微分 PID 增量算式可写作

$$\begin{cases} \Delta u(k) = \Delta u_{\mathrm{P}}(k) + \Delta u_{\mathrm{I}}(k) + \Delta u_{\mathrm{D}}(k) \\ u(k) = u(k-1) + \Delta u(k) \end{cases} \quad (4\text{-}25)$$

不完全微分 PID 控制器框图如图 4.29 所示。为与理想微分 PID 算式进行比较，令 $\dfrac{T_{\mathrm{D}}}{K_{\mathrm{D}}T + T_{\mathrm{D}}} = \alpha$，$\dfrac{K_{\mathrm{P}}T_{\mathrm{D}}}{T} = K_{\mathrm{D}}$，则 $\dfrac{K_{\mathrm{D}}T}{K_{\mathrm{D}}T + T_{\mathrm{D}}} = 1 - \alpha$，显然有 $\alpha < 1$，$1 - \alpha < 1$ 成立。

式（4-24）可简写为

$$u_{\mathrm{D}}(k) = K_{\mathrm{D}}(1 - \alpha)[e(k) - e(k-1) + \alpha u_{\mathrm{D}}(k-1)] \quad (4\text{-}26)$$

比较式（4-26）和式（4-24）中的微分作用 $u_D(k)$，可见不完全微分的 $u_D(k-1)$ 多了一项 $\alpha u_D(k-1)$，而且原微分系数也由 K_D 降至 $K_D(1-\alpha)$。图 4.30 为在单位阶跃输入下（即 $e(k)=1$，$k=0,1,2,\cdots$）理想微分 PID 和不完全微分 PID 输出特性的比较。图中，两者的比例、积分项（P、I）输出完全相同。理想微分只在第一个采样周期内，即 $0 < t < T$ 时，$u_D = K_D$，从第二周期开始，微分作用下降为零，很明显，这种脉冲式的微分效果容易引起系统振荡。

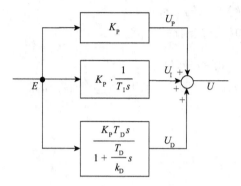

图 4.29 不完全微分 PID 控制器框图

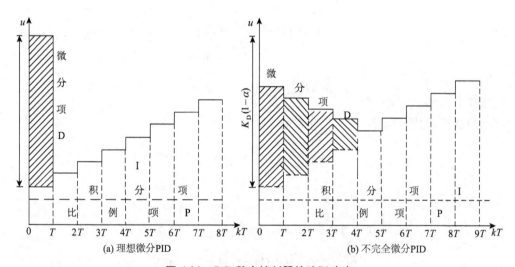

图 4.30 PID 数字控制器的阶跃响应

对应式（4-26），不完全微分的阶跃响应输出为

$$u_D(0) = K_D(1-\alpha)[e(0)-e(-1)]+\alpha u_D(k-1) = K_D(1-\alpha)$$

$$u_D(1) = K_D(1-\alpha)[e(1)-e(0)]+\alpha u_D(0) = \alpha u_D(0)$$

$$u_D(2) = \alpha u_D(1) = \alpha^2 u_D(0)$$

$$\vdots$$

$$u_D(k) = \alpha u_D(k-1) = \alpha^k u_D(0)$$

由此可见，引进不完全微分后，微分输出在第一个采样周期内脉冲高度下降，此后又按 $\alpha^k u_D(0)$ 的规律 $(\alpha < 1)$ 逐渐衰减，微分作用可缓慢地持续多个采样周期，使得一般工业用执行机构能比较好地跟踪微分作用输出。

（2）微分先行

前述的完全微分 PID 和不完全微分 PID 都是对设定值和过程变量的偏差进行微分作用，也就是对设定值和过程被调量都有微分作用，故伴随设定值的阶跃变化会发生控制输出的突跳。如图 4.31 所示是针对设定值急剧变化而采用的微分作用变型，仅对过程变量有微分作用，故图 4.31 也称作过程被调量微分先行 PID 控制器，它适用于设定值经常大幅度变动的场合，避免因设定值变化而引起过大超调。

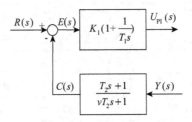

图 4.31　微分先行

对过程被调量的微分作用，可以是理想微分，也可以是实际微分，图 4.31 中采用的是微分型的超前—滞后环节，其中 $0<v<1$。应考虑正、反作用控制器，或称正向动作、逆向动作控制器。两种的偏差计算方法不同，即

$$\begin{cases} e(k)=y(k)-r(k) & （正作用） \\ e(k)=r(k)-y(k) & （反作用） \end{cases}$$

对前向通道写出数字 PI 控制算式如下：

$$\begin{cases} \Delta u(k)=K_1[e(k)-e(k-1)]+\dfrac{K_1 T}{T_1}e(k) & \text{（增量式）} \\ u(k)=u(k-1)+K_1[e(k)-e(k-1)]+\dfrac{K_1 T}{T_1}e(k) & \text{（位置式）} \end{cases} \tag{4-27}$$

其中，偏差 $e(k)=c(k)-r(k)$（正作用）

或　　　　　$e(k)=r(k)-c(k)$（反作用）

$c(k)$ 为过程变量 $y(k)$ 经实际微分环节后的输出，可写作

$$c(k)=\frac{vT_2}{vT_2+T}c(k-1)+\frac{T_2}{vT_2+T}[y(k)-y(k-1)]+\frac{T}{vT_2+T}y(k-1) \tag{4-28}$$

或写成增量形式

$$\Delta c(k)=\frac{T_2}{vT_2+T}[y(k)-y(k-1)]+\frac{T}{vT_2+T}[y(k-1)-c(k-1)] \tag{4-29}$$

只要算出过程变量 $y(k)$ 经实际微分环节后的输出 $c(k)$，再求出 $c(k)$ 与设定值 $r(k)$ 的偏

差 $e(k)$，就可由 PI 控制器的差分方程式（4-27）求得位置或增量形式的过程控制输出 $u(k)$ 和 $\Delta u(k)$。

4.5.2 PLC 的 PID 控制指令

本节介绍三菱 Q 系列 PLC 适用的 PID 控制指令。表 4.22 中所列的控制指令适用于 Q 系列的基本型、高性能型和冗余型 PLC。而专门用于过程控制的过程型 PLC 不适用 PID 控制指令，有专门的过程控制指令（也是 PID 控制），将在下一节介绍。冗余型 PLC CPU 可以使用 PID 控制指令和过程控制指令。

表 4.22　PID 控制指令

分类	实际微分 PID	理想微分 PID
控制数据设定	S（P）.PIDINIT	PIDINIT（P）
PID 运算	S（P）.PIDCONT	PIDCONT（P）
PID 控制状态监视	—	PID57（P）
指定回路号运算停止	S（P）.PIDSTOP	PIDSTOP（P）
指定回路号运算开始	S（P）.PIDRUN	PIDRUN（P）
指定回路号参数变更	S（P）.PIDPRMW	PIDPRMW（P）

如图 4.32 所示，在 PID 控制处理方法中，通过预先设置的设定值（SV）和从 A / D 转换模块中读取的测定值（PV）计算出执行 PID 运算的操作值（MV）。将算出的操作值（MV）写入 D / A 转换模块后输出到外部控制系统。在顺控程序中执行 PID 运算指令时，在设置的各个采样周期中执行 PID 运算指令。

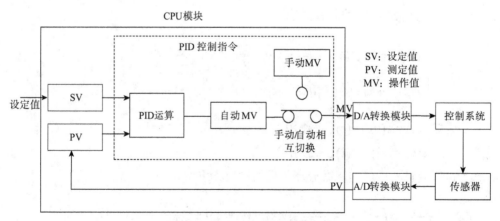

图 4.32　PID 控制处理方法

由于实际微分 PID 算法在生产中应用较多，下面以实际微分 PID 控制指令为例介绍 PLC 的 PID 控制，理想微分 PID 指令的定义和用法与实际微分类似，读者可参看《Q 系列 PID 控制指令篇》。

（1）实际微分 PID 控制指令概述

实际微分 PID 控制方框图如图 4.33 所示。这是一个采用被调量微分（实际微分）先行的改进 PID 控制算法。

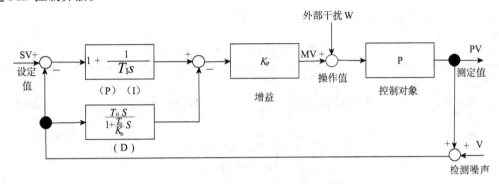

图 4.33　实际微分 PID 控制方框图

表 4.23 为使用 PID 控制指令进行 PID 运算时的运算表达式。

表 4.23　PID 控制指令运算表达式

名称		运算表达式	符号意义
测量值微分型不完全微分	正向动作	$$EV_n = PV_{f,n} - SV$$ $$\Delta MV = K_P[(EV_n - EV_{n-1}) + (T_S/T_I) \times EV_n + D_n]$$ $$D_n = \frac{T_D}{T_S + \dfrac{T_D}{K_D}}(PV_{f,n} - 2PV_{f,(n-1)} + PV_{f,(n-2)}) + \frac{\dfrac{T_D}{K_D}}{T_S + \dfrac{T_D}{K_D}}D_{n-1}$$ $$MV_n = \sum \Delta MV$$	EV_n：在当前采样时的偏差；EV_{n-1}：在上一个采样周期中的偏差；SV：设定值；$PV_{f,n}$：当前采样时的测量值（过滤后）；$PV_{f,(n-1)}$：上一个采样周期的测量值（过滤后）；$PV_{f,(n-2)}$：两个周期前采样周期的测量值（过滤后）；ΔMV：输出变化值；MV_n：当前操作值；D_n：当前微分值；D_{n-1}：上一个采样周期的微分值；T_S：采样周期；K_P：比例常数；T_I：积分常数；T_D：微分常数；K_D：微分增益
	逆向动作	$$EV_n = SV - PV_{f,n}*$$ $$\Delta MV = K_P[(EV_n - EV_{n-1}) + (T_S/T_I) \times EV_n + D_n]$$ $$D_n = \frac{T_D}{T_S + \dfrac{T_D}{K_D}}(-PV_{f,n} + 2PV_{f,(n-1)} + PV_{f,(n-2)}) + \frac{\dfrac{T_D}{K_D}}{T_S + \dfrac{T_D}{K_D}}D_{n-1}$$ $$MV_n = \sum \Delta MV$$	

其中 $PV_{f,n}$ 是指用下面的表达式计算输入数据的测量值后得到的 $PV_{f,n}$。

① 未对输入数据设置过滤器系数时，$PV_{f,n}$ 与输入数据的测量值（PV）相同。

② 滤波后的测量值 $PV_{f,n} = PV_n + \alpha(PV_{f,(n-1)} - PV_n)$

其中，PV_n：当前采样周期的测量值；

α：滤波器系数；

$PV_{f(n-1)}$：上一个采样周期（过滤后）的测量值；

$PV_{f,n}$：存储于 PID 指令的 I／O 数据区。

表 4.21 中的实际微分指令描述如表 4.24 所示。

表 4.24　实际微分 PID 控制指令列表

（续表）

分类	指令符号	梯形图格式	处理内容	执行条件	基本步数
停止运算	S.PIDSTOP	S.PIDSTOP ⓝ SP.PIDSTOP ⓝ	停止回路 n 的 PID 运算		7
开始运算	S.PIDRUN	S.PIDRUN ⓝ SP.PIDRUN ⓝ	开始回路 n 的 PID 运算		6
变更参数	S.PIDPRMW	S.PIDPRMW ⓝⓢ SP.PIDPRMW ⓝⓢ	将 n 中指定的回路号的运算参数更改为 S 中指定的字软元件中存储的 PID 控制数据		8

说明：

1* 回路是指闭环控制回路，基本型 PLC 最多有 8 个回路，高性能和冗余型 PLC 可以有 32 个回路。

2* 采样周期 T_S 的取值范围是 0.01 ~ 60.00 s。

3* PID 运算方式——测量值微分型的不完全微分（正向动作 / 逆向动作）。

4* PID 常数设置范围。

比例常数 K_P：0.01 ~ 100.00。

积分常数 T_I：0.1 ~ 3000.0 s。

微分常数 T_D：0.00 ~ 300.00 s。

微分增益 K_D：0.00 ~ 300.00。

5* SV（设定值）设置范围：0 ~ 2000（PID 有上下限限制）；–32768 ~ 32767（PID 无上下限限制）。

6* PV（测量值）设置范围：–50 ~ 2050（PID 有上下限限制）；–32768 ~ 32767（PID 无上下限限制）。

7* MV（操作值）输出范围：–50 ~ 2050（PID 有上下限限制）；–32768 ~ 32767（PID 无上下限限制）。

（2）实际微分 PID 控制指令编程步骤

① 执行 PID 运算指令 S.PIDCONT 之前，先用 PID 控制数据设置指令 S.PIDINIT 将 PID 控制用数据设置到 CPU 模块中。

PID 控制用数据分为两种类型：所有回路通用的设置数据和单个回路的设置数据。其中所有回路通用的设置数据定义两项：PLC 控制的回路数，可设范围：1～8（基本型 PLC），1～32（高性能型 PLC）；一次扫描执行的回路数，可设范围：1～8（基本型 PLC），1～32（高性能型 PLC）。以下介绍基本型 PLC 的控制用数据设置范围。

单个回路的设置数据见表 4.25。

表 4.25　基本型 Q-PLC 的单个 PID 回路的设置数据

数据项	设置范围 （有 PID 上下限限制）	说　明
运算表达式选择	正向动作：0 反向动作：1	设置正、反作用控制
采样周期（T_S）	0.01～60.00 s	设置 PID 运算的执行周期
比例常数（K_P）	0.01～100.00	PID 运算的比例增益
积分常数（T_I）	0.1～3000.0 s >3000 s 为无限大	该常数表示积分动作（I 动作）效果的大小，增大积分常数时将减弱积分作用
微分常数（T_D）	0.00～300.00 s	该常数表示微分动作（D 动作）效果的大小。当增大微分常数时，控制对象的轻微变化就会导致操作值的显著变化。
过滤器系数 α	0～100%	设置对于测量值的过滤器系数。系数值越趋近于 0，惯性滤波效果越小，直至消失。
MV（操作值）下限 （MVLL）	−50～2050	在自动模式下，为在 PID 运算中计算出的 MV 设置下限。当 MV 低于其下限值时，将 MVLL 用作于 MV
MV 上限 （MVHL）	−50～2050	在自动模式下，为在 PID 运算中计算出的 MV 设置上限。当 MV 超出其上限值时，将 MVHL 用作于 MV
MV 变化率限制值 （ΔMVL）	0～2000	为上一个 MV 和当前 MV 之间的变化量设置限制值
PV 变化率限制值 （ΔPVL）	0～2000	为上一个 PV 和当前 PV 之间的变化量设置限制值
微分增益（K_D）	0.00～300.00 （理想值为 8.00） >300 为无限大	为微分动作设置惯性时间。值越大惯性时间越小，动作更接近于理想微分

除了表 4.25 中所列的参数设置范围外，用户也可以指定设置范围，具体操作可参看相关产品手册。

用户可以为 PID 控制用数据设置任意的字软元件号，但每个回路所设置的软元件号必须是连续的，软元件点数为：2+14×n（n：回路数），如表 4.26 所示。

表 4.26 控制用数据软元件分配表

控制用数据项	分配软元件号	说 明
回路数量	指定的软元件号 +0	用于所有回路
一次扫描中的回路数量	+1	
运算表达式选择	+2	用于回路 1
采样周期（T_S）	+3	
比例常数（K_P）	+4	
积分常数（T_I）	+5	
微分常数（T_D）	+6	
过滤器系数 α	+7	
MV（操作值）下限（MVLL）	+8	
MV 上限（MVHL）	+9	
MV 变化率限制值（ΔMVL）	+10	
PV 变化率限制值（ΔPVL）	+11	
0	+12	
微分增益（K_D）	+13	
0	+14	
0	+15	
运算表达式选择	+16	用于回路 2
采样周期（T_S）	+17	
……	……	

以指定的软元件号为操作数，用 S.PIDINIT / SP.PIDINIT 指令将表 4.25 中控制用数据项的设置值批量地登录到 CPU 模块中后，可以进行 PID 控制，S.PIDINIT / SP.PIDINIT 指令格式见表 4.24。需要注意的是，必须在执行 S.PIDCONT 指令之前执行 S.PIDINIT 指令，如果未执行 S.PIDINIT 指令则不能进行 PID 控制。

② 在 I / O 数据区中设置初始化处理标志，包括在 I / O 数据区中设置设定值 SV、手 / 自动方式等。

I / O 数据包括用于执行 PID 运算的 SV（设定值）、PV（测量值）等输入数据和运算结果等输出数据。I / O 数据区分为分配给各回路的数据区和用于执行 PID 运算的系统工作区。I / O 数据列表如表 4.27 所示。

表 4.27 I/O数据列表

序号	数据项名称	设置范围（PID有上下限限值时）	说　明
1	设定值 SV	0 ~ 2000	PID 控制的目标值
2	测量值 PV	−50 ~ 2050	从控制对象向 A／D 转换模块反馈的数据
3	自动操作值 MV	−50 ~ 2050	● 通过 PID 运算计算出的操作值； ● 从 D／A 转换模块输出到控制对象
4	滤波后的测量值 PV_f	−50 ~ 2050	用惯性滤波公式计算出的测量值
5	手动操作值 MV_{man}	−50 ~ 2050	在手动控制模式下，存储从 D／A 转换模块输出的数据
6	手动／自动选择 M／A	0：手动 1：自动	● 选择输出到 D／A 转换模块的数据是手动操作值还是自动操作值； ● 在手动控制模式下，自动操作值保持不变
7	报警 ALARM	PV 越限：b0=1 MV 越限：b1=1	● 用于确定 MV（操作值）和 PV（测量值）的变化率是否超出了允许范围； ● 一旦设置，报警数据在用户重新设置之前保持不变； ● 如果 MV 超出了限制范围，位 1（b1）将变为"1"； ● 如果 PV 超出了限制范围，位 0（b0）将变为"1"

可以将 I／O 数据指定为任意的字软元件号。但是，必须将相应回路的所有数据指定为连续的软元件号。I／O 数据分配如表 4.28 所示。

表 4.28 I/O数据分配表

I／O 数据项名称	分配软元件号	可执行操作	回　路
初次处理标志	指定软元件号 +0	写入	回路公共 I／O 数据区
用于 PID 控制的工作区（用户不可使用）	+1 ~ +9	读取／禁止写入	
设定值 SV	+10	写入	回路 1 的 I／O 数据区
测量值 PV	+11		
自动操作值 MV	+12	读取	
滤波后的测定值 PV_f	+13		
手动操作值 MV_{man}	+14	写入	
手动／自动选择 M／A	+15		
报警 ALARM	+16	读取／写入	
回路 1 的工作区（不可使用）	+17 ~ +32	读取／禁止写入	
设置值 SV ……	+33 ……	……	回路 2 的 I／O 数据区

说明:

• 使用的软元件点数为: $10+23 \times n$ (n: 回路数)。

• 对于 I / O 数据区中被指定为 "写入" 的数据,应由用户通过顺控程序进行写入;对于 I / O 数据区中被指定为 "读取" 的数据,应由用户通过顺控程序读取后使用;对于被指定为 "读取 / 写入禁止" 或 "读取" 的数据,则不能写入,否则将不能正常进行 PID 运算。

• 对初次处理标志进行以下设置:

0: 所使用的回路数量的 PID 运算在一次扫描中被成批处理。

0 以外: 所使用的回路数量的 PID 运算被分割在多次扫描中处理。每次扫描中处理的回路数量是所设置的一次扫描执行的回路数量。

③ 从 A / D 转换模块中读取数据后,在 I / O 数据区的 PV 数据区设置读取的数据。

④ 执行 PID 运算指令。

基于设置数据区和 I / O 数据区的 PID 控制数据执行 PID 控制指令 S.PIDCONT / SP.PIDCONT。

执行 S.PIDCONT 指令时,测定采样周期并执行 PID 运算。S.PIDCONT 指令以指定的软元件号以后的 I / O 数据区的设定值 (SV) 和测量值 (PV) 为基础执行 PID 运算,且将运算结果存储到 I / O 数据区的自动操作值 (MV) 区中。

为了实现只有在读取 PV (测量值) 的 A / D 转换模块以及输出 MV (操作值) 的 D / A 转换模块正常时才能执行 S.PIDCONT 指令,设计程序时应通过各个模块的 READY 信号进行互锁,如图 4.34 所示。

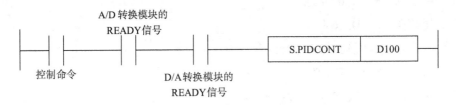

图 4.34　S.PIDCONT 指令的执行条件

如果在各模块故障时执行 S.PIDCONT 指令,因为不能正确地读取 PV (测量值) 或不能正确地输出 MV (操作值),PID 运算将不能执行。这样的好处是避免错误的运算结果累计。

⑤ 输出操作值 MV

读取 I / O 数据区中的 MV 值,将其写入 D / A 转换模块。

(3) 实际微分 PID 控制指令编程举例。

程序示例的系统配置如图 4.35 所示。

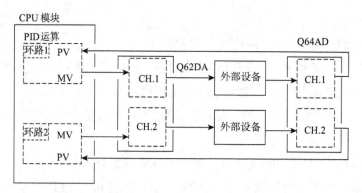

图 4.35   程序示例的系统配置

有两个 PID 控制回路, 称为回路 1 和回路 2。把从 Q64AD 获取的数字值作为 *PV* 值执行 PID 运算, 将通过 PID 运算求出的 MV 值通过 Q62DA 输出。

Q64AD 的 I／O 点号: X／Y80 至 X／Y8F。

Q62DA 的 I／O 点号: X／YA0 至 X／YAF。

自动模式 PID 控制的程序示例如图 4.36 所示。程序的运行条件如下:

① 有关系统配置的详细内容, 请参见表 4.24。

② 执行 PID 运算的回路数为 2。

③ 采样周期为 1 s。

④ 将 PID 控制用数据设置到下列软元件中:

公共数据 —— D500 和 D501;

回路 1 用数据 —— D502 ~ D515;

回路 2 用数据 —— D516 ~ D529。

⑤ 将 I／O 数据设置到下列软元件中:

公共数据 —— D600 ~ D609;

回路 1 用数据 —— D610 ~ D632;

回路 2 用数据 —— D633 ~ D655。

⑥ 在顺控程序中将回路 1 和回路 2 的 SV 值设置为以下的值:

回路 1 —— 600;

回路 2 —— 1000。

⑦ 用下列软元件作 PID 控制的开始／停止命令:

PID 控制开始命令 —— X0;

PID 控制停止命令 —— X1。

⑧ 在 0 ~ 2000 的范围之内设置 Q64AD 和 Q62DA 的数字值。

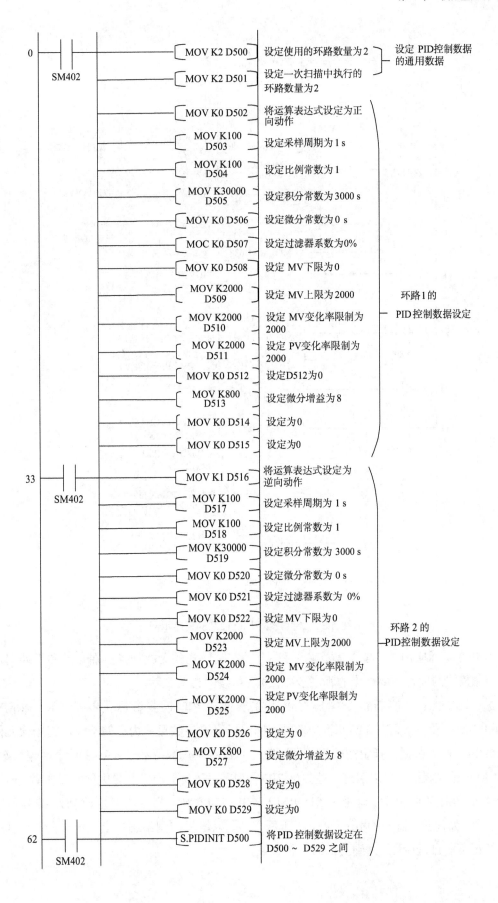

0 ├─┤ ├─┬─[MOV K2 D500]	设定使用的环路数量为2 ──┐设定 PID控制数据
SM402 ├─[MOV K2 D501]	设定一次扫描中执行的 ──┘的通用数据
├─[MOV K0 D502]	设定一次扫描中执行的环路数量为2
├─[MOV K0 D502]	将运算表达式设定为正向动作
├─[MOV K100 D503]	设定采样周期为1 s
├─[MOV K100 D504]	设定比例常数为1
├─[MOV K30000 D505]	设定积分常数为3000 s
├─[MOV K0 D506]	设定微分常数为0 s
├─[MOC K0 D507]	设定过滤器系数为0%
├─[MOV K0 D508]	设定 MV下限为0
├─[MOV K2000 D509]	设定 MV上限为2000
├─[MOV K2000 D510]	设定 MV变化率限制为2000
├─[MOV K2000 D511]	设定 PV变化率限制为2000
├─[MOV K0 D512]	设定D512为0
├─[MOV K800 D513]	设定微分增益为8
├─[MOV K0 D514]	设定为0
├─[MOV K0 D515]	设定为0

环路1的
PID控制数据设定

33 ├─┤ ├─┬─[MOV K1 D516]	将运算表达式设定为逆向动作
SM402 ├─[MOV K100 D517]	设定采样周期为1 s
├─[MOV K100 D518]	设定比例常数为1
├─[MOV K30000 D519]	设定积分常数为3000 s
├─[MOV K0 D520]	设定微分常数为0 s
├─[MOV K0 D521]	设定过滤器系数为 0%
├─[MOV K0 D522]	设定 MV下限为0
├─[MOV K2000 D523]	设定 MV上限为2000
├─[MOV K2000 D524]	设定 MV变化率限制为2000
├─[MOV K2000 D525]	设定 PV变化率限制为2000
├─[MOV K0 D526]	设定为0
├─[MOV K800 D527]	设定微分增益为8
├─[MOV K0 D528]	设定为0
├─[MOV K0 D529]	设定为0

环路2的
PID控制数据设定

| 62 ├─┤ ├──[S.PIDINIT D500] | 将PID 控制数据设定在 D500 ~ D529 之间 |
| SM402 | |

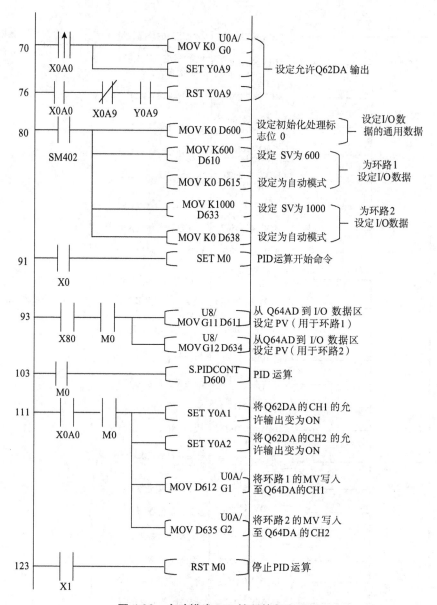

图 4.36　自动模式 PID 控制的程序示例

　　另外在实际应用中，常常需要实现手、自动控制模式的无扰切换。在自动和手动间切换 PID 控制模式的编程需要更多的程序步数，读者可参阅相关文献。

　　进一步地，PID 控制指令中还有可以在线修改 PID 控制参数的指令 S.PIDPRMW ／ SP.PIDPRMW 用法，见表 4.23。将指定的回路号的运算参数更改为存储于指定起始软元件号以后的 PID 控制数据。指定的软元件号以后的 PID 控制用数据如表 4.25 中单个回路的数据，有 14 项。通过该指令可以引进一些先进 PID 控制算法，由上位机在线优化 PID 参数，通过通信传送至 PLC 的内存中，运用 S.PIDPRMW ／ SP.PIDPRMW 指令实时修改 PLC 控制程序的 PID 参数，如比例、积分、微分系数、上下限值等，以增强控制系统在变工况、非线性过程等复杂情况下的自适应性，达到更优的控制效果。

4.5.3 过程控制指令

前一节所介绍的 PID 控制指令适用于三菱 Q 系列基本型及其以上的 PLC CPU,具有相当的普适性,但指令功能单一。过程控制指令是专门用于过程控制型 PLC 的模拟量控制指令,如果采用过程型 PLC CPU,则可以实现功能更为多样化的控制。世界各大 PLC 制造商一般都有自己的过程控制型 PLC 产品。过程型 PLC 除了具备一般非过程 PLC 的功能以外,还具有功能更丰富、形式更灵活的过程控制指令集,因而易于实现复杂控制结构和达到更理想的控制效果,应用范围更广。三菱 Q 系列的过程型 PLC 包括 Q12PHCPU、Q25PHCPU 以及过程冗余型 PLC Q12PRCPU、Q25PRHCPU。上述 Q 系列过程型 PLC 均可使用表 4.29 所示的过程控制指令。

表 4.29 过程控制指令表

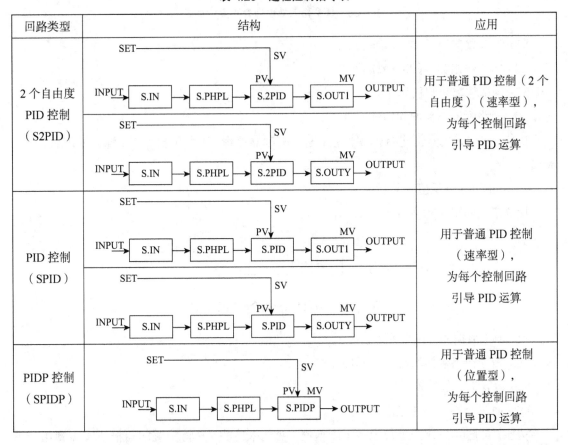

回路类型	结构	应用
2 个自由度 PID 控制 (S2PID)		用于普通 PID 控制(2 个自由度)(速率型),为每个控制回路引导 PID 运算
PID 控制 (SPID)		用于普通 PID 控制(速率型),为每个控制回路引导 PID 运算
PIDP 控制 (SPIDP)		用于普通 PID 控制(位置型),为每个控制回路引导 PID 运算

这些过程控制指令具有处理浮点类型实数数据的能力,能够完成大范围和精确的运算,并且可以将各种分块的过程控制指令进行组合来实现 PID 控制,通过使用这些过程控制指令,可以很方便地实现 PID 过程控制。

具体来说,一个基本的 PID 控制回路可以用图 4.37 来表示:

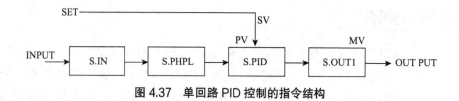

图 4.37　单回路 PID 控制的指令结构

如图 4.37 所示，一个基本的 PID 控制回路用到了以下 4 条指令：

① S.IN：模拟输入处理指令。

指令格式如图 4.38 所示：

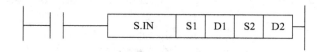

图 4.38　模拟输入处理指令的指令格式

S1：输入数据（E1）的起始软元件。

D1：指令输出数据的起始软元件。

S2：运算常数起始软元件。

D2：回路标签内存的起始软元件。

功能：将输入的数据进行范围检查，输入限制器处理，工程值反变换、滤波处理后，进行输出。

② S.PHPL：高低值报警指令。

指令格式如图 4.39 所示：

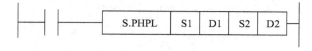

图 4.39　高低值报警指令的指令格式

S1：输入数据的起始软元件。

D1：指令输出数据的起始软元件。

S2：运算常数起始软元件。

D2：回路标签内存的起始软元件。

功能：对输入的数据进行上／下限检测、变化率检测，并将检测的警报值输出到用于提供警报的寄存器（BB）。

③ S.PID：基本的 PID 运算指令。

指令格式如图 4.40 所示：

图 4.40　基本 PID 运算指令的指令格式

S1：输入数据的起始软元件。

D1：指令输出数据的起始软元件。

S2：运算常数起始软元件。

D2：回路标签内存的起始软元件。

S3：当使用设定值（E2）时（用于回路跟踪），为设定值的起始软元件。

功能：实现基本的 PID 运算，PID 运算的整定参数（K，T_I，T_D）保存在运算常数的相应寄存器中，根据输入值进行 PID 运算，输出值为调节量（MV）的偏差 ΔMV。

其离散的运算式为：

$$B_n = B_{n-1} + \frac{M_D \times T_D}{M_D \times CT \times T_D} \times \left\{ (PV_n - 2PV_{n-1} + PV_{n-2}) - \frac{CT \times B_{n-1}}{T_D} \right\}$$

$$BW(\Delta MV) = \left\{ K_P(DV_n - DV_{n-1}) + \frac{CT}{T_I} \times DV_n + B_n \right\}$$

该算式采用的是被调量微分先行（实际微分）的改进 PID 控制算法，与 4.5.1 节中介绍的实际微分 PID 增量指令的算法相同。

④ S.OUT1：输出值处理指令。

指令格式如图 4.41 所示：

图 4.41 输出值处理指令的指令格式

S1：输入数据的起始软元件。

D1：指令输出数据的起始软元件。

S2：运算常数的起始软元件。

D2：回路标签内存的起始软元件。

功能：通过输入值（E1=ΔMV）执行输入加法处理来计算输出值（MV），并在 D1 指定的软元件中存储结果。

以上各条指令均用到了回路标签内存，回路标签收集控制回路的公共信息，用于存储这种回路公共信息的存储区域称为回路标签内存。同一回路的各条指令可以共用同一回路标签内存。

综上所述，一个基本的 PID 控制回路的 PLC 梯形图程序结构如图 4.42 所示：

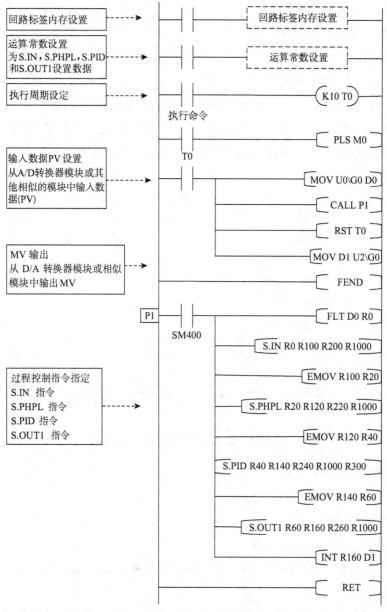

图 4.42 过程控制指令程序

说明:

1* 过程控制指令组合使用时,各数据存储块之间的数据传递关系如图 4.43 所示。

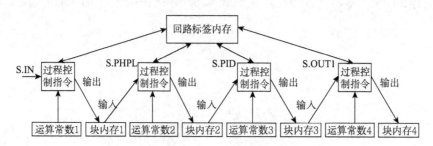

图 4.43 数据存储块之间的数据传递关系图

梯形图 4.42 中符号的含义如图 4.44 所示:

指令名称	S.IN	S.PHPL	S.2PID	S.OUT1
1）输入数据起始软元件	R0	R20	R40	R60
2）块内存起始软元件	R100	R120	R140	R160
3）运算常数起始软元件	R200	R220	R240	R260
4）回路标签起始软元件	R1000			
5）设定值起始软元件	—	—	R300	—

图 4.44　梯形图 4.42 中符号的含义

梯形图 4.42 中每个过程控制指令中都包括 4 个数据块: 回路标签内存、输入数据、块内存和运算常数。

① 回路标签内存是存储控制信息的公共存储区域, 它有 96 个字, 包括运算模式、测量值 PV、操作值 MV、设定值 SV、偏差 DV 的各种限值、滤波器系数、报警值以及 PID 参数、执行周期等, 其中运算模式可以指定手动、自动、串级、上位机设定回路及监视等多种控制模式。

② 输入数据是赋予每一个过程控制指令变量的数据, 来自于存储链接在同一个回路中的上一个执行指令的输出结果的块内存。

③ 块内存是存储过程控制指令对应的输出信息的区域。

④ 运算常数是存储只被一个过程控制指令使用的数据区域。例如, 指令 S.IN 的运算常数包括工程反变换的范围、输入量的高低限值等。

2* 梯形图 4.42 中, 指令 FLT D0 R0 将 D0 中的 16 位二进制数转换为 32 位浮点数, 存放在文件寄存器（R1, R0）中。

指令 INT R160 D1 将文件寄存器（R161, R160）中的 32 位浮点数转换为 16 位二进制数存于 D1 中, 转换后浮点数小数点后第一位四舍五入为整数。

梯形图 4.42 中, A / D 和 D / A 转换采用访问智能模块软元件的方式实现。

一个完整的在 PLC 中实现的 PID 程序如图 4.45（a）（b）（c）所示:

（1）主程序

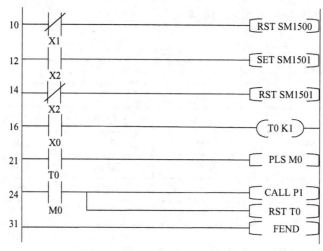

图 4.45(a)　PID 控制主程序

说明：

1* CALL P0 调用子程序 P0，用于初始化回路标签。

2* SET SM1500 进行给定值置位操作。

3* RST SM1500 进行输出值复位操作。

（2）子程序（PID 运算）

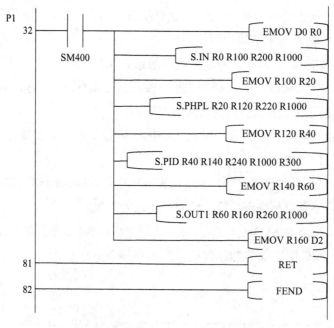

图 4.45(b)　子程序 P1（PID 组合指令运算）

说明：输入采样、输出控制量采用输入／输出映象寄存器刷新方式。

（3）子程序 P0（初始化回路标签内存设置）

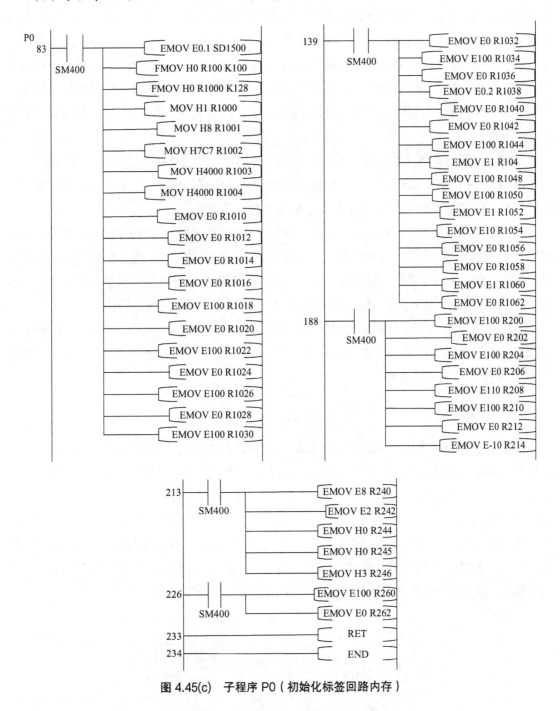

图 4.45(c) 子程序 P0（初始化标签回路内存）

4.6 PLC 模拟量控制半物理仿真实验系统

数字仿真是利用计算机和数值计算方法，将实际系统的运动规律用数学形式表达出来，用计算机语言进行描述的一种技术。这种方法工作量小、周期短、费用低。作为检验系统动静态特性、熟悉调节器各项参数变化对系统特性影响的手段，仿真是控制系统设计中非常重要的一个步骤。

使用 Mathworks 公司的 Simulink 软件可以很方便地对复杂系统进行仿真。从单变量到多变量系统，从连续系统到离散系统，从线性系统到非线性系统，都可以采用 Simulink 进行描述与仿真。但目前大多仅利用 Simulink 等数学工具进行离线非实时仿真，软硬件设计完全分离，无法在实验室中检验设计出的控制器的实际性能，即使是实时仿真也仅是实现了时间标尺与真实时间一致，但无信号连接。而在实时在线仿真（半物理仿真）方式下，仿真条件更接近于实际情况。

半物理仿真是指将实际的系统模型放在仿真回路中的仿真方式，通常也称为"硬件在回路"（handware-in-the-loop）仿真，半物理仿真通常是指控制器用实物，受控对象是用数字模型。半物理仿真是实时进行的，因此，也常称为实时在线仿真。

热工、化工等生产过程中有大量的过程控制回路，具有大延时、多变量、实时扰动等控制问题，需要通过控制算法研究加以解决，但这类受控过程组成复杂，很难在大学实验室中复原。另外，即使是一些简单的模拟量控制回路也难以做到多套配备供多名学生同时实验。因此，构建半物理仿真过程控制实验系统很有必要。

下面介绍 PLC 模拟量控制半物理仿真实验系统的构成。在实验室中，利用该系统即可对复杂过程的控制算法和 PLC 控制器性能进行检验和调试，丰富了实验室的实验手段，并且具有简单、廉价、易于实现的特点。

4.6.1 PLC 控制器与 PC 仿真对象的通信

PLC 模拟量控制半物理仿真实验系统采用实际的 PLC 作为控制器，使用个人电脑（PC）上的 Simulink 软件建立控制对象仿真模型，通过设置 PLC 和 PC 之间的通信软件，建立 PLC 与 PC 之间的实时通信。通信方案如图 4.46 所示，上位机 Matlab 和 Excel 之间的通信使用 Matlab 调用 DDE 函数实现，上位机串口通信模块与下位机通过以太网或总线（如 RS232、RS485 总线）相连接，Excel 和 PLC 应用程序通过 MX-Sheet 软件包实现通信。MX-Sheet 是三菱公司开发的一种通信支持软件，它基于 MX-Component 通信协议，嵌入到 Excel 中，经过简单的设置，就能收集软元件数据，向软元件写数据，实现双向通信。

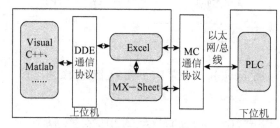

图 4.46　通信方案

1）使用软件工具简介

（1）Matlab 简介

Matlab 是由美国 MathWorks 公司推出的一个为科学和工程计算而专门设计的高级交互

式软件包。它是一种高性能的，用于工程计算的编程软件，它把科学计算、编程和结果的可视化都集中在一个使用非常方便的环境中。Matlab 最早作为矩阵实验室（Matrix Laboratory），用来提供与 LINPACK 和 EISPACK 矩阵软件的接口，后来，它逐渐发展成为具有科学计算、图形交互系统和程序设计语言等功能的优秀科技应用软件。其典型的应用范围包括数学计算、建模与仿真、数据分析和工程图形绘制等。

Simulink 是建立在 Matlab 之上的系统建模仿真的基本环境，它提供了一个图形化的可编辑界面。在这个界面中，用户可以用 Simulink 提供的模块或自己封装的模块来搭建系统。在 Simulink 建立的系统中，用户可以集成用 M 语言或者 C 语言开发的算法。建模完成之后，用户还可以用 Simulink 或者 Matlab 产生各式的信源来测试所建立的系统性能。

（2）MX Sheet 简介

MX Sheet 是三菱公司开发的一种通信支持型软件，无需编程，只通过简单的设置即可使用 Excel 对软元件数据进行收集。

MX Sheet 主要有以下几种功能：

① 日志功能（Logging）

该功能积累从 PLC 收集的软元件数据作为历史记录，存放在 Excel 表单中被选定的单元区域内。

② 监视功能（Monitor）

该功能将从 PLC 中收集的软元件数据显示在 Excel 表单选定的单元区域内。

③ 写入功能（Write）

该功能将 Excel 表单中输入的数值写入 PLC 软元件中。

安装 MX Sheet 软件后，会在 Excel 菜单中出现"MX Sheet（M）"项，见图 4.47 中椭圆所框处。

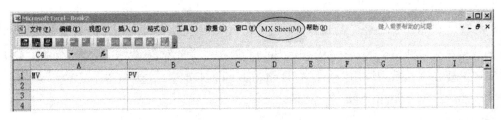

图 4.47　MX Sheet 菜单

（3）DDE 通信简介

DDE（Dynamic Data Exchange）是建立在 Windows 消息系统上支持应用程序之间实时交换数据的有效方法，也是应用程序之间通过共享内存从而实现进程之间相互通信的一种形式。DDE 应用程序分为 4 类：客户程序、服务程序、客户/服务程序和监视器。客户程序与服务程序之间的数据交换称为会话，发起会话者称为客户程序（Client），它从服务器获得数据，响应者称为服务程序（Server），它维护其他应用程序可能使用的数据；客户/服务程序表示既是客户程序又是服务程序；监视器主要用于调试。

当客户程序向服务器程序请求数据时，客户程序发送一条名为 WM-DDE-INITIATE 的消息给当前运行的所有 Windows 应用程序，这条消息不但包含了它所需要的服务器名（Service）和主题名（Topic），而且指明了它所希望的数据类型。其中服务器名标识了客户程序希望建立的会话对象，一般是不带扩展名的可执行文件名，例如：Microsoft Excel 的服务器名是 Excel，Matlab 的服务器名是 Matlab。而主题名则定义了会话的题目，例如：Excel 所支持的主题是电子表格的名称，如 Sheet1，Matlab 支持的主题名是 System 和 Engine。主题所支持的数据类型称为项目（Item），一般一个主题至少支持一个项目或者更多，例如：Excel 的项目是单元格，如 r1c2（表示第一行、第二列的单元格）。收到 WM-DDE-INITIATE 消息的程序通过判别服务器名和会话主题决定是否应答。会话开始后同一主题下的数据又划分为若干个项目，会话双方在交换数据时同时发送项目名，以便双方判别当前的数据是哪个项目。

DDE 有三种会话方式，分别为冷链接、热链接和温链接。

① 冷链接

由客户程序传播一条启动触发消息来开始冷链接，则服务器程序向客户程序提供一次数据。当客户还需要服务器提供更多次数据时，客户程序必须重新多次发送启动触发消息。

② 热链接

服务器程序已经被访问的数据可能会随着时间的推移而发生变化。在冷链接中，如果客户不发送启动触发消息，则变化的数据不会传给客户；而在热链接中，服务器会自动将变化了的数据传送给客户。

③ 温链接

温链接综合了热链接和冷链接的特点，客户只希望被通知数据是否发生了变化而不一定要立刻得到新的数据，只有当客户知道数据发生了变化并需要获得它时，才启动与冷链接相同的会话。

2）Matlab 和 Excel 的 DDE 通信

S 函数是 Simulink 的重要组成部分，它的仿真过程包含在 Simulink 仿真过程之中，因而用 S 函数编制实时通信模块，能够方便与 Simulink 中的受控对象模型进行通信链接。DDE 通信的实现需要在 S 函数中调用一些相关的 Matlab 函数来实现，主要有以下几种：

① ddeinit（）：初始化 DDE 的程序

其调用格式为 channel = ddeinit（service,topic）

参数 service 表示将要与 Matlab 进行通信的应用程序的类型名，例如与 Excel 通信，则类型名就为 excel。Topic 表示通信的主题，即与 Matlab 进行通信的应用程序名，例如与 Excel 通信，则主题为电子表格名称 Sheet1。返回值 channel 表示分配给该通信过程的一个通道，正常时返回 1，出错时返回 0。

② ddepoke（）：向应用程序发送一个数据

其调用格式为 rc = ddepoke（channel,item,data,format,timeout）

参数 channel 表示将要进行通信的通道名，该参数是 ddeinit（）函数的返回值。item 表示进行通信的数据项名称，它是应用程序中将要接收 Matlab 数据的一个实体，例如与 Excel 通信，则 item 为电子表格的单元 r1c2（表示第一行、第二列的单元）。data 是 Matlab 中将要发送的数据。format 是任选项，表示对方需要的数据格式。timeout 也是任选项，它规定这次操作的时间限制，缺省值为 3 s。返回值 rc 表示该次通信是否成功，为 1 表示成功，出错时返回值为 0。

③ ddereq( )：向应用程序要一个数据

其调用格式为 data = ddereq(channel,item,format,timeout)

其参数 channel、item、format、timeout 都与 ddepoke( )相同，返回值 data 包含了接收到的数据，若 data 为空，则表示出错。

④ ddeterm( )：终止 DDE 通信

其调用格式为 rc = ddeterm(channel)

参数 channel 与 ddepoke( )相同，返回值 rc 为 1 表示终止 DDE 通信成功，rc 为 0 表示失败。

通过对上述这些函数的调用，Simulink 就能实时与 Excel 之间建立联系。图 4.48 所示为一个建立好的用于 Simulink 与 Excel 之间实时通信的仿真对象，采用上述 DDE 指令编成 Simulink 中的 S 函数，对应名为 "dde" 的 M 文件。由于该函数内容篇幅较长，且涉及 Matlab 编程技术，在本书中略去，如有需要此函数内容的读者，可扫描本书二维码获得。

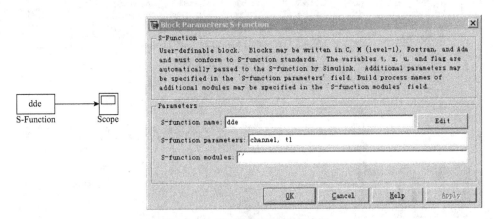

图 4.48　DDE 通信的仿真对象

3）Excel 与 PLC 之间的通信

MX Sheet 基于 MX Component 通信协议，可实现 Excel 与 PLC 之间的实时通信。使用 MX Sheet 可以非常方便地建立 Excel 与 PLC 之间的连接通信，只需要对所需传送或接收数据的单元格进行设置即可。其中，通过对如图 4.47 中所示的 MX Sheet 菜单下拉项中 "Cell Setting" 的 "Operation Interval" 选项卡的 "Operation time" 进行设置，可以实现对所设置的 Excel 单元格数据的采样周期，将 "Operation Interval" 设置为 "Regular Time"，并设置所需要的采样周期，即可实现对 Excel 单元格数据的周期性采样。设置方法如图 4.49 所示。

其他选项的设置此处不一一赘述，可查阅相关产品手册。

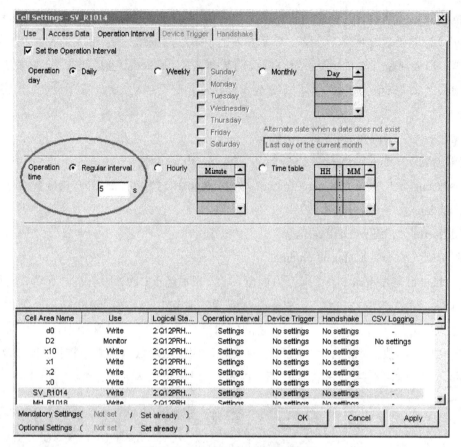

图 4.49 MX Sheet 采样周期设置

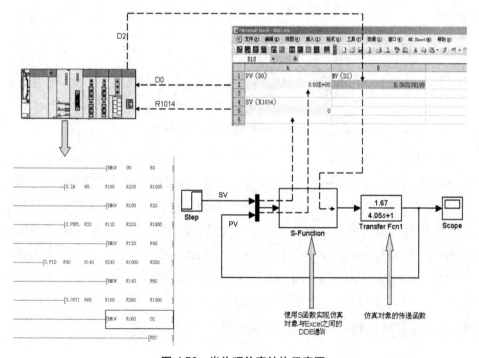

图 4.50 半物理仿真结构示意图

4.6.2 PLC 模拟量控制半物理仿真系统

通过使用前文所述的方法，可以很方便地实现 PLC 控制器对仿真的控制对象的数值采样和控制。这种半物理仿真的结构形式可以用如图 4.50 所示的示意图进行表示。

图中 SV、PV、MV 分别表示 PID 调节器的设定量、测量值和调节量，图中的虚线表示相关数据的传输。在仿真过程中，Matlab 仿真模型通过 S 函数将 SV 值和 PV 值由 Excel 表格写入到 PLC 的相关寄存器中，PLC 根据 SV 值和 PV 值进行计算后，获得相应的 MV 值，Excel 通过监视存放 MV 值的寄存器获得 MV 值，然后再由 S 函数输出到仿真的控制对象进行控制。

下面假设有一个传递函数为 $G(s)=\dfrac{8}{360s+1}\mathrm{e}^{-180s}$ 的被控对象，采用单回路的 PI 控制器对其进行控制，可以建立 Simulink 仿真模型，如图 4.51 所示。

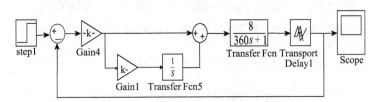

图 4.51 单回路 PID 控制系统仿真模型

使用 Ziegle–Nicoles 法整定 PI 控制器的参数为：K_P=0.28，T_i=594 s。

按照上文所述的方法编制单回路 PID 的 PLC 梯形图程序，并设定其参数为 K_P=0.28，T_I=594 s，建立仿真模型以对比实际控制器和仿真控制器的控制效果，如图 4.52 所示。

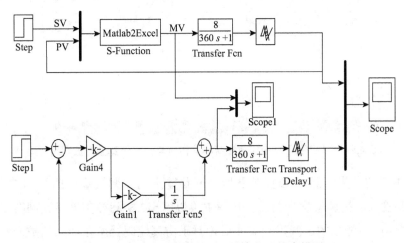

图 4.52 单回路 PID 控制系统半物理仿真模型

仿真采用变步长仿真，最大步长为 1 s，仿真时间为 0 ~ 3000 s，PV 和 MV 的采样周期均为 5 s。仿真结束后，点击 Scope 获得仿真结果，如图 4.53 和 4.54 所示。

图 4.53 为实际控制器与仿真控制器的输出值（MV）对比曲线：曲线 1 为实际控制器的输出值曲线，曲线 2 为仿真控制器的输出值曲线。从图中可以看出，受 DDE 通信传输延迟的影响，实际控制器的输出调节量较仿真控制器的输出调节量表现出一定程度的震荡。

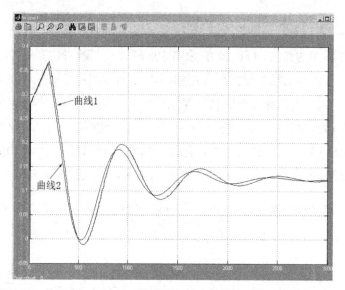

图 4.53　单回路 PID 控制系统半物理仿真与离线仿真输出调节量对比

图 4.54 为仿真控制器所在回路与实际控制器所在回路输出的被调量曲线对比。

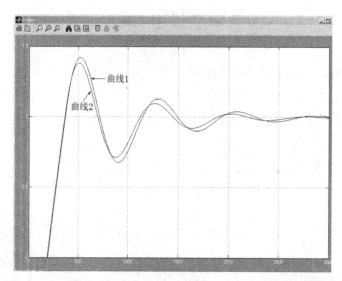

图 4.54　单回路 PID 控制系统半物理仿真与离线仿真输出被调量对比

图 4.54 中曲线 1 为实际 PLC 控制器所在回路输出的被调量响应曲线，曲线 2 为仿真控制器所在回路输出的被调量响应曲线。从图中可以看出，实际控制器所在回路受传输延迟和采样周期的影响，所输出的被调量响应曲线相对于仿真控制器所在回路的被调量响应曲线的动态偏差有所增大且调节时间也稍长，但基本上是和仿真曲线一致的。实际系统中也有延迟和干扰，因而半物理仿真系统比全仿真系统更接近真实的情况。

4.7 PLC 复杂过程控制算法设计

采用 PLC 过程控制指令能够实现复杂数字控制器，如串级控制、延迟补偿控制等。电厂锅炉出口的过热蒸汽温度是整个汽水行程中工质的最高温度，它对电厂能否安全、经济地运行有着重大影响。温度过高，容易损坏设备；温度过低，则会降低热效率，因此，必须相当严格地将蒸汽温度控制在给定值附近。本节以火电厂过热汽温仿真模型为控制对象设计 PLC 复杂控制器，并基于半物理仿真系统设计和检验其控制性能。

4.7.1 过热汽温的动态特性

锅炉过热器是由辐射过热器、对流过热器和减温器等组成，其任务是将饱和蒸汽加热到一定的数值，然后送往汽轮机去做功。通常称减温器前的过热器为前级过热器，减温器后的过热器为后级过热器。

过热器布置在高温烟道中，大型锅炉的过热器往往分为若干段，在各段之间设置喷水减温器，即采用过热汽温的分段控制，温度调节用减温水由锅炉的给水系统提供。其示意图如图 4.55 所示。

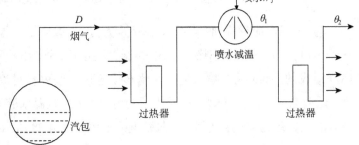

图 4.55 过热汽温喷水减温系统示意图

图中，θ_2 为过热器出口蒸汽温度，它是控制系统的被调量；θ_1 为减温器出口的蒸汽温度；D 是过热蒸汽流量；W_J 是减温器的喷水量，它可控制系统的调节量。

过热汽温调节对象的动态特性是指引起过热汽温变化的扰动与汽温之间的动态关系。引起过热蒸汽温度变化的原因很多，如蒸汽流量变化、燃烧工况变化、进入过热器的蒸汽温度变化、流过过热器的烟气的温度和流速变化等。归纳起来，过热汽温控制系统主要具有以下三种扰动：

① 蒸汽流量（负荷）扰动：当锅炉负荷变化时，沿过热汽管的整个长度各点的温度几乎同时变化，因而温度反应较快，过热器出口汽温的阶跃响应如图 4.56 所示。

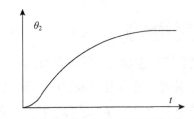

图 4.56 蒸汽流量扰动下过热汽温阶跃响应曲线

从阶跃响应曲线可知，其特点是有延迟、有惯性、有自平衡能力，但其延迟和惯性都比较小。

② 烟气流量扰动下过热汽温的动态特性：当烟气流量扰动（烟气温度和流速产生变化）时，由于烟气流速和温度的变化也是沿整个过热器同时改变的，因而沿过热器的烟气热量传递也是同时变化的，所以汽温反应较快，时间常数和迟延均比其他扰动小，和蒸汽流量扰动的影响类似。从图 4.57 的阶跃曲线可以看出：烟气流量扰动下的过热汽温的动态特性是有滞后、有惯性、有自平衡能力。

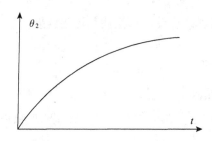

图 4.57　烟气流量扰动下过热汽温的阶跃响应曲线

③ 减温水流量扰动：当减温水流量扰动时，改变了高温过热器入口汽温，从而影响了过热器出口汽温。由于大型锅炉的过热器管路很长，管内的蒸汽和管壁可视为由多个单容对象串联组成的多容对象，喷水量的变化必须通过这些单容对象，才能影响到过热器出口蒸汽温度，因此与蒸汽流量和烟气热量扰动的情况相比，减温水流量扰动时，汽温的反应比较慢，对象具有大得多的惯性和迟延，其阶跃响应曲线如图 4.58 所示。

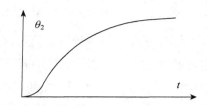

图 4.58　减温水流量扰动下过热汽温阶跃响应曲线

从阶跃曲线可以看出，控制对象具有较大的惯性和延迟特性，这是此对象难以控制的原因。

总的来说，根据对过热蒸汽温度调节对象作阶跃扰动试验得出的动态特性曲线可知，它们均为有迟延的惯性环节，但各自的动态特性有较大的差别。

4.7.2　过热汽温控制系统的设计原则

从上面的讨论可以看出，过热汽温控制主要的难点为：

① 发生扰动后，时滞较大，并且测量温度的传感器也有较大的惯性。

② 设备的结构设计与自动调节的要求存在矛盾。从调节的角度看，减温设备应安装在过热器出口的地方，这样可以使调节作用的时滞最小，但是从设备安全的角度看，减温设备应安装在过热器入口的地方。

③ 造成过热汽温扰动的因素很多，各种因素之间又相互影响，使对象的动态过程十分复

杂。能使过热器出口汽温改变的因素有蒸汽流量的变化、燃烧工况的变化、锅炉给水温度的变化、进入过热蒸汽热焓的变化、流经过热器烟气温度即流速的变化、锅炉受热面结垢等。

综上所述，可以总结出以下几点对过热汽温控制系统的设计原则：

① 从动态特性的角度考虑，改变烟气侧参数（如改变烟温或烟气流速）的调节手段是比较理想的，但具体实现比较困难，所以一般很少被采用。

② 喷水减温对过热器的安全运行比较理想，尽管对象的调节特性不够理想，但还是目前被广泛使用的过热汽温调节方法。采用喷水减温时，由于对象调节通道有较大的迟延和惯性，且运行中要求有较小的汽温控制偏差，所以采用单回路调节系统往往不能获得好的调节品质。针对过热汽温调节对象调节通道延迟大、被调量信号反馈慢的特点，应该从对象的调节通道中找出一个比被调量反应快的中间点信号作为调节器的补充反馈信号，以改善对象调节通道的动态特性，提高调节系统的质量。

③ 使用快速的测量元件，安装在正确的位置，保证测量信号传递的快速性，减小延迟和惯性。如果测量元件的延迟和惯性比较大，就不能及时反映过热汽温的变化，就会造成系统不稳定，影响控制质量。

④ 现代电厂的过热器管道的长度不断加长，延迟和惯性越来越大，采用一级减温已不能满足要求，可以采用多级减温，以保证汽温控制的要求。

4.7.3 串级过热汽温控制系统

1）控制系统结构

对于采用喷水减温来调节过热汽温的控制系统，由过热汽温的动态特性可知，系统的延迟和惯性较大。为了改善系统的动态特性，根据调节系统的设计原则，可以引入中间点信号作为调节器的补充信号，以便快速反映影响过热汽温变化的扰动。而最能反映减温水变化的就是减温器出口的温度，因此引入该点作为辅助被调量，组成了串级调节系统。其结构可以用图 4.59 表示。

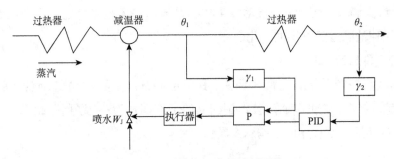

图 4.59　过热汽温串级控制系统

图中，θ_1 为减温器后的蒸汽温度；θ_2 为过热器出口处的蒸汽温度；γ_1 和 γ_2 分别为温度变送器的斜率。

汽温调节对象由减温器和过热器组成，减温水流量 W_1 为对象调节通道的输入信号，过热

器出口的汽温 θ_2 为输出信号。为了改善调节品质，系统中将减温器出口处汽温只作为辅助调节信号（称为导前汽温信号）。当调节机构动作（喷水量变化）后，导前汽温 θ_1 的反应显然要比过热器出口处的汽温 θ_2 快很多。

串级调节系统的主调节器出口的信号不是直接控制减温器的调节阀，而是作为副调节器的可变给定值，与减温器出口处汽温信号比较，通过副调节器去控制执行器动作，以调节减温水流量，保证过热汽温基本保持不变。为了更好地分析串级调节系统的特点，根据图 4.59 可以得出串级调节系统的方框图，如图 4.60 所示。

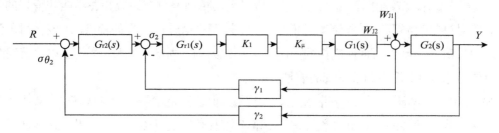

图 4.60　过热汽温串级控制系统方框图

从方框图可以看出，串级调节系统有两个闭合的调节回路：

① 由对象调节通道的导前区 $G_1(s)$、导前汽温变送器 γ_1、副调节器 $G_{r1}(s)$、执行器 K_1 和减温水调节阀 K_μ 组成的副调节回路。

② 由对象调节通道的惰性区 $G_2(s)$、过热汽温变送器 γ_2、主调节器 $G_{r2}(s)$ 以及副调节回路组成的主回路。

串级调节系统之所以能改善系统的调节品质，主要是由于有一个快速动作的副调节回路存在。为了保证快速性，副调节回路的调节器 $G_{r1}(s)$ 采用比例（P）或比例微分（PD）调节器，使过热汽温基本保持不变，起到了粗调的作用；为了保证调节的准确性，主调节回路的调节器 $G_{r2}(s)$ 采用比例积分（PI）或比例积分微分（PID）调节器，使过热汽温与设定值相等，起到了细调的作用。

对于串级汽温调节系统，无论扰动发生在副调节回路还是发生在主调节回路，都能迅速地作出反应，快速消除过热汽温的变化。

2）串级控制算法的 PLC 实现

串级过热汽温控制系统具有两个回路，其中主回路调节器的输出（MV）是作为副回路调节器的设定值（PV），这可以通过设定副回路的工作模式为"级联回路跟踪"进行实现。图 4.61 为所编制的串级控制程序的结构示意图：

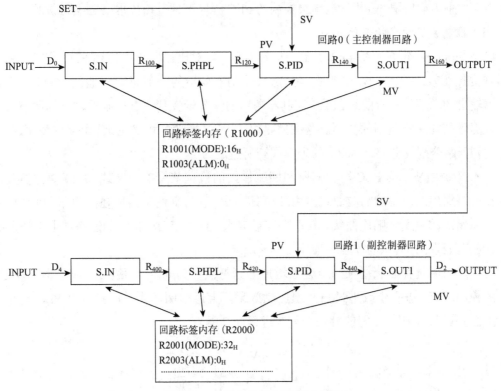

图 4.61 串级 PID 控制的指令结构

图中，箭头上方的字符代表存储过程控制相关数据的 PLC 软元件寄存器。

在运行时将回路 0 和回路 1 的回路运行模式（MODE）分别设置为 AUT（16H）和 CAS（32H），其中 CAS 为级联运算模式，使回路 1 能够跟踪上一级回路的 MV 值作为 PV 值进行运算。

另外，需要设置回路 1 的运算常数的跟踪位 TRK 为 0（跟踪），设定值模式 SVPTN 为 0（E2 被使用）。

按照图 4.61 的结构编制串级控制的 PLC 程序，其基本程序的结构与单回路的 PID 控制程序基本相同。

3）串级控制系统仿真

（1）系统仿真对象及参数整定

根据参考文献选取各环节的传递函数如下：

副调节器：$G_{r1}(s) = K_1$

主调节器 $G_{r2}(s) = K_2(1 + 1/T_i s)$

变送器斜率：$\gamma_1 = \gamma_2 = 0.1$ mA / ℃

被控对象的惰性区：$G_2(s) = \dfrac{1.119}{(42.1s + 1)^7}$

被控对象的导前区：$G_1(s) = \dfrac{-3.067}{(25s + 1)^2}$

仿真 PID 控制器整定参数为：$K_1 = 6.67$，$K_2 = 1.176$，$T_i = 240.5$ s。

由于本书篇幅所限,过热汽温串级控制的 PLC 程序可通过扫描本书二维码获得。

（2）控制系统的半物理仿真

使用 Simulink 建立如图 4.62 所示的仿真对象,以对比在回路中使用 PLC 控制器和仿真控制器的控制效果。图 4.63 中曲线 1 为仿真控制器输出的调节量响应曲线,曲线 2 为 PLC 控制器输出的调节量响应曲线,PLC 控制器输出的调节量较其仿真控制器输出的调节量有一定的延迟且存在一定范围的抖动。这主要是由于 DDE 通信的传输延迟,并且设置 PLC 控制器的主副回路分别具有 10 s 和 3 s 的采样周期所造成的。

图 4.64 中曲线 1 为 PLC 控制器所在回路输出的被调节量响应曲线,曲线 2 为仿真控制器所在回路输出的被调量响应曲线。由此可见,相比于仿真控制器所在的回路,PLC 控制器所在回路输出的被调量响应曲线,其动态偏差略大,且稳定时间略长,但基本上与仿真曲线重合,可以收到令人满意的控制效果。

还可以采用过程控制指令的组合来增加迟延补偿器（Smith 预估器）,形成串级加 Smith 预估的控制回路,进一步改进过热汽温控制效果。上述举例说明过程控制型 PLC 具有功能强、组合方式灵活的优点,能够胜任于复杂过程控制中。

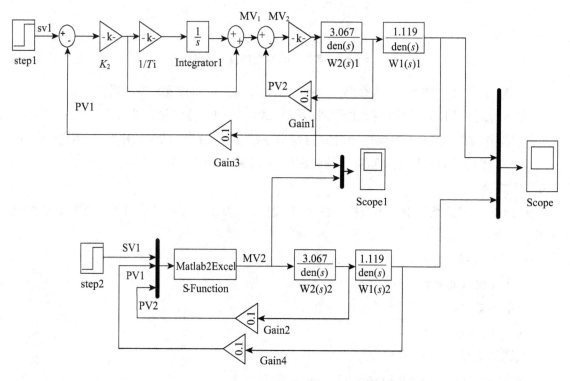

图 4.62　过热汽温串级控制系统半物理仿真模型

PLC 控制器和仿真控制器回路的调节量曲线及被调量曲线的对比如图 4.63 和 4.64 所示。

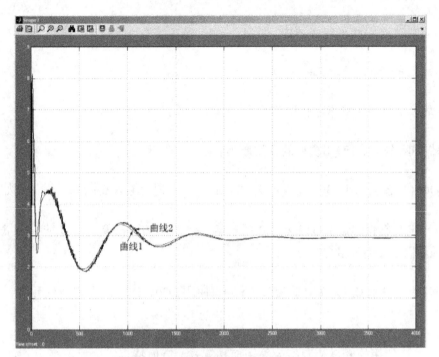

图 4.63　串级控制系统调节量响应对比

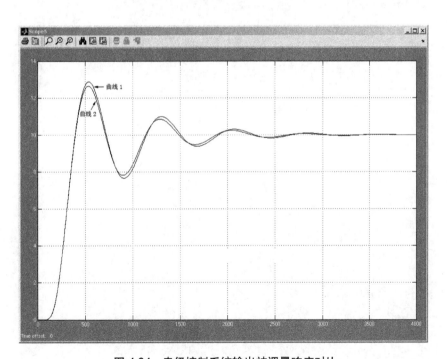

图 4.64　串级控制系统输出被调量响应对比

思考题与习题 4

4.1 简述 PLC–DDC 系统的组成结构。

4.2 试述 D／A 转换的工作原理。

4.3 D／A 转换的主要性能指标有哪些？

4.4 试总结模拟量输入、输出模块的选型原则。

4.5 使用 Q64AD 模块的 1、3 通道输入 4～20 mA，2、4 通道输入 0～5 V，端子应如何接线？

4.6 1 个 0～10 V 的模拟量信号经 A／D 模块输入到 PLC 内部的 0～2000 的数字量信号，问 6 V 的模拟量输出转换为多少？

4.7 若 Q64DA 模块起始 I／O 地址为 X／Y30，使用 D20、D21 作为刷新软元件，应如何设置参数？

4.8 Q 系列 PLC 使用的 PID 控制指令采用何种算式？有何特点？试根据框图 4.33 推导出表 4.22 中的控制算式。

第5章　PLC 通信网络与系统综合设计

在可编程序控制器的发展历程中，通信技术的进步促使 PLC 在功能上产生飞跃。通信技术架起 PLC 与外界沟通的桥梁，实现 PLC 与各种外部设备和控制系统之间的数字化互联，从而构成功能更强，性能更好的控制系统。一方面，PLC 能够利用通信模块使用更多样化的智能装置，如图形终端操作设备（Graphic Operation Terminal, GOT）、变频器、机械手等智能化设备；另一方面，PLC 可以与 PLC、计算机等实现通信或组建网络，使自动控制从设备级发展到生产线级，甚至工厂级，从而实现综合及协调控制。

现场总线（Fieldbus）是安装在制造或过程区域的现场装置与控制室内的自动控制装置之间的数字式、串行、多点通信的数据总线，是一种新兴的网络通信方式。基于现场总线和智能化仪表的现场总线控制系统（Fieldbus Control System, FCS）是新一代的分布式控制系统，能够实现遵守总线标准的数字智能现场设备之间的数字通信和互操作，使系统具有更加广泛的开放互联性，它适应了工业控制系统向分散化、网络化、智能化发展的方向。

PLC 可以通过现场总线连接智能执行机构，如变频器、人机界面 HMI 以及其他 PLC 或计算机控制站，实现 FCS 控制系统功能。目前国际上存在 40 多种现场总线，可归为三类：485 网络、HART 网络和 Fieldbus 现场总线网络，其中 RS485 总线是现在流行的一种现场总线组网方式，其特点是实施简单方便，国际上支持 RS485 标准的仪表很多。CC-Link（Control&Communication Link，控制与通信链路系统）是三菱电机公司的开放式现场总线，其底层通信遵循 RS485 总线标准，数据容量大，通信速度多级可选择，而且它是一个以设备层为主的网络，同时可覆盖较高层次的控制层和较低层次的传感层。

本章主要介绍三菱公司的 CC-Link 现场总线，其次以变频器为例介绍 CC-Link 与现场智能设备的互联，最后介绍基于现场总线的 PLC 控制系统的综合设计实例。

5.1　可编程序控制器通信网络概况

5.1.1　网络通信基础

1）数据通信方式

并行通信：各位数据同时传送。以字或字节为单位传送。并行通信线除数据线外，还应有控制信号线、地址线。其优点是传输速度快，缺点是成本高，不宜长距离传送。一般用于计算机或 PLC 内部器件或模块间交换数据,如计算机或 PLC 内部总线即用并行方式传送数据。

串行通信:数据一位位顺序传送。优点是只需少量通信线,成本低,适合于计算机、PLC 之间的远距离通信;缺点是数据传输速度较慢。在串行通信中,用波特率来描述数据的传输速率。所谓波特率,即每秒传送的二进制位数(bps)。常见波特率如 4800bps、9600bps、14.1 kbps、19.2 kbps、28.8 kbps 等。串行通信又可进行以下分类:

(1)全双工和半双工方式

从串行通信双方信息的交互方式来看,数据通信方式可以有单工、半双工、全双工 3 种。单工方式即通信线上只允许一个方向传输数据,数据流向始终从发送端传送到接收端,这种方式目前很少用。

半双工方式:使用一根传输线既作接收又作发送,但通信双方不能同时收发数据。为控制信息流向,必须对两端设备进行控制,每一端的发送器和接收器通过收 / 发开关转接到通信线上进行方向的切换,如图 5.1 所示。

全双工方式:允许通信双方同时收发数据的串行通信方式。数据的发送和接收使用不同的传输线,如图 5.2 所示。

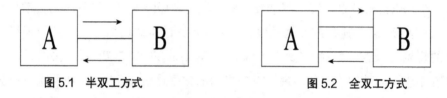

图 5.1　半双工方式　　　　　　　　图 5.2　全双工方式

(2)异步和同步方式

计算机或 PLC 内部数据处理、存储都是并行的,而要串行发送、接收数据,就要进行相应的转换。数据发送前,要把数据转换成串行的,接收后,再将串行数据转换为并行数据。

异步通信:传输的数据以字符为单位,字符间的发送时间是异步的。用一个起始位,如"0"表示字符的开始,用停止位表示字符的结束,如"1",一个字符可用 7 或 8 位表示,还有奇偶校验位。

同步通信:以报文或分组为单位进行传输的方式。报文可包含许多字符,因此可减少同步控制信息量,提高同步传输速率。计算机网络大多采用这种方式。同步传输的协议有面向字符的同步协议和面向比特的同步协议。面向比特的同步协议有 IBM 的同步数据链路控制规程 SDLC(Synchronous Data Link Control)、ISO 的高级数据链路控制规程 HDLC(High-Level Data Link Control)等。

2)网络拓扑结构

(1)星形结构

星形拓扑是由中央节点和通过点到点通信链路接到中央节点的各个站点组成。该结构网络通信由中心站点管理,且都通过中心站点,如图 5.3(a)所示。PLC 网中,若一台计算机与多台 PLC 联网,以计算机为中心站就构成了星形结构,PLC 之间的通信都要通过计算机,如欧姆龙公司 PLC 的 HOST Link 网。星形拓扑结构适用于局域网和广域网。

星形拓扑结构的优点有：控制简单；故障诊断和隔离容易；方便服务。

星形拓扑结构的缺点有：电缆长度和安装工作量可观；中央节点的负担较重，形成瓶颈；各站点的分布处理能力较低。

（2）环形结构

环形拓扑网络由站点和连接站的链路组成一个闭合环，回路上的信息按点至点方式传送，如图 5.3（b）所示。环形拓扑结构适用于局域网。

环形拓扑结构的优点有：电缆长度短；增加或减少工作站时，仅需简单的连接操作；可使用光纤。

环形拓扑结构的缺点有：故障检测困难；环形拓扑结构的媒体访问控制协议都采用令牌环传递的方式，在负载很轻时，信道利用率相对来说就比较低。

（3）总线结构

总线拓扑结构采用一个信道作为传输媒体，所有站点都通过相应的硬件接口直接连到这一公共传输媒体上，该公共传输媒体即称为总线，如图 5.3（c）所示。总线拓扑结构适用于局域网。

总线拓扑结构的优点有：所需要的电缆数量少；总线结构简单，又是无源工作，有较高的可靠性；易于扩充，增加或减少用户比较方便。

总线拓扑结构的缺点有：传输距离有限，通信范围受到限制；故障诊断和隔离较困难；分布式协议不能保证信息的及时传送，不具有实时功能；总线上各站点发送和接收数据的控制权由控制协议来解决，如令牌方法等。

（4）树形（分支）结构

树形拓扑从总线拓扑或星形拓扑演变而来，形状像一棵倒置的树，顶端是树根，树根以下带分支，每个分支还可再带子分支，如图 5.3（d）所示。树形拓扑结构适用于广域网。

树形拓扑结构的优点有：易于扩展；故障隔离较容易。

树形拓扑结构的缺点有：各个节点对根的依赖性太大。

（5）网状结构

网状结构的特点是各节点间的物理信道连接成不规则的形状。如果任何两节点间均有物理信道相连，则称为"全连通网状结构"。

大型网络一般需要上述基本结构中的若干组合，例如三菱的 3 层网络体系结构中，信息层结构采用总线型，控制层采用环形。

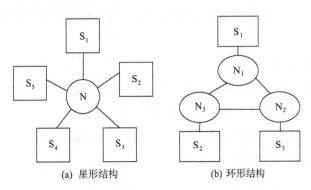

(a) 星形结构　　　　　　(b) 环形结构

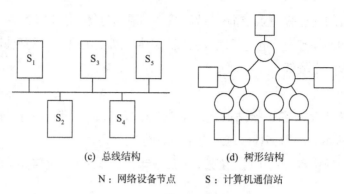

(c) 总线结构　　　　　　(d) 树形结构

N：网络设备节点　　　　S：计算机通信站

图 5.3　网络拓扑结构图

3）网络协议

在计算机网络产生之初，每个计算机厂商都有一套自己的网络体系结构的概念，它们之间互不相容。为此，国际标准化组织（ISO）在 1979 年建立了一个分委员会来专门研究一种用于开放系统互联的体系结构（Open Systems Interconnection，OSI），"开放"这个词表示只要遵循 OSI 标准，一个系统可以和位于世界上任何地方的也遵循 OSI 标准的其他任何系统进行连接。这个分委员会提出了开放系统互联，即 OSI 参考模型，它定义了连接异种计算机的标准框架。

OSI 参考模型分为 7 层，分别是物理层、数据链路层、网络层、传输层、会话层、表示层和应用层。

各层的主要功能及其相应的数据单位如下：

（1）物理层（Physical Layer）

我们知道，要传递信息就要利用一些物理媒体，如双绞线、同轴电缆等，但具体的物理媒体并不在 OSI 的 7 层之内，有人把物理媒体当作第 0 层，物理层的任务就是为它的上一层提供一个物理连接，以及它们的机械、电气、功能和过程特性。如规定使用电缆和接头的类型，传送信号的电压等。在这一层，数据还没有被组织，仅作为原始的位流或电气电压处理，单位是比特。

（2）数据链路层（Data Link Layer）

数据链路层负责在两个相邻结点间的线路上无差错地传送以帧为单位的数据。每一帧包括一定数量的数据和一些必要的控制信息。和物理层相似，数据链路层要负责建立、维持和释放数据链路的连接。在传送数据时，如果接收点检测到所传数据中有差错，就要通知发送方重发这一帧。

（3）网络层（Network Layer）

在计算机网络中进行通信的两个计算机之间可能会经过很多个数据链路，也可能还要经过很多通信子网。网络层的任务就是选择合适的网间路由和交换结点，确保数据及时传送。网络层将数据链路层提供的帧组成数据包，包中封装有网络层包头，其中含有逻辑地址信息——源站点和目的站点的地址。

（4）传输层（Transport Layer）

该层的任务是根据通信子网的特性最佳地利用网络资源，并以可靠和经济的方式为两个端系统（也就是源站和目的站）的会话层之间提供建立、维护和取消传输连接的功能，负责可靠地传输数据。在这一层，信息的传送单位是报文。

（5）会话层（Session Layer）

这一层也可以称为会晤层或对话层，在会话层及以上的高层次中，数据传送的单位不再另外命名，统称为报文。会话层不参与具体的传输，它提供包括访问验证和会话管理在内的建立和维护应用之间通信的机制。如服务器验证用户登录便是由会话层完成的。

（6）表示层（Presentation Layer）

这一层主要解决用户信息的语法表示问题。它将欲交换的数据从适合于某一用户的抽象语法转换为适合于 OSI 系统内部使用的传送语法，即提供格式化的表示和转换数据服务。数据的压缩和解压缩、加密和解密等工作都由表示层负责。

（7）应用层（Application Layer）

应用层确定进程之间通信的性质以满足用户需要以及提供网络与用户应用软件之间的接口服务。

以上为 7 层体系的 OSI 参考模型（如图 5.4），为方便起见，常常把上面的 7 个层次分为低层与高层。1 ~ 4 层为低层，是面向通信的；5 ~ 7 层为高层，是面向信息处理的。开放系统互连使世界范围内的应用进程能开放式地进行信息交换。目前形成的开放系统互连基本参考模型的正式文件是 ISO 7498 国际标准，又记为 OSI / RM，笼统地称为 OSI，我国的相应标准是 GB 9387。

在 OSI 标准的制定过程中，所采用的方法是将整个庞大而复杂的问题划分为若干个较容易处理的范围较小的问题，在 OSI 中，问题的处理采用了自上而下逐步求精的方法。先从最高一级的抽象开始，这一级的约束很少，然后逐渐更加精细地进行描述，同时加上越来越多的约束，在 OSI 中，采用了三级抽象：体系结构、服务定义和协议规范（规范也称规格说明）。

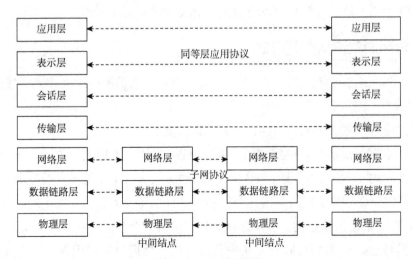

图 5.4 OSI 模型的层

OSI 体系结构也就是 OSI 参考模型,是 OSI 所制定的标准中最高一级的抽象,相当于对象或客体的类型,而具体的网络则相当于对象的一个实例。OSI 参考模型正是描述了一个开放系统所要用到的对象的类型、它们之间的关系以及这些对象类型与这些关系之间的一些普遍的约束。

比 OSI 参考模型更低一级的抽象是 OSI 的服务定义。服务定义较详细地定义了各层所提供的服务。某一层的服务就是该层及其下各层的一种能力,它通过接口提供给更高的一层,各层所提供的服务与这些服务是怎样实现的无关。此外,各种服务还定义了层与层之间的抽象接口,以及各层为进行层与层之间的交互而用的服务原语。但这并不涉及这个接口是怎样实现的。

OSI 标准中最低层的抽象是 OSI 协议规范,各层的协议规范精确地定义应当发送什么样的控制信息,以及应当用什么样的过程来解释这个控制信息。协议的规范具有最严格的约束。

OSI 参考模型是一种严格的理论模型,并不是一种特定的硬件设备或一套软件例程,而是厂商在设计硬件和软件时必须遵循的一套通信准则。多年以来,OSI 模型通过以下几方面的功能促进了网络通信的发展:

① 使得不同类型的 LAN 和 WAN 之间可进行通信。

② 提供网络设备标准化,使得一家厂商的设备可与另一家厂商的设备进行通信。

③ 使旧的网络设备可与新的网络设备通信,因此安装了新设备后,不必要更换原有设备,从而协助用户投资维持较长的一段时间。

④ 对于网络内和网络间的通信,允许使用通用接口开发软硬件。

⑤ 使世界范围内的网络通信成为可能,Internet 就是一个显著的例子。

PLC 网络多为局域网,结构简单,网络节点也不多,并专门设有通信线,而实时性、可靠性要求又高,因此不一定受 7 层协议限制。对于局域网,美国电气电子工程师协会(IEEE)于 1981 年提出 IEEE802 标准,将第一、二层重新定义为三层。目前,PLC 通信网络最多是部分地采用了 IEEE 802 协议,而 PLC 组网常常是各 PLC 制造厂家自成体系。

5.1.2 PLC 常用通信访问控制方法

基于低层的通信访问控制协议有多种,目前可编程控制器网络中常用到的通信访问控制方法有以下几种:

1)可编程控制器控制网络的"周期 I / O 方式"通信

可编程控制器的远程 I / O 链路就是一种可编程控制器控制网络,在远程 I / O 链路中采用"周期 I / O 方式"交换数据。远程 I / O 链路按主从方式工作,可编程控制器带的远程 I / O 主单元在远程 I / O 链路中担任主站,其他远程 I / O 单元皆为从站。在主站中设立一个"远程 I / O 缓冲区",采用信箱结构,划分为 n 个分信箱与每个从站一一对应,每个分信箱再分为两格,一格管发送,一格管接收。主站中负责通信的处理器采用周期扫描方式,按顺序与各从站交换数据,把与其对应的分箱中发送分格的数据送从站,从从站中读取数据放入与其对应的分信箱的接收分格中。这样周而复始,使主站中的"远程 I／O 缓冲区"得到周期性的刷新。

在主站中可编程控制器的 CPU 单元负责用户程序的扫描,它按照循环扫描方式进行处理,每个周期都有一段时间集中进行 I／O 处理,这时它对本地 I／O 单元及远程 I／O 缓冲区进行读写操作。可编程控制器的 CPU 单元对用户程序的周期性循环扫描,与可编程控制器负责通信的处理器对各远程 I／O 单元的周期性扫描是异步进行的。

尽管可编程控制器的 CPU 单元没有直接对远程 I／O 单元进行操作,但是由于远程 I／O 缓冲区获得周期性刷新,可编程控制器的 CPU 单元对远程 I／O 缓冲区的读写操作就相当于直接访问了远程 I／O 单元。

主站中负责通信的处理器采用周期扫描方式与各从站交换数据,使主站中"远程 I／O 缓冲区"得到周期性刷新,这样一种通信方式既涉及周期又涉及 I／O,因而被称为"周期 I／O 方式"。这种通信方式要占用可编程控制器的 I／O 区,因此只适用于少量数据的通信。从表面看来,远程 I／O 链路的通信就好像是可编程控制器直接对远程 I／O 单元进行读写操作,因此简单方便。

2）可编程控制器控制网络的"全局 I／O 方式"通信

"全局 I／O 方式"是一种串行共享存储区通信方式,它主要用于带有链接区的可编程控制器之间的通信。

全局 I／O 方式的通信原理如图 5.5 所示。在可编程控制器网络中的每台可编程控制器的 I／O 区中划出一个块来作为链接区,每个链接区都采用图中所表示的邮箱结构。相同编号的发送区与接收区大小相同,占用相同的地址段,一个为发送区,其他皆为接收区。采用广播方式通信。可编程控制器把 1 # 发送区的数据在可编程控制器网络上广播,PLC2 和 PLC3 收听到后把它接收下来存入各自的 1 # 接收区中。PLC2 把 2 # 发送区的数据在可编程控制器网上广播,PLC1 和 PLC3 把它接收下来存入各自的 2 # 接收区中。PLC3 把 3 # 发送区的数据在可编程控制器网上广播,PLC1 和 PLC2 把它接收下来存入各自的 3 # 接收区中。显然通过上述广播通信过程,PLC1、PLC2、PLC3 的各链接区中数据是相同的,这个过程称为等值化过程。通过等值化的通信,使可编程控制器网络中每台可编程控制器的链接区中的数据保持一致。它既包含着自己送出去的数据,也包含着其他可编程控制器送来的数据。由于每台可编程控制器的链接区大小一样,占用的地址段相同,每台可编程控制器只要访问自己的链接区,就等于访问其他可编程控制器的链接区,也就相当于与其他可编程控制器交换了数据。这样链接区就变成了名副其实的共享存储区,共享区成为各可编程控制器交换数据的中介。当然这里的共享存储区与并行总线的共享存储区在结构上有些差别,它把物理上分布在各站的链接区通过等值化通信使其好像重叠在一起,在逻辑上变成一个存储区,大小与一个链接区一样。这种共享存储区称为串行共享存储区。

链接区可以采用异步方式刷新（等值化）,也可以采用同步方式刷新。异步方式刷新与可编程控制器中用户程序无关,由各可编程控制器所带的通信处理器按顺序进行广播通信,周而复始,使其所有链接区保持等值化。同步方式刷新是由用户程序中对链接区的发送指令启动一次刷新。这种方式只有当链接区的发送区数据变化时才刷新(等值化),这样事半功倍。

全局Ⅰ/Ο方式中的链接区是从可编程控制器的Ⅰ/Ο区划分出来的,经过等值化通信变成所有可编程控制器共享(全局共享),因此称为"全局Ⅰ/Ο方式"。这种方式下可编程控制器直接用读写指令对链接区进行读写操作,简单、方便、快速,但应注意,在一台可编程控制器中对某地址进行写操作,则在其他可编程控制器中对同一地址只能进行读操作。与周期Ⅰ/Ο方式一样,全局Ⅰ/Ο方式也要占用可编程控制器的Ⅰ/Ο区,因而只适用于少量数据的通信。

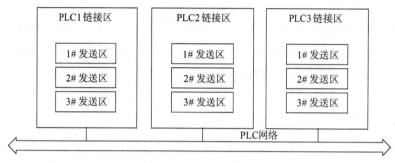

图5.5 全局Ⅰ/Ο方式

3)主从总线通信方式

主从总线通信方式又称为1:N通信方式,这是在可编程控制器通信网络上采用的一种通信方式。在总线结构的可编程控制器子网上有N个站,其中只有一个主站,其他皆是从站,也就是因为这个原因主从总线通信方式又称为1:N通信方式。

主从总线通信方式采用集中式存取控制技术分配总线使用权,通常采用轮询表法。轮询表法是一张从站号排列顺序表,该表配置在主站中,主站按照轮询表的排列顺序对从站进行询问,看它是否要使用总线,从而达到分配总线使用权的目的。

为了保证实时性,要求每个从站号在轮询表中的出现次数不能少于一次,这样在周期轮询时,每个从站在一个周期中至少有一次机会取得总线使用权,从而保证了每个站的基本实时性。对于实时性要求比较高的站,可以在轮询表中让其从站号多出现几次,这样就用静态的方式赋予该站较高的通信优先权。在有些主从总线中把轮询表法与中断法结合使用,让紧急任务可以打断正常的周期轮询而插入,获得优先服务,这就是用动态方式赋予某项紧急任务以较高优先权。

存取控制只解决了谁使用总线的问题,获得总线的从站还有如何使用总线的问题,即采用什么样的数据传送方式。主从总线通信方式中有两种基本的数据传送方式:一种是只允许主从通信,不允许从从通信,从站与从站要交换数据,必须经主站中转;另一种是既允许主从通信也允许从从通信,从站获得总线使用权后先安排主从通信,再安排自己与其他从站(即从从)之间的通信。

4）令牌（Token）总线通信方式

令牌总线通信方式又称为 $N:N$ 通信方式。在总线结构的可编程控制器子网上有 N 个站，它们地位平等，没有主站与从站之分，也可以说 N 个站都可以是主站，所以称之为 $N:N$ 通信方式。

$N:N$ 通信方式采用令牌总线存取控制技术。在物理总线上组成一个逻辑环，让一个令牌在逻辑环中按一定方向依次流动，获得令牌的站就取得了总线使用权。令牌总线存取控制方式限定每个站的令牌持有时间，保证在令牌循环一周时每个站都有机会获得总线使用权，并提供优先级服务，因此令牌总线存取控制方式具有较好的实时性。

取得令牌的站采用什么样的数据传送方式对实时性影响非常明显。如果采用无应答数据传送方式，取得令牌的站可以立即向目的站发送数据，发送结束，通信过程也就完成了。如果采用有应答数据传送方式，取得令牌的站向目的站发送完数据后并不算通信完成，必须等目的站获得令牌并把应答帧发给发送站后，整个通信过程才结束。这样一来响应时间明显增长，而使实时性下降。

有些令牌总线型可编程控制器网络的数据传送方式固定为一种，有些则可由用户选择。

5）浮动主站通信方式

浮动主站通信方式又称 $N:M$ 通信方式，它适用于总线结构的可编程控制器网络。设在总线上有 M 个站，其中 N 个为主站，其余为从站（$N<M$），故称之为 $N:M$ 通信方式。

$N:M$ 通信方式采用令牌总线与主从总线相结合的存取控制技术。首先把 N 个主站组成逻辑环，通过令牌在逻辑环中依次流动，在 N 个主站之间分配总线使用权，这就是浮动主站的含义。获得总线使用权的主站再按照主从方式来确定在自己的令牌持有时间内与哪些站通信。一般在主站中配置有一张轮询表，可按照轮询表上排列的其他主站号及从站号进行轮询。获得令牌的主站对于用户随机提出的通信任务可按优先级安排在轮询之前或之后进行。

获得总线使用权的主站可以采用多种数据传送方式与目的站通信，其中以无应答无连接方式速度最快。

6）令牌环通信方式（Token Ring）

有少量的可编程控制器网络采用环形拓扑结构，其存取控制采用令牌法，具有较好的实时性。如图 5.6 所示，其表示了令牌环工作过程及其帧结构。在图 5.6 中，令牌在物理环中按箭头指向，一站接一站地传送，获得令牌的站才有权发送数据。设 B 站要向 D 站发送数据，当令牌传送到 B 站时，B 站把令牌变为暂停证，然后把等待发送数据按一定格式加在暂停证后面，再加上令牌一起发往 C 站。此帧信息经 C 站中转后到达 D 站，D 站把自己的本站地址与帧格式中目的地址相比较，发现两者相同，表明此帧信息是发给 D 站的，然后对此帧信息做差错校验，并把校验结果以肯定应答或否定应答的形式填在 ACK 段中。同时把此帧信息复制下来，再把带有应答的帧继续向下传送，经 A 站中转到达 B 站。B 站用自己的本站地址与帧中源地址相比较，发现两者相同，表明此帧是自己发出的，再检查 ACK。若为否定应答，要组织重发；若为肯定应答，则把此帧从环上吸收掉，只剩下令牌在环中继续流动。

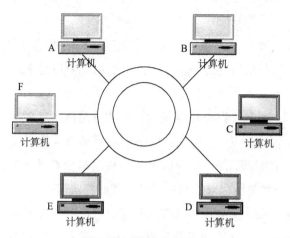

图 5.6　令牌环通信方式

7）载波侦听多点访问冲突检测协议通信方式 CSMA／CD（Carrier-Sense Multiple Access with Collision Detection）

这是一种随机通信方式，适用于总线结构的可编程控制器网络，总线上各站地位平等，没有主从之分。采用 CSMA／CD 存取控制方式，此控制方式用通俗的语言描述为"先听后讲，边讲边听"。所谓"先听后讲"是指要求使用总线的各站，在发送数据之前必须先监听，看看总线是否空闲，确认总线空闲后再向总线发送数据。"先听后讲"并不能完全避免冲突，如果仍发生了冲突，则不能等到差错校验时再发现，这样通信资源浪费太严重，而要采用"边讲边听"，发送数据的站一边发送，一边监听，若发现冲突，立即停止发送，并发出阻塞音，通知网上其他站发生了冲突，然后冲突双方采用取随机数代入指数函数的退避算法来决定重新上网时间，解决冲突。

CSMA／CD 存取控制方式不能保证在一定时间周期内可编程控制器网上每个站都可获得总线使用权，也不能用静态方式赋予某些站以较高优先权，不能用动态方式赋予某些紧急通信任务以较高优先权，因此这是一种不能保证实时性的存取控制方式。但是它采用随机方式，方法本身简单，而且见缝插针，只要总线空闲就抢着上网，通信资源利用率高，因而在可编程控制器网络中 CSMA／CD 通信法适用于上层生产管理子网，如以太网。CSMA／CD 通信方式的数据传送方式可以选用有连接、无连接、有应答、无应答及广播通信中的每一种，这可按对通信速度及可靠性的要求取舍。

8）多种通信方式的集成

在新近推出的一些现场总线中，常常把多种通信方式集成配置在某一级子网上。从通信方法上看，都是一些原来常用的，但如何自动地从一种通信方式切换到另一种，如何按优先级调度，则成为多种通信方式集成的关键。

5.1.3　PLC 分层控制网络系统的配置及特点

1）通信模块

PLC 的通信模块相当于局域网络的网络接口。通信模块中有通信处理器、输出串行接口、双端口存储器 RAM 等。通过模块总线，数据通信模块与 PLC 主机相连。双端口存储器 RAM 作为 PLC 主机与通信处理机之间的共享存储器以实现它们之间的通信，也有 PLC 主机与通信处理机之间采用并行接口互连，使用 PIO 标准并行内总线通信法交换数据。输出串行接口经收发器接到通信线路上。数据通信模块中的硬件与软件共同实现通信协议。为提高通信的适应性，一般 PLC 通信模块中配置有多种接口总线标准，可通过通信模块上的选择开关对接口标准进行选择。每种 PLC 都不止一种数据通信模块，如三菱 A 系列的 AJ71C24、AJ71E71、AJ71T32，FX 系列的 FX-232ADP、FX-485ADP，Q 系列的 QJ71E71、QJ71LP21G、QJ61BT11N。

不同的通信模块执行的通信协议不同，可连接的 PLC 的规格不同，可挂接的 PLC 网络的层次、类型不同。

2）PLC 开放互连系统结构

PLC 及其网络发展到现在，已经能够实现 ISO 模型要求的大部分功能，至少可以实现 4 层以下 ISO 模型功能。PLC 要提供生产金字塔功能（如图 5.7）或者说要实现 ISO 模型要求的功能，采用单层子网显然是不行的。因为不同层所实现的功能不同，所承担的任务的性质不同，导致它们对通信的要求也就不一样。在上层所传送的主要是一些生产管理信息，通信报文长，每次传输的信息量大，要求通信的范围也比较广，但对通信实时性的要求却不高。而在底层传送的主要是一些过程数据及控制命令，报文不长，每次通信量不大，通信距离也比较近，但对实时性及可靠性的要求却比较高。中间层对通信的要求正好居于两者之间。由于各层对通信的要求相差甚远，如果采用单级子网，只配置一种通信协议，则无法满足所有各层对通信的要求。只有采用多级通信子网，构成复合型拓扑结构，在不同级别的子网中配置不同的通信协议，才能满足各层对通信的不同要求。PLC 网络的分级与生产金字塔的分层不是一一对应的关系，相邻几层的功能，若对通信要求相近，则可合并，由一级子网去实现。采用多级复合结构不仅使通信具有适应性，而且具有良好的可扩展性，用户可以根据投资情况及生产的发展，从单台 PLC 到网络、从底层向高层逐步扩展。

图 5.7　生产金字塔

三菱公司 PLC 的开放互连网络系统通常包含 3 个网络层，从上至下依次为信息层、控制层、设备层。它容纳了工厂部门之间的信息控制、工厂内的生产控制和生产线内的设备控制，以适应现代工厂对不同层次网络通信的需求。Q 系列 PLC 3 层网络提供清晰的层次，针对各种用途提供相应的网络产品，如图 5.8 所示。各层具体介绍如下。

（1）信息层／Ethernet（以太网）

信息层为网络系统中最高层，主要是在 PLC、设备控制器以及生产管理用 PC 之间传输生产管理信息、质量管理信息及设备的运转情况等数据，信息层使用最普遍的 Ethernet。它不仅能够连接 Windows 系统的 PC、UNIX 系统的工作站等，而且还能连接各种 FA 设备。Q 系列 PLC 的 Ethernet 模块具有因特网电子邮件收发功能，使用户无论在世界的任何地方都可以方便地收发生产信息邮件，构筑远程监视管理系统。同时，利用因特网的 FTP 服务器功能及 MELSEC 专用协议可以很容易地实现程序的上传／下载和信息的传输。

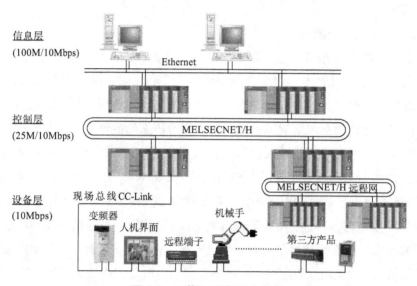

图 5.8　三菱公司的 PLC 网络

（2）控制层／MELSECNET／10（H）

控制层是整个网络系统的中间层，在 PLC、CNC（计算机数字控制机床）等控制设备之间方便且高速地处理数据互传的控制网络。PLC 控制网通常需要专业协议进行通信（如三菱的 MELSECNET／H 等），通信速度一般可以达到 25 Mbit／s。在可靠性要求高的场合，可以采用冗余系统。

作为 MELSEC 控制网络的 MELSECNET／10，具有良好的实时性、简单的网络设定、无程序的网络数据共享概念，以及冗余回路等特点，而 MELSECNET／H 则比 MELSECNET／10 网络的实时性更好，数据容量更大。

（3）设备层／现场总线 CC-Link

设备层是把 PLC 等控制设备和传感器以及驱动设备连接起来的现场网络，为整个网络系统最底层的网络。现场总线可以用开放的、可扩展的、全数字的双向多变量通信与高速、高可靠的应答代替传统的、设备间所需要的复杂连线和模拟量信号。采用 CC-Link 现场总线连接，布线数量大大减少，提高了系统可维护性。而且该网络不仅传递 ON／OFF 等开关量的数据,还可连接 ID 系统、条形码阅读器、变频器、人机界面(HMI)等智能化设备,从完成各种数据的通信到终端生产信息的管理均可实现,加上对机器动作状态的集中管理,使维修保养的工作效率也大大提高。目前,PLC 现场总线的标准不统一,通信速度一般可达 10 Mbps。

MELSECNET／H 和 CC-Link 使用循环通信的方式,周期性自动地收发信息,不需要专门的数据通信程序,只需简单的参数设定即可。MELSECNET／H 和 CC-Link 是使用广播方式进行循环通信发送和接收的,这样可做到网络上的数据共享。对于 Q 系列 PLC 使用的 Ethernet、MELSECNET／H 和 CC-Link 网络,可以在 GX　Developer 软件画面上设定网络参数以及各种功能。

Q 系列 PLC 互连开放系统除了支持上述网络之外,还可支持 PROFIBUS、Modbus、DeviceNet、ASi 等其他厂商的网络,可进行 RS-232／RS-422／RS-485 等串行通信,通过数据专线、电话线进行数据传送等多种通信方式。

3)Mitsubishi Q 系列 PLC 网络模块简介

(1)以太网模块

① QJ71E71-100:用于 10 BASE-5／10 BASE-T。

② QJ71E71-B2:用于 10 BASE-2。

③ QJ71E71-B5:用于 10 BASE-T／100 BASE-TX。

(2)MELSECNET／H 模块

① QJ71LP21-25:用于双回路、控制站、主站和普通站的 SI／QSI／H-PCF 光缆。

② QJ71LP21S-25:用于双回路、控制站、主站和普通站的带有外部供电功能的 SI／QSI／H-PCF 光缆。

③ QJ72LP25-25:用于双回路、远程 I／O 站的 SI／QSI／H-PCF 光缆。

④ QJ71LP21G:用于双回路、控制站、主站和普通站的 GI-50／125 光缆。

⑤ QJ72LP25G:用于双回路、远程 I／O 站的 GI GI-50／125 光缆。

⑥ QJ71LP21GE:用于双回路、控制站、主站和普通站的 GI-62.5／125 光缆。

⑦ QJ71LP25GE:用于双回路、远程 I／O 站的 GI GI-62.5／125 光缆。

⑧ QJ71BR11:75 Ω 的同轴电缆,用于单总线、控制站、主站和普通站。

⑨ QJ72BR15:75 Ω 的同轴电缆,用于单总线、远程 I／O 站。

⑩ Q80BD-J71LP21-25:个人计算机用的 MELSECNET／H 板,用于控制站、普通站的 SI／QSI／H-PCF 光缆规格。

(3)CC-Link 模块

① QJ61BT11N:主站／本地站。

② Q80BDE-J61BT11:个人计算机用的 CC-Link 板主站／本地站。

③ Q80BDE-J61BT13:个人计算机用的 CC-Link 板本地站。

5.2 Q 系列 CC-Link 网

5.2.1 CC-Link 概况

CC-Link（控制 & 通信链路）是一种数据链接系统，通过它可以建立成本低廉的分散系统。CC-Link 用专用电缆或屏蔽双绞线连接 I / O 模块、智能功能模块和特殊功能模块这样的分布式模块，可以减少大量的接线工作，连接后这些模块就可以由 PLC CPU 控制。

一般情况下，CC-Link 整个一层网络可由 1 个主站和 64 个从站组成。网络中的主站由 PLC 担当，从站可以是远程 I / O 模块、特殊功能模块、带有 CPU 和 PLC 的本地站、GOT 人机界面、变频器及各种测量仪表、阀门等现场仪表设备，且可实现从 CC-Link 到 AS-i 总线（actuator sensor interface，传感器 / 执行器接口）的连接。CC-Link 具有高速的数据传输速度，最高可达 10 Mbps。CC-Link 的底层通信协议遵循 RS485，一般情况下，CC-Link 主要采用广播 – 轮询的方式（循环方式）进行通信，CC-Link 也支持主站与本地站、智能设备站之间的瞬间通信，如图 5.9 所示。

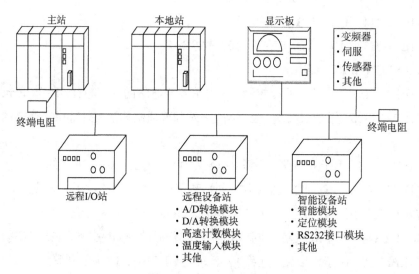

图 5.9　CC-Link 网络图

图 5.9 中所示各站的意义为：

① 主站：控制数据链接系统的站，每个系统需要一个主站。主站模块（如 Q 系列的 CC-Link 通信模块 QJ61BT11）安装在 PLC 的基板上，它管理 / 控制整个 CC-Link 系统。

② 本地站：有一个 PLC CPU 并且有能力和主站以及其他本地站通信的站。本地站安装在基板上，与主站和其他本地站进行通信，通信模块与主站模块相同，主 / 本地站的选择是由网络参数设置决定的。

③ 远程 I / O 站：仅处理以位为单位的数据的远程站（I / O 模块）。

④ 远程设备站：处理以位为单位和以字为单位的数据的远程站（特殊功能模块、变频器、GOT、传感器等）。

⑤ 智能设备站：能够通过瞬时传送来执行数据通信的站，如 RS-232C 接口模块、显示器等。

CC-Link 具有以下特点：

① 传送距离与速率

整个网络的传送距离取决于传送速率，在 10 Mbps 的传输速率下，可以达到 100 m 距离，在 156 kbps 的传输速率下，可以达到 1200 m 距离。

② 网络站数

包括远程 I/O 站、远程设备站、本地站、备用主站以及智能设备站在内的 64 个站可以连接在一个主站上。

③ 每个系统可以执行远程输入（RX）2048 点、远程输出（RY）2048 点和 512 个远程寄存器（RW）点的传送。

每个远程站或本地站的链接点数为：远程输入（RX）32 点、远程输出（RY）32 点、远程寄存器（RW）8 个，其中 RWw 4 个，RWr 4 个。

④ 高速发送和接收由 CC-Link 模块处理的输入/输出数据为系统提供稳定的实时控制，链接扫描时间为 1~5 ms。

⑤ 连接简单，减少配线，通过 RS485 总线，将各种控制设备连接成统一的设备网络层，形成分布式系统。

⑥ 可连接智能功能。除了可以循环传送以字/位为单位的数据，也可以瞬时传送，因此可通过显示模块、RS-232 模块与个人电脑进行数据传送。

⑦ 开放式系统。可以灵活配置各种 CC-Link 现场总线兼容产品。

CC-Link 的主要功能包括：

① 远程 I/O 站通信

使用远程输入 RX 和远程输出 RY 进行远程 I/O 站开关量通信，如图 5.10 所示。

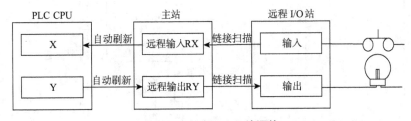

图 5.10 远程 I/O 站通信

② 远程设备站通信

使用远程输入 RX 和远程输出 RY 与远程设备站进行开关量信号（如初始请求、发生出错标志等）通信。

使用远程寄存器 RWw 和 RWr 与远程设备站进行寄存器数据通信（16 位），如图 5.11 所示。

③ 本地站通信

主站和本地站之间的通信使用两种类型的传送方法：循环传送和瞬时传送。

a. 循环传送：PLC CPU 之间的数据通信可以使用位软元件（远程输入 RX、远程输出 RY）和字软元件（远程寄存器 RWw 和 RWr）以循环刷新的方式进行，如图 5.12 所示。

b. 瞬时传送：主站与本地站之间可以用软元件的读（RIRD）或写（RIWT）指令在任何时间通过本地站和主站的瞬时传送缓冲区进行通信，如图 5.13 所示。

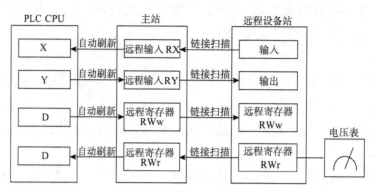

图 5.11 远程设备站通信

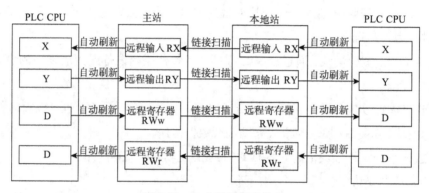

图 5.12 与本地站循环传送

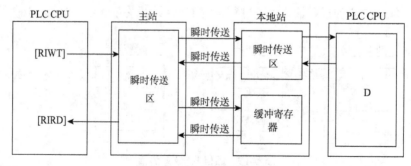

图 5.13 与本地站瞬时传送

④ 智能设备站通信

主站和智能设备站之间的通信同样也可使用循环传送和瞬时传送两种方法，与上述本地站方式相同。

⑤ CC-Link 实时网络的 RAS（Reliability Availability Serviceability）功能

a. 宕机预防（从站切断功能）：因为系统采用总线连接方法，即使一个模块系统因停电而失效，也不会影响和其他正常模块的通信，可以在数据链接的时候更换该模块。但是，如果断开了电缆连接，就禁止了所有站的数据链接。

　　b. 自动复位功能：如果因断电而从链接断开的站复位到正常状态，该站会自动加入数据链接。

　　c. 主站 PLC CPU 出错数据链接状态设置：如果主站的 PLC CPU 产生"SP. UNIT ERROR"这样的错误导致操作停止，数据链接状态可以设定为"停止"或者"继续"。如果是"BATTERY ERROR"这样可以继续进行操作的错误，则不管设置如何，数据链接都将继续。

　　d. 设定来自数据链接出错站的输入数据状态：可以清除从数据链接状态出错站输入（接收到的）的数据或者将它保持在出错之前瞬间的状态。

　　e. 待机主站功能：如果主站因 PLC CPU 或者电源故障发生故障，这个功能可以通过切换到备用主站的办法继续进行数据链接。在备用主站进行数据链接时，主站可以复位到在线，准备在备用主站宕机的时候启用。

　　⑥ 测试与监控功能

CC-Link 现场总线系统可以监视数据的链接状态以及进行硬件与线路的测试。

5.2.2　CC-Link 通信原理

　　根据 OSI 参考模型，CC-Link 进行了简化和改进，采用了 OSI 参考模型的物理层、数据链路层和应用层，省略了其 3~6 层，如图 5.14 所示。

　　CC-Link 通信分为如下三个阶段：

　　（1）初始循环

　　本阶段用于建立从站的数据链接。实现方式为：在上电或复位恢复后，作为传输测试，主站进行轮询传输，从站返回响应。

　　（2）刷新循环

　　本阶段执行主站和从站之间的循环传输或瞬时传输。

　　（3）恢复循环

　　本阶段用于建立从站的数据链接。实现方式为：主站向未建立数据链接的从站执行测试传输，该站返回响应。

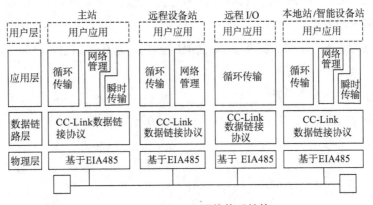

图 5.14　CC-Link 网络体系结构

5.2.3 网络参数设置

Q 系列 PLC 的 CC-Link 模块 QJ61BT11 面板如图 5.15 所示。

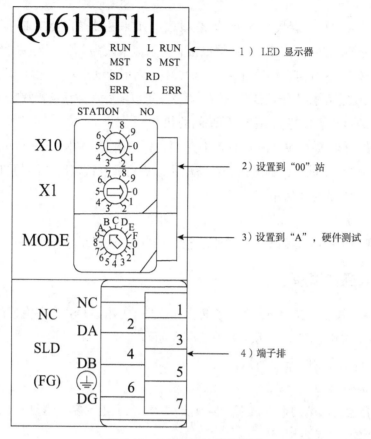

图 5.15 QJ61BT11 模块面板

说明:

1* LED 显示器

通过 LED 灯显示数据链接状态, 灯亮时表明: 模块正常(RUN)、所有站有通信错误(ERR)、作为主站运行(MST)、作为备用主站运行(S MST)、正在进行数据链接(L RUN)、主站通信错误(L ERR)、正在进行数据发送(SD)、正在进行数据接收(RD)。

2* 站号(STATION No.)设置

设置模块站号, 出厂设置为"0"。设置范围: 主站为 0; 本地站为 1~64; 备用主站为 1~64。

3* 通信模式(MODE)设置

设置模块的传送速率和运行条件, 出厂设置为"0"。设置范围如表 5.1 所示。

表 5.1　模块的设置范围

设置值	传送速率设置	模式	设置值	传送速率设置	模式
0	156 kbps		8	5 Mbps	线路测试
1	625 kbps		9	10 Mbps	
2	2.5 Mbps	在线	A	156 kbps	
3	5 Mbps		B	625 kbps	
4	10 Mbps		C	2.5 Mbps	硬件测试
5	156 kbps		D	5 Mbps	
6	625 kbps	线路测试	E	10 Mbps	
7	2.5 Mbps		F	不允许设置	

4* 端子排

连接用于数据链接的 CC-Link 专用电缆（使用一般屏蔽双绞线也可，但无法保证达到给定的性能指标），接线方法如图 5.16 所示。

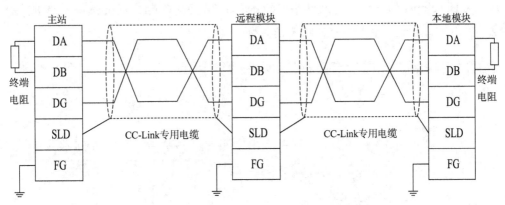

图 5.16　CC-Link 接线方法

端子 SLD 和 FG 在模块内连接。因为使用的是两件型端子排，所以不用断开连接到端子排的信号线就可以更换模块，但要关闭电源以后再更换模块。CC-Link 可以采用总线型和 T 型分支两种连接方式。

在 CC-Link 网络硬件配置完成后，进一步利用 GX Developer 软件进行网络参数设置。GX Developer 用于创建网络参数和自动刷新参数，然后把这些参数下载到 PLC CPU。PLC 系统通电或者 PLC CPU 复位时，PLC CPU 中的网络参数会被传送到主站，数据链接自动开始。

PLC CPU 参数区和主站模块参数存储器的关系如图 5.17 所示。

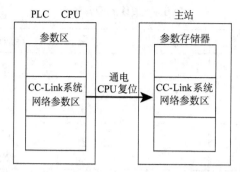

图 5.17　CPU 参数区和主站模块参数存储器的关系

（1）　CPU 参数区

本区用于设置控制 PLC 系统的基本值和控制 CC-Link 系统的网络参数。

（2）　主站参数存储器

本区用于存储 CC-Link 系统的网络参数。如果模块断电或者 PLC CPU 复位，就擦除网络参数。

用 GX Developer 软件设置主站网络参数，设置路径为［GX Developer］→［参数］→［网络参数］→［CC-Link］。设置内容如图 5.18 所示。

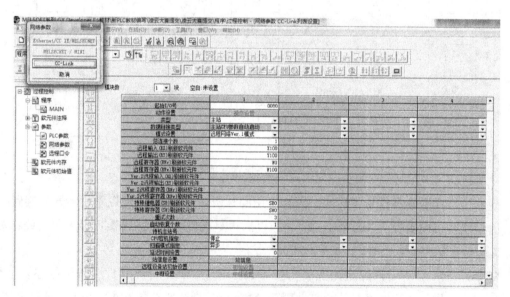

图 5.18　主站网络参数设置

说明：

1* 设置网络参数中的"模块数"。

　　缺省值：无。

　　设置范围：0 到 4（模块）。

　　本例：设置为 1（模块）。

2* 设置主站的"起始 I／O 地址"。

　　缺省值：无。

设置范围: 0000 到 0FE0。

本例: 设置为 0080。

3* 用 "动作设置" 设置数据链接出错站的名称。

即使没有设置名称也不会影响 CC-Link 系统的运行。

缺省值: 无。

设置范围: 8 个字母或少于 8 个字母。

本例: 未设置。

用 "动作设置" 设置数据链接出错站的输入状态。

缺省值: 清除(不选中 "保留输入数据")。

设置范围: 保留(选中 "保留输入数据")、清除(不选中 "保留输入数据")。

本例: 设置为清除(不选中 "保留输入数据")。

4* 用 "类型" 设置站类型。

缺省值: 主站。

设置范围: 主站、主站(双工功能)、本地站、备用主站。

本例: 设置为主站。

5* 用 "模式" 设置 CC-Link 模式。

缺省值: 在线(远程网络模式)。

设置范围: 在线(远程网络模式)、远程 I / O 网络模式、离线。

本例: 设置为在线(远程网络模式)。

6* 用 "总连接个数" 设置包括保留站在内的 CC-Link 系统中连接的站的总数。

缺省值: 64(模块)。

设置范围: 1 到 64(模块)。

本例: 设置为 1(模块), 将连接一个远程设备站(变频器)。

7* 用 "重试次数" 设置发生通信错误时的重试次数。

缺省值: 3(次)。

设置范围: 1 到 7(次)。

本例: 设置为 3(次)。

8* 用 "自动恢复个数" 设置通过一次链接扫描可以恢复到系统运行的模块数。

缺省值: 1(模块)。

设置范围: 1 到 10(模块)。

本例: 设置为 1(模块)。

9* 用 "待机主站号" 设置备用主站的站号。

缺省值: 空白(未指定备用主站)。

设置范围: 空白(未指定备用主站), 1 到 64。

本例: 设置为空白(未指定备用主站)。

10*用"CPU 宕机指定"设置主站 PLC CPU 发生错误时的数据连接状态。

缺省值：停止。

设置范围：停止、继续。

本例：设置为停止。

11*用"扫描模式指定"设置顺控扫描的链接扫描是同步的还是异步的。

缺省值：异步。

设置范围：异步、同步。

本例：设置为异步。

12*用"延迟时间设置"设置链接扫描间隔。

缺省值：0（未指定）

设置范围：0 到 100（单位为 50μs）

本例：设置为 0（μs）。

13*用"站信息设置"设置站数据。

缺省值：远程 I／O 站，占用 1 站，不设置预约／无效站指定。

设置范围：

① 站类型：未设置、远程 I／O 站、远程设备站、智能设备站（包括本地站和备用主站）。

② 占有站数：未设置、占有 1 站、占有 2 站、占有 3 站、占有 4 站。

③ 预约／无效站指定：未设、预约站、无效站（出错无效站）。

④ 智能缓冲区（通信和自动更新缓冲区）选择：未设置、发送（发送缓冲区容量：64～4096 字）、接收（接收缓冲区容量：64～4096 字）、自动（自动更新缓冲区容量：128～4096 字）。

本例：如图 5.19 所示。

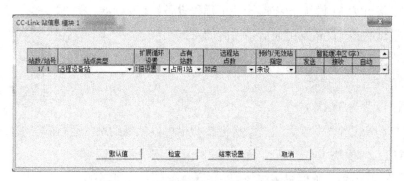

图 5.19 用"站信息设置"设置站数据

14*主站自动刷新参数设置

主站自动刷新参数设置包括：设置远程输入（RX）刷新软元件、设置远程输出（RY）刷新软元件、设置远程寄存器（RWr）刷新软元件、设置远程寄存器（RWw）刷新软元件、设置特殊继电器（SB）刷新软元件和设置特殊寄存器（SW）刷新软元件。

本例设置的自动刷新参数如图 5.18 所示。

另外,在 PLC 参数设置中,将主站模块的 I / O 占用点数量设为 32 点(I / O 地址分配: 智能 32 点)。CC-Link 系统中从站的设置方式是根据不同的从站模块而定,如远程 I / O 站、远程设备站、智能设备站,将在下一节举例说明。

5.2.4　主从站通信设计

本节通过一个应用举例——基于 CC-Link 现场总线的变频控制系统,介绍 CC-Link 网络主从站之间的通信设计。

1)变频器原理

变频器是一种把电压和频率固定不变的交流电变换为电压或频率可变的交流电的装置。

具体来说,它是一种利用电力半导体器件的通断作用,将工频电源变换为另一频率的电能控制装置。现在较常使用的变频器的工作方式多为交—直—交方式,原理是先将工频交流电源经过整流器转换成直流电源,再把直流电源转换成频率、电压均可控制的交流电源,向电动机供电。变频器的电路一般由整流、中间直流环节、逆变和控制 4 个部分组成。整流部分为三相桥式不可控整流器;逆变部分为 IGBT 三相桥式逆变器,且输出为 PWM 波形;中间直流环节为滤波、直流储能和缓冲无功功率。交—直—交变频器具有的优点包括:结构简单,输出频率变化范围大;功率因数高;谐波易于消除;可使用各种新型大功率器件。三菱公司 F700 系列变频器产品外观如图 5.20 所示。

图 5.20　三菱公司 F700 系列变频器产品外观

变频器用于风机、泵类的调速任务时具有十分显著的节能效果。下面以变频器对给水泵的调速来解释变频器的节能原理。变频器对电机(水泵)的控制方式为 V / F 控制,即变频器的输出频率与输出电压的比值是固定的,输出频率下降,输出电压下降,泵的转速也会下降。详细的节能原理如图 5.21 所示。

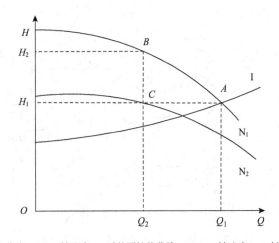

I：管路特性曲线；N_1：转速为 n_1 时的泵性能曲线； N_2：转速为 n_2 时的泵性能曲线；

Q：流量；H：扬程

图 5.21　变频器节能原理示意图

当管路流量为 Q_1 时，工作点为 A，泵的功率为 $P_A=H_1×Q_1$。当流量从 Q_1 降低至 Q_2 时，如果不对泵进行调速，泵的扬程将会提高至 H_2，工作点变为 B，泵的功率变为 $P_B=H_2×Q_2$。从图中的两个矩形面积 $A-H_1-O-Q_1$ 和 $B-H_2-O-Q_2$ 的面积大小可以看出，功率几乎没有发生变化；而如果通过变频器的调速，泵的转速由 n_1 变为 n_2，泵性能曲线下移，工作点变为 C，泵的功率变为 $P_C=H_1×Q_2$，矩形 $A-C-Q_2-Q_1$ 的面积即为节能效果。

下面以三菱公司 F500 系列变频器为例，介绍其作为远程设备站与三菱 QPLC 之间的 CC-Link 通信设计。

2）三菱 FR-F500 系列变频器

三菱 FR-F500 系列变频器也是采用交—直—交变频方式。本例选用型号为 FR-F540-1.5K-CH 的变频器，输入为 400 V 三相交流电源，输出功率为 1.5 kW，适用于控制给水泵、风机。该变频器有多种操作模式可供选择：

① 外部操作模式，由连接到变频器控制回路的外部信号来控制变频器的运行。

② PU 操作模式，即所有操作直接经由操作面板（PU）完成，不需外接操作信号。

③ 外部 / PU 组合操作模式。

④ 通信操作模式，通过 RS-485 通信电缆将个人计算机连接 PU 接口进行通信操作，或者当使用 PLC 进行控制时，通过 CC-Link 专用电缆将通信模块 FR-A7NC 与 PLC 的 QJ61BT11N 模块相连，进行通信操作。

本例中变频器控制系统采用的是通信操作模式，通过 CC-Link 通信线将变频器的 CC-Link 通信模块 FR-A7NC 与 PLC 的 CC-Link 主站模块 QJ61BT11N 相连，进行通信操作，用于驱动小型热工实验装置中的给水泵。

（1）主回路接线

三菱 FR-F500 系列变频器使用 400 V 三相交流电源，接线时，揭开变频器前盖板，在变频器下部可以看到主回路端子。将三相交流电源接在 R、S、T 端子（任意相顺序均可），将外接负载（泵）回路的供电线接于 U、V、W 端子。接线示意图如图 5.22 所示。

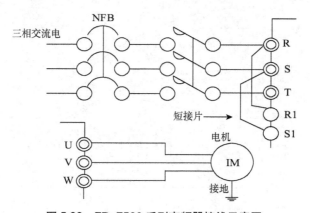

图 5.22　FR-F500 系列变频器接线示意图

（2）参数设置

通过变频器的控制面板可以对变频器参数进行设置。FR-F500 系列变频器的控制面板如

图 5.23 所示。

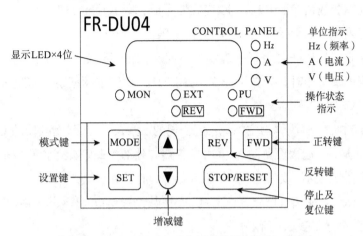

图 5.23　FR-F500 系列变频器的控制面板示意图

　　参数设定的方法按照以下步骤进行（此处以设置参数 Pr.79 为例，将运行模式更改为网络模式）：

　　① 按 MODE 键，将屏幕调至参数设定界面 $\boxed{Pr..}$。

　　② 按 SET 键，最高位开始闪烁，再按 SET 键，中间位闪烁，通过按 ▲ 和 ▼ 键，将最高位调成 "7"。再按一次 SET 键，最低位闪烁，将最低位调成数字 "9"。

　　③ 按下 SET 键，显示现在的设定值 Pr.79，通过按 ▲ 和 ▼ 将示值调至 2，并长按 SET 键 1.5 s，即将设定值改为 2。

　　通过以上的方法，将表 5.2 中的所有参数设置到变频器中。

表 5.2　变频器参数

参数号	设置数值	注　释
Pr.79	2	设置为网络模式
Pr.340	2	
Pr.1	50	上限频率设为 50 Hz
Pr.2	6.6	下限频率设为 6.6 Hz
Pr.7	1	加速时间设为 1 s
Pr.8	1	减速时间设为 1 s
Pr.9	8	电流保护设为 8 A
Pr.13	0.5	启动频率为 0.5 Hz
Pr.22	150	失速防止动作水平设为 150%
Pr.31	39	频率跳变设为从 34.5 Hz 跳到 39 Hz
Pr.32	34.5	
Pr.78	1	设置为不可逆转
Pr.244	1	冷却风扇动作选为智能模式

备注:

① 其他未列出参数请参照 FR-F540 变频器手册,此处不再赘述。

② 考虑到管路压力的承受能力,频率输出上限设为 50 Hz。

③ 在频率为 6.6 Hz 时正好保证不进水也不回水,故下限频率设为 6.6 Hz。

④ 由实验测得泵工作时共振频率为 35 ~ 38.5 Hz,故设置频率跳变越过这一段频率。

（3）主站与从站的 CC-Link 连接

以三菱 QJ61BT11N 模块作为主站,三菱公司的 FR-F500 系列变频器的 CC-Link 通信模块 FR-A7NC 作为从站(远程设备站),再由变频器与外部负载(如给水泵)相连,就可以实现通过 CC-Link 通信来控制负载工作(如给水泵给水)的任务。

① 打开 GX Developer 软件,打开 CC-Link 参数设置窗口:参数→网络参数→CC-Link。CC-Link 网络参数设置如表 5.3 所示。

表 5.3　CC-Link 网络参数设置

起始 I / O 号	0080
操作设置	设置
类型	主站
数据连接类型	PLC 参数自动模式
模式设置	远程网络 Ver.1 模式
总链接数	1
远程输入（RX）刷新软元件	X100
远程输出（RY）刷新软元件	Y100
远程寄存器（RWr）刷新软元件	W0
远程寄存器（RWw）刷新软元件	W100
特殊继电器（SB）刷新软元件	SB0
特殊继电器（SW）刷新软元件	SW0
再送次数	3
自动连接台数	1
CPU DOWN 指定	停止
扫描模式指定	异步
延迟时间设置	0
站信息指定	站信息
远程设备初始化指定	初始设置
中断设置	设置

点击窗口中的"站信息"按钮,设置变频器的站点信息:变频器作为远程设备站,站号为 1,占用一个站。

② 主站 QJ61BT11N 的硬件设置。QJ61BT11N 的实物图如图 5.24 所示。其中，上面两个旋钮为站号选择旋钮，QJ61BT11N 作为本地站，站号设置为 0；最下面的旋钮用于设置信号传输速率，设置为 0，即传输速率等于 2.5 Mbps／s。

③ 将与 FR-F500 型号变频器配套的 FR-A7NC 通信模块按要求插在变频器最下面的选件接口槽处。实验所用的 FR-A7NC 通信模块如图 5.25 所示。

图 5.24　QJ61BT11N 实物图　　　　　图 5.25　FR-A7NC 通信模块

④ QJ61BT11N 模块与变频器 FR-A7NC 通信模块的接线按图 5.26 进行。

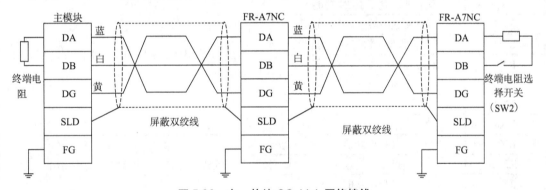

图 5.26　主、从站 CC-Link 网络接线

经过上述操作，QJ61BT11N 模块与变频器 FR-A7NC 模块的 CC-Link 通信连接就已经基本建立起来了。后续工作就是在 GX Developer 软件中编写通信程序，就可以完成各个实验对变频器的控制要求了。

⑤ 链接数据的分配与刷新

PLC CPU 与变频器的远程 I／O（RX，RY）之间的关系如图 5.27 左边所示；PLC CPU 和变频器的远程寄存器（RWw，RWr）之间的关系如图 5.27 右边所示。

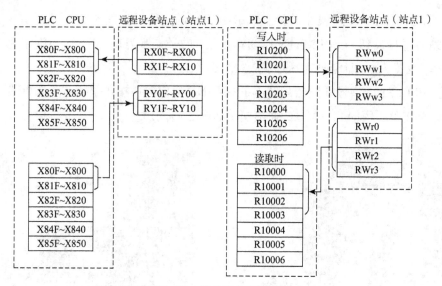

图 5.27 主、从站链接数据对应关系

CC-Link 通信时，PLC 的 QJ61BT11N 主站从变频器的从站中读取输入信息，输入信息的详细情况如表 5.4 所示。

表 5.4 CC-Link 通信中的主站输入信息

设备编号	信　号	说　明
RX0	正转中	OFF：非正转中（停止或反转中），ON：正转中
RX1	反转中	OFF：非反转中（停止或反转中），ON：反转中
RX2	运行中（端子 RUN 功能）	分配至端子 RUN、SU、OL、IPF、FU、ABC1 以及 ABC2 的功能启用
RX3	频率到达（端子 SU 功能）	
RX4	过负荷报警（端子 OL 功能）	
RX5	瞬时停电（端子 IPF 功能）	
RX6	频率检测（端子 FU 功能）	
RX7	异常（端子 ABC1 功能）	
RX8	−（端子 ABC2 功能）	
RX9	−（D00 功能）	分配至 Pr.313 ~ Pr.315 的功能启用
RXA	−（D01 功能）	
RXB	−（D02 功能）	
RXC	监视中	启用监视器指令（RYC）时，监视器值设至 RWr0、1、4 ~ 7，且监控（RXC）启用。当监视器指令（RYC）关闭时关闭
RXD	频率设定完成/转矩指令设定完成（RAM）	当频率/转矩设定指令（RYD）启用时，设定频率/转矩被写入变频器的 RAM 时，频率/转矩设定完成（RXD）启用。当频率/转矩设定指令（RYD）关闭时，频率/转矩设定完成（RXD）关闭

（续表）

设备编号	信　号	说　明
RXE	频率设定完成 / 转矩指令设定完成（RAM，EEPROM）	当频率 / 转矩设定指令（RYE）启用，设定频率 / 转矩被写入变频器的 RAM 和 EEPROM 时，频率 / 转矩设定完成（RXE）启用。当频率 / 转矩设定指令（RYE）关闭时，频率 / 转矩设定完成（RXE）关闭
RXF	命令代码执行完成	当命令代码执行请求（RYF）启动，执行命令代码（RWw2、10、12、14、16、18）对应的操作完成后，该信号启动。当命令代码执行完成（RXF）关闭后关闭
RX1A	异常状态标志	当发生变频器异常（保护功能启用）时启动
RX1B	远程站就绪	开启电源或硬件复位后，初始设定完成，变频器进入就绪状态时，该信号开启（用作从主机读取 / 写入主机的互锁）。当发生变频器异常（保护功能启用）时关闭

读取完输入信息后，经过 PLC 的处理，主站将输出信息返回给变频器从站，从而实现了 PLC 对变频器的控制，输出信息详细情况如表 5.5 所示。

表 5.5　CC-Link 通信中的主站输出信息

设备编号	信　号	说　明	
RY0	正转命令	OFF：停止指令 ON：正转启动	当信号开启时，启动指令输入至变频器；当两个信号同时开启时给出停止指令
RY1	反转命令	OFF：停止指令 ON：反转启动	
RY2	高速运行指令（端子 RH 功能）	分配至端子 RH、RM、RL、JOG、RT、AU 和 CS 的功能启用	
RY3	中速运行指令（端子 RM 功能）		
RY4	低速运行指令（端子 RL 功能）		
RY5	点动运行指令（端子 JOG 功能）		
RY6	第二功能选择（端子 RT 功能）		
RY7	电流输入选择（端子 AU 功能）		
RY8	瞬时停电再启动选择（端子 CS 功能）		

（续表）

设备编号	信　号	说　明
RY9	输出停止	开启 MRS 信号以停止变频器输出
RYA	启动信号自保持选择（端子 STOP 功能）	分配至端子 STOP 和 RES 的功能启用
RYB	复位（RES 端子功能）	
RYC	监视器指令	启用监视器指令（RYC）时，监视器值设至远程寄存器 RWr0、1、4~7，且监控（RXC）启用。当监视器指令（RYC）启用时，监视器值始终更新
RYD	频率设定指令/转矩指令（RAM）	当频率/转矩设定指令（RYD）启用时，设定频率/转矩（RWw1）写入变频器的 RAM。写入完成后，频率/转矩设定完成（RXD）启动。实时无传感器矢量控制或矢量控制下的转矩控制的同时写入转矩设定指令（RAM）
RYE	频率设定指令/转矩指令（RAM，EEPROM）	当频率/转矩设定指令（RYE）启用时，设定频率/转矩（RWw1）写入变频器的 RAM 和 EEPROM。写入完成后，频率/转矩设定完成（RXE）启动。实时无传感器矢量控制或矢量控制下的转矩控制的同时写入转矩设定指令（EEPROM）。要连续更改运行速度，需始终将数据写入变频器 RAM
RYF	命令代码执行请求	当命令代码执行请求（RYF）启用时，执行设至 RWw2、10、12、14、16 以及 18 的命令代码所对应的操作。命令代码执行完成后启动命令代码执行完成（RXF）。发生命令代码执行异常时，应答代码（RWr2，10，12，14，16，18）设为"0"以外的值
RY1A	异常复位请求标志	如果仅当发生变频器故障时启用异常复位请求标志（RY1A），则变频器复位且异常状态标志（RX1A）关闭

综上所述，CC-Link 网络系统通过 CC-Link 的传输协议，使用数据连接区进行通信。通信应用系统的设计步骤如下：

① 根据系统要求，设计系统连接，完成硬件接线。

② 设定主站模块，如站号、模式。

③ 设定从站模块。

④ 设定网络参数。

⑤ 设定主站和从站的自动刷新参数：远程输入 RX，远程输出 RY，远程寄存器 RWr、RWw，特殊继电器 SB 和特殊寄存器 SW，建立起主站与从站的 I/O 对应关系。

⑥ 进行 PLC 通信编程。在建立了 I/O 对应关系后，远程输入/输出均可以像本地 I/O 一样操作。

5.3　基于 CC-Link 的小型热工 PLC 控制实验台设计

　　基于 CC-Link 的小型热工 PLC 控制实验台由双容水箱控制对象、检测元件、执行机构、Q00J PLC 控制器、变频器、GOT 等硬件组成。在该实验平台上可以进行液位、压力、流量、温度控制实验。双容水箱系统示意图如图 5.28 所示。

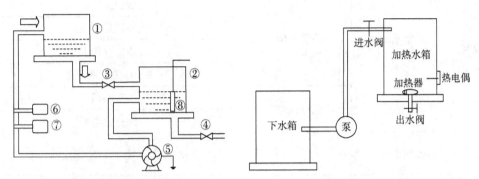

(a) 液位、流量、压力控制对象　　　　　　　(b) 温度控制对象

① 上位水箱；② 下位水箱；③ 手动阀门 1；④ 手动阀门 2；⑤ 给水泵；

⑥ LWGB-4 型流量变送器；⑦ TS-801 型压力变送器；⑧ BPY-800-D 型液位变送器

图 5.28　双容水箱系统示意图

　　该实验平台包括两组双容水箱，如图 5.28 所示，分别用于液位、流量、压力控制和温度控制。通过这个实验平台可以进行基本元件的检测实验和控制相关实验，包括模拟量 AD / DA 实验、一阶单容水箱对象阶跃测试、单容水箱液位 PID 控制实验、广义频率特性法整定 PI 参数、最小二乘法辨识单容水箱液位模型参数、二阶双容水箱对象阶跃响应测试实验、二阶双容水箱液位 PID 控制实验、温度对象特性测试实验（包括纯滞后特性）、加热水箱温度 PID 控制实验等。

5.3.1　系统硬件组成

1）小型热工实验台

热工实验对象实物由双容水箱、检测元件、执行机构组成，如图 5.29 所示。

图 5.29　双容水箱系统实物图

其中所用部件明细如表 5.6～表 5.8 所列。

表 5.6　小型热工 PLC 控制实验台部件

过程控制实验装置	对象系统	实验对象	双水箱水位控制系统
			加热水箱温度控制系统
		检测机构	液位变送器
			涡轮流量变送器
			压力变送器
			Pt100 温度变送器
		执行机构	变频器
			固态继电器
	控制系统		PLC 控制系统

表 5.7　主要设备及元器件

设备及元件	型号	规格及备注
泵	JET-370	380 V　50 Hz　0.37 kW　Q_{max}=2.7 m^3/h　H_{max}=35 m
水箱	—	30 cm×30 cm×40 cm　有机玻璃
实验台	—	不锈钢可移动实验台，SNS 快速接头，有机玻璃管
固态继电器		输入：16-33 VDC
开关电源	CL-A2-35-24	
空气开关	BH-DN C6	AC INPUT:110 V/220 V 50 Hz；DC OUTPUT:24 V 1.5 A
PLC	Q00J	带 QX42、QY41P、Q64AD、Q62DA、QJ61BT11N 模块
变频器	FR-F540-1.5K-CH	三相 400 V，容量 1.5 kW
加热器	—	额定功率 500 W
CC-Link 模块	FR-A7NC	用于变频器与 PLC 上的 CC-Link 通信
触摸屏 GOT	GT1055-QSBD-C	5.7 英寸型，高亮度背光灯，STN 彩色 256 色

表 5.8　各变送器规格

设备及元件	型号	量程	输入	输出	精度
液位变送器	BPY-800-D	0～1 m	16～33 VDC	4～20 mA	1
涡轮流量变送器	LWGB-4	0～0.25 m^3/h	16～33 VDC	4～20 mA	0.1
压力变送器	TS-801	0～0.6 MP	16～33 VDC	0～10 V	—
温度计变送器	PT100	0～100 ℃	16～33 VDC	0～10 V	—

2）控制系统

由 Q00J PLC 通过 CC-Link 网络连接变频器，用 USB 串行总线连接 GT1055-QSBD-C 触摸屏，构成小型热工实验台的 PLC 控制系统，实物如图 5.30 所示。

图 5.30 基于 CC-Link 的 PLC 控制系统

（1）Q00J PLC 系统软硬件设置

PLC CPU 的类型为 Q00J，插槽 1 ~ 5 的模块依次为 QX42、QY41P、Q64AD、Q62DA、QJ61BT11N 模块。通过 GX Developer 软件为 PLC 分配 I / O 点数，如表 5.9 所示。

表 5.9 PLC 系统 I／O 分配表

插槽	类型	类型名	点数	起始 XY
CPU	CPU	Q00J	—	—
0	输入	QX42	64	0000
1	输出	QY41P	32	0040
2	智能	Q64AD	16	0060
3	智能	Q62DA	16	0070
4	智能	QJ61BT11N	32	0080

AD／DA 智能模块的参数设置如表 5.10 所示。

表 5.10 AD／DA 智能模块参数设置表

起始 I／O 号	模块名		初始设置	自动刷新
0060	Q64AD		允许	允许
0070	Q62DA		允许	允许
设置项目	模块侧转换字长		转换方向	PLC 侧软元件
CH1 数字输出值	1	1	CH1 → D11	D11
CH2 数字输出值	1	1	CH2 → D12	D12
CH3 数字输出值	1	1	CH3 → D13	D13
CH4 数字输出值	1	1	CH4 → D14	D14
CH1 数字值	1	1	CH1 → D21	D21
CH1 数字值	1	1	CH1 → D22	D22

通过以上的设置，就可以将各个检测机构采集到的实验数据通过模数转换模块存储到 PLC 的软元件 D11～D14 中，同时也可以将软元件 D21、D21 中的值通过数模转换模块输出模拟量到外部。

（2）变频器参数设置

变频器的网络参数设置与 5.2.4 节介绍的相同，详见表 5.2。采用通信操作方式，通过 CC-Link 专用电缆将变频器远程设备站与 PLC 主站相连，进行通信操作，即 Q00J PLC 的 QJ61BT11N 模块（主站）与变频器 FR-F540-1.5K-CH 的通信模块 FR-A7NC（从站）通过 CC-Link 总线连接，主、从网站的 CC-Link 网络参数设置同 5.2.4 节。

5.3.2　系统软件设计

（1）人机界面设计

小型热工控制实验平台有一些需要手动操作的部分，可通过触摸屏来操控图形操作界面。为了实现双水箱温度、压力、流量、液位的过程控制，需要对该触摸屏进行如下设计：

① 在人机界面中加入温度、压力、流量和液位的设定值调节与过程值检测，以及电机启动的开关和 PID 的投入和取消操作。

② 各界面之间也需要有很好的衔接，应加入操作对象的选择界面，使对各项的操作更加便捷，并在各子界面中设置返回选择界面以实现各子界面的并联。

③ 在完成界面的编辑后，编辑各界面中的数值输入开关、位开关、画面切换开关，同时将各软元件对应至各操作对象上，将各项过程值显示在画面中并在触摸屏中生成相关的对比棒图和趋势图表。

④ 在确定操作界面所需功能全部涉及且界面中各项与软元件对应无误后，将触摸屏操作程序与对应 PLC 的驱动写入触摸屏，连接 PLC 测试触摸屏中操作程序，实现功能完整且正确。

本系统中的人机界面采用三菱 GOT1000 系列的 GT1055-QSBD-C 型触摸屏。该屏为 5.7 英寸型，高亮度背光灯，STN 彩色 256 色，分辨率 320×240，标准内存 3 M，内置标准接口 USB／RS-422／RS-232，防护等级 IP67f，使用更加轻巧便捷。在 GOT 上显示的监视画面是在个人电脑上用专用软件 GT Designer 创建的。GT Designer 提供了丰富的图元供编辑画面和定制功能，通过粘贴一些开关、指示灯、数值显示、曲线等被称为对象的图元来创建画面；然后通过设置 PLC CPU 中的软元件（位，字）规定画面中这些对象的动作；最后通过 RS-232C 电缆或 PC 卡（存储卡）将创建的监视画面下载到 GOT 中。

本系统中的 GOT 画面最初是采用三菱电机触摸屏开发软件 GT designer2.79 进行设计的。操作步骤如下：

① 打开 GT Designer 2.79 开发软件，在菜单栏中选择［画面］—［新建］—［基本画面］，在新建的画面中单击鼠标右键，选择"画面的属性"对画面的名称、颜色等进行调节和编辑。

② 在菜单栏中选择［图形］—［文本］，在画面中添加文本，在文本区域中点击右键，选

择"属性更改"，对文本内容和样式进行调整和编辑。

③ 建立多个画面之后，在菜单栏中选择［对象］—［开关］—［画面切换开关］，做好各画面之间的切换衔接。通过在菜单栏中选择［对象］—［开关］—［位开关］，设置开关并通过单击右键对开关所对应的软元件和开关样式进行设置和编辑。

④ 在菜单栏中选择［对象］—［数值输入］，设置设定值编辑窗口；选择［对象］—［数值显示］，设置过程值显示窗口；选择［对象］—［图表］—［趋势图表］，将设定值和过程值的对比和趋势显示在画面上；选择［对象］—［图表］—［条形图表］，将设定值和过程值的数值对比清晰地显示在画面上。在各项目上单击鼠标右键，选择"属性更改"，可以选择所对应的软元件。

⑤ 完成对各页面及页面中各项的编辑后即可将GTE格式程序写入触摸屏中。接通电源，使触摸屏开启，连接计算机与触摸屏，在菜单栏中选择［通讯］—［跟GOT的通讯］，选择标签"工程下载→GOT"，勾选"基本画面"后点击"下载"，选择标签"OS安装→GOT"，勾选"通讯驱动程序"中"QnA／Q CPU"和"基本功能"后点击"安装"。

⑥ 连接触摸屏与PLC，点击画面中各开关和数值输入开关，观察水箱是否正常运转，数值显示框中是否能够正确显示对应数值。

在画面调试阶段，可以使用三菱公司的触摸屏仿真软件 GT Simulator 在计算机上模拟触摸屏。通过 GT Simulator 在个人电脑上仿真 GOT 的操作，在没有 GOT 本体的情况下也可以进行监视数据的调试。此外，通过与 GX Simulator 配合使用可以进行画面调试，如果在同一台个人电脑上安装 GX Simulator 及 GT Designer，仅用一台个人电脑就可以进行从画面制作到画面调试的全过程操作。需要修改画面时，通过 GT Designer 进行画面修改后，可以立即用 GT Simulator 确认变更结果，因此可以大幅度地提高设计效率。本系统人机界面先期设计采用 GOT975 触摸屏，后改为 GOT1055 触摸屏，由于 GT Simulator 2 版本不能模拟 GOT1000系列中 GT10 触摸屏，因此需使用 GT Simulator 3 版本，先期用 GT Designer 2 制作的画面文件需要升级为 GT Designer 3 格式。使用 GT Simulator 3 模拟触摸屏的操作步骤如下：

① 打开 GT Designer 3，将所使用的触摸屏界面由版本 2 的 GTE 格式文件转化为版本 3 的 GTW 格式文件。

② 连接计算机与 PLC，打开 GT Simulator 3，勾选"GOT1000 系列（GT10）模拟器"后启动。

③ 在菜单栏中选择［模拟］—［选项］，在"通讯设置"选项卡中"连接方法"选择"CPU""MELSEC-Q""通讯端口"，通过"设备管理器"查看后选择正确的对应端口。

④ 在"动作设置"标签中"GOT 类型"选择"GT10**-Q"后点击确定。

⑤ 在菜单栏中选择［工程］—［打开］—［工程］，打开之前保存的 GTW 格式文件所在文件夹后即可通过计算机模拟触摸屏。

本例设计得到的小型热工 PLC 控制实验台的部分人机操作界面如图 5.31 所示。

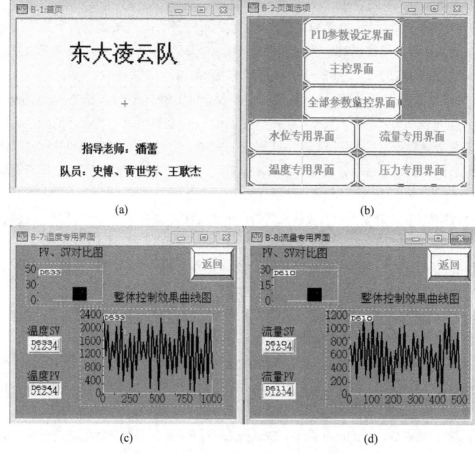

(a)　　　　　　　　　　　　　(b)

(c)　　　　　　　　　　　　　(d)

图 5.31　小型热工 PLC 控制系统人机界面

（注：此小型热工 PLC 控制系统设计获得第六届"三菱电机杯"大学生自动化应用设计大赛一等奖。）

与 PLC 通信时的 GOT 显示画面如图 5.32 所示：

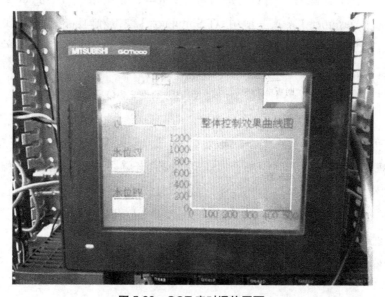

图 5.32　GOT 实时通信画面

（2）PLC 控制流程图

PLC 顺控程序流程图如图 5.33 ~ 图 5.35 所示。

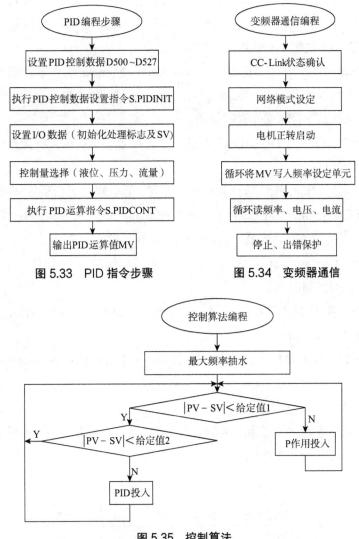

图 5.33　PID 指令步骤　　　　图 5.34　变频器通信

图 5.35　控制算法

（3）采样数据记录

小型热工 PLC 控制实验台的实验数据可以通过三菱 MELSEC 软件 MX Sheet 记录下来，操作步骤如下：

① 打开 Excel 并保存 Excel 工作簿，拖拉单元框以指定单元框区域，用于日志数据的显示。在菜单栏中选择［MX Sheet］—［Cell Setting］，显示"Cell Setting"对话框。

② 在"Use"标签中编辑"Cell Area Name"，其余项目保留默认设置。

③ 在"Access Data"标签中点击"Communication Settings"，打开"Communication Setup Utility"以设置逻辑站号；选择"Target Setting"标签，点击"Wizard"，在"Logical Station Number"中输入"1"并点击"Next"，按照通信端口完成设置后点击"Next"，按照 PLC 类型完成设置后点击"Next"，"Station type"和"Multiple CPU"分别选择"Host station"和"None"，

点击"Next",输入任意字符后点击"Finish"。

④ 在"Communication Setup Utility"项的"Target Setting"标签中,检查逻辑站号的设置是否正确。检查完成后,点击"Connection Test"标签,点击"Test"以确保 PLC 和计算机之间可以正常通信,然后点击"Exit"关闭"Communication Setup Utility"。若不能正常通信,则会出现一个错误消息。请检查错误定义并消除错误。

⑤ 设置"Access Data"标签,选择"Logical Station Number",设置数据要存入日志的软元件,"Data Type"设置为"16bit integer","No. of cells"按需要进行设置,设置完成后点击"Operation time"标签设置日志操作时间间隔。

⑥ 点击"Apply"应用"Cell Setting"对话框中的设置生效,确认单元框区域已注册在显示画面中,然后点击"OK"。

⑦ 检查以上设置,确认 PLC 与计算机正确连接,通信端口无误后在菜单栏中选择［MX Sheet］—［1 Shot Communication］,当"1 Shot Communication"对话框出现时,选择之前设置的单元框区域名,点击"OK"以启动 1 Shot Communication。

⑧ 执行 1 Shot Communication 之后,"########"显示在单元框的第一个单元格中,调整单元格列宽即可显示时间和日期。

⑨ 从菜单栏中选择［MX Sheet］—［Start Communication］以开始日志记录,当确认信息对话框出现时,点击"Yes"。

⑩ 结束通信时,从菜单栏中选择［MX Sheet］—［End Communication］以结束日志记录。

（4）控制效果

① 对上水箱液位进行 PID 控制,液位设定值为 600（未做工程量变换的 A／D 转换数字值）,对液位采样值记录片段如表 5.11 所示。

表 5.11 水位数字量采样值记录片段

2015／05／11 Mon 14:57:55	388
2015／05／11 Mon 14:57:56	392
2015／05／11 Mon 14:57:57	385
2015／05／11 Mon 14:57:58	387
2015／05／11 Mon 14:57:59	386
2015／05／11 Mon 14:58:00	387
2015／05／11 Mon 14:58:01	387
2015／05／11 Mon 14:58:02	389
2015／05／11 Mon 14:58:03	388
2015／05／11 Mon 14:58:04	389
2015／05／11 Mon 14:58:05	388
2015／05／11 Mon 14:58:06	388
2015／05／11 Mon 14:58:07	403

利用 Excel 图表绘制功能，对记录下来的液位数据绘制散点图，如图 5.36 所示，可以看出液位 PID 控制的效果较好。

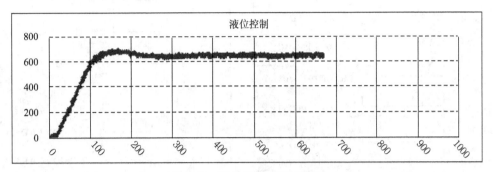

图 5.36　液位的 PID 控制结果

② 加热水箱温度 PID 控制

加热水箱液位 10 cm，环境温度 27℃，初始水温数字量测量数值 1100，温度设定值 1500，在 PLC 程序中，比例项 100，积分时间 300 s，微分时间 10 s。为加快实验进程，在温度测定值到 1300 之后开始投入控制，之前加热器保持最大功率加热。根据实验数据所绘制的散点图如图 5.37 所示。

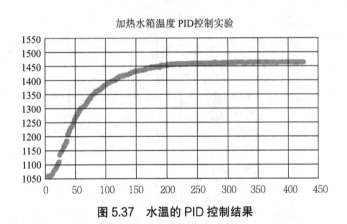

图 5.37　水温的 PID 控制结果

（5）PLC 控制程序

用于小型热工 PLC 控制实验台的梯形图控制程序如图 5.38 所示，包括液位、压力、流量、温度 PID 控制。

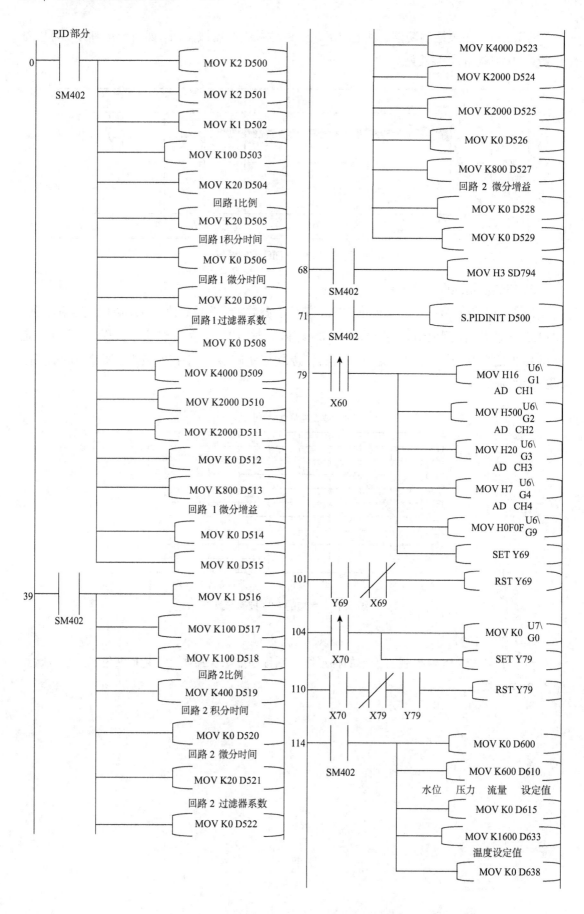

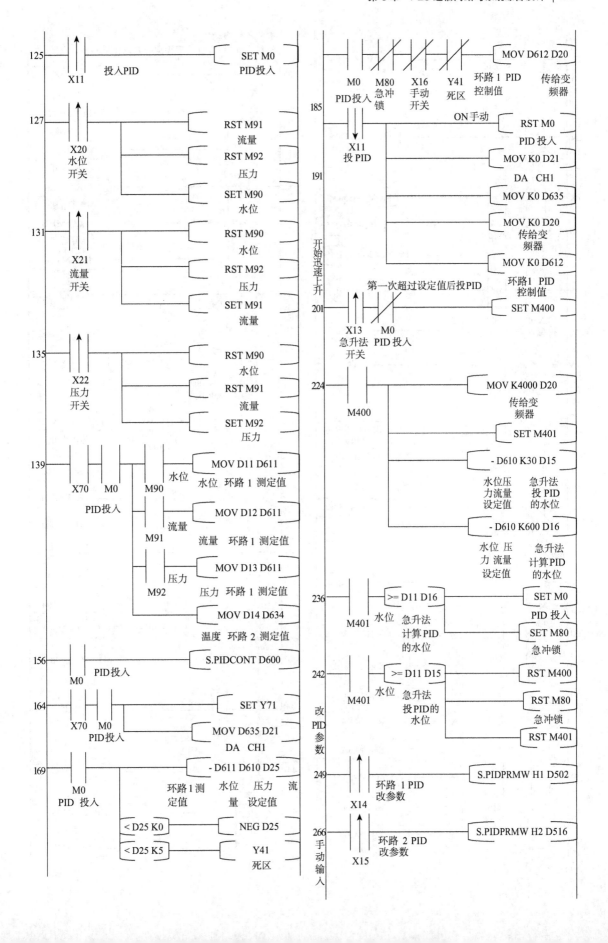

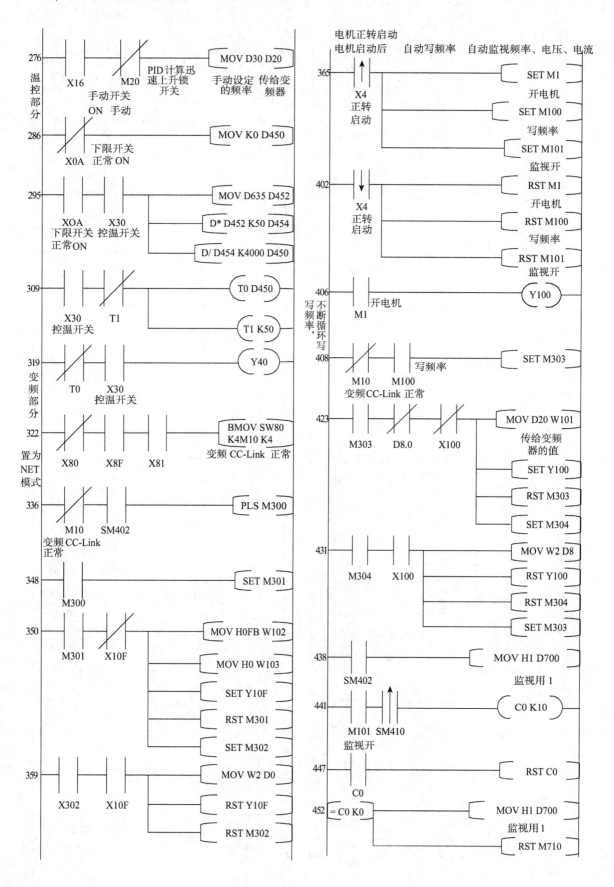

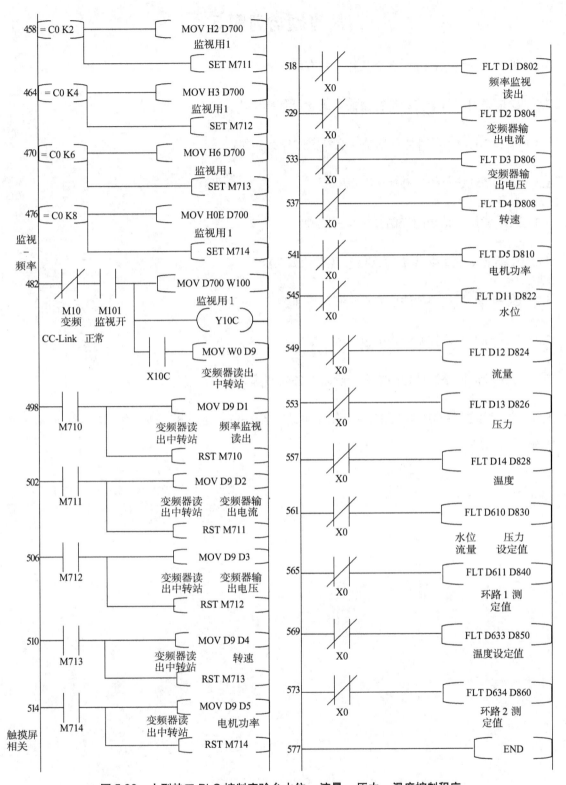

图 5.38　小型热工 PLC 控制实验台水位、流量、压力、温度控制程序

思考题与习题 5

5.1　常见的网络拓扑结构有哪几种？各有什么特点？

5.2　比较说明并行通信和串行通信的概念及其特点。

5.3　OSI 参考模型的各层分别是什么？完成什么功能？

5.4　什么是现场总线？有什么特点？

5.5　PLC 常用通信访问控制方法有哪几种？

5.6　三菱 PLC 网络体系有哪几层？各有什么功能？

5.7　CC-Link 采用何种通信方式？有何特征？

5.8　CC-Link 网络体系结构中包含哪几层？

5.9　CC-Link 网络通信包括哪几个阶段？各处理哪些任务？

5.10　试述以三菱 QJ61BT11N 模块作为主站，CC-Link 通信模块 FR-A7NC 作为从站时的参数如何设置。

第6章 可编程序控制器实验指导书

可编程控制器的学习与实践紧密结合后，才能取得事半功倍的效果。本章编排了一些常用和典型的可编程控制器实验，与第2章的基本指令编程、第3章的开关量控制、第4章的模拟量控制以及第5章的热工PLC控制系统中所介绍的内容相呼应，旨在通过实验的训练，达到促进知识掌握、深化理解、提高技能的目的。

在可编程控制器实验室中，LED灯模拟试验箱是常见的实验对象，适合于开关量控制练习。LED模拟实验箱具有效果直观、方便简易、成本低廉的优点，本章的开关量实验基于LED灯模拟试验箱，如图6.1所示，但不限于使用这种实验箱，可有多种实现手段，在没有实验对象的条件下，也可采用GX Simulator仿真软件进行仿真实验。本章的模拟量控制实验基于第5章所述的小型热工PLC控制实验台，但可作液位、压力、流量和温度控制的对象不限于此，因此本章实验指导书不受限于具体的实验设备，以下给出的控制对象图片仅作为参考。

6.1 PLC编程基础实验

6.1.1 与或非逻辑功能实验

一、实验目的

1. 熟悉PLC实验装置；

2. 熟悉操作GX Developer和GX Simulator软件；

3. 掌握与、或、非逻辑功能的编程方法。

二、实验内容

编制梯形图程序实现与、或、或非、与非门逻辑，通过输入并运行程序来判断Y41、Y42、Y43、Y44的输出状态。实验参考指令表见表6.1。

表6.1 基本逻辑指令表

步序	指令	元件号	说　明	步序	指令	元件号	说　明
0	LD	X1	输入	3	LD	X1	
1	AND	X3	输入	4	OR	X3	
2	OUT	Y41	与门输出	5	OUT	Y42	或门输出

（续表）

步序	指令	元件号	说　明	步序	指令	元件号	说　明
6	LD	X1		10	ORI	X3	
7	ANI	X3		11	OUT	Y44	与非门输出
8	OUT	Y43	或非门输出	12	END		程序结束
9	LDI	X1					

三、实验步骤

梯形图中的 X1、X3 分别对应控制实验单元输入开关 X1、X3。

通过专用编程电缆连接 PC 与 PLC 主机。打开 GX Developer 后，将可编程控制器主机上的 STOP／RUN 按钮拨到 RUN 位置，运行指示灯点亮，表明程序开始运行，有关的指示灯将显示运行结果。

拨动输入开关 X1、X3，观察输出指示灯 Y41、Y42、Y43、Y44 是否符合与、或、非逻辑的正确结果。

本实验可以在 LED 模拟实验箱（如图 6.1）上进行，输入信号通过一组开关或按钮发出，输出信号接 LED 显示灯，如图 6.2 所示。

图 6.1　LED 模拟实验箱

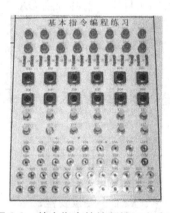

图 6.2　基本指令的编程练习实验区

6.1.2　定时器／计数器功能实验

一、实验目的

掌握定时器、计数器的正确编程方法，并学会定时器和计数器扩展方法。

二、实验内容

1. 定时器的认识实验

定时器的控制逻辑是经过时间继电器的延时动作，然后产生控制作用。其控制作用同一般继电器。输入并观察表 6.2 定时器程序的结果。

表 6.2　定时器指令表程序

步序	指令	元件号	说　明
0	LD	X1	输入
1	OUT	T0	延时 5 s
2	—	K50	—
3	LD	T0	
4	OUT	Y40	延时时间到，输出
5	END		程序结束

2. 计数器认识实验

实现一个由定时器 T0 和计数器 C0 组成的组合电路。T0 形成一个设定值为 10 s 的自复位定时器，当 X0 接通，T0 线圈得电，经延时 10 s，T0 的常闭接点断开，T0 定时器断开复位，待下一次扫描时，T0 的常闭接点才闭合，T0 线圈又重新得电。即 T0 接点每接通一次的时间为一个扫描周期。计数器 C0 对这个脉冲信号进行计数，计数到 20 次，C0 常开接点闭合，使 Y0 线圈接通。从 X0 接通到 Y0 有输出，总延时时间为定时器和计数器设定值的乘积：$T_\text{总}=T_\text{T0} \times C0 = 10 \times 20 = 200$ s。计数器及其扩展的指令表程序参考表 6.3。

表 6.3　计数器指令表程序

步序	指令	元件号	说　明	步序	指令	元件号	说　明
0	LD	X1	输入	6	LD	T0	—
1	ANI	T0	—	7	OUT	C0	计数 20 次
2	OUT	T0	延时 10 s	8	—	K20	—
3	—	K100	—	9	LD	C0	
4	LD	X0	输入	10	OUT	Y40	计数满，输出
5	RST	C0	计数器复位	11	END	—	程序结束

3. 定时器、计数器扩展实验

由于 PLC 的定时器和计数器都有一定的定时范围和计数范围，如果需要的设定值超过其范围，我们可以通过几个定时器和计数器的串联组合来扩充设定值的范围。

编写梯形图程序计算出总的计时值：$T_\text{总}=C0 \times C1 \times T_\text{T1} = 20 \times 3 \times 1 = 60$ s。

可在基本指令的编程练习实验区（图 6.2）完成本实验。

4. 定时器、计数器的应用设计

（1）利用定时器、计数器设计顺通延开、延通延开、顺序启停电路。

（2）利用定时器、计数器设计分频电路，按一定的时序控制彩灯的亮灭，形成霓虹灯的效果。

三、编写 PLC 程序进行测试

可在基本指令的编程练习实验区（图 6.2）完成本实验。

6.1.3　水塔水位控制

一、实验目的

用 PLC 构成水塔水位自动控制系统。

二、控制要求

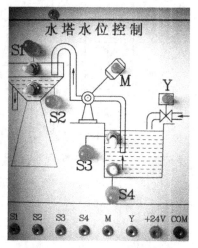

当水塔水位低于水塔低水位界时（用 S4 为 ON 表示），阀门 Y 打开进水（Y 为 ON），定时器开始定时，4 s 后，如果 S4 还不为 OFF，那么阀门 Y 指示灯闪烁，表示阀门 Y 没有进水，出现故障，S3 为 ON 后，阀门 Y 关闭（Y 为 OFF）。当 S4 为 OFF 且水塔水位低于水塔低水位界时，S2 为 ON，电机 M 运转抽水。当水塔水位高于水塔高水位界时电机 M 停止。

本实验区下框中的 S1、S2、S3、S4 分别接主机的输入点 X0、X1、X2、X3，M、Y 分别接主机的输出点 Y40、Y41。

三、编写 PLC 程序进行测试

可在 LED 灯模拟实验箱的水塔水位控制区完成本实验，如图 6.3 所示。

图 6.3　水塔水位控制实验区

6.2　开关量控制实验

6.2.1　十字路口交通灯控制的模拟

一、实验目的

熟练使用各基本指令，根据控制要求，掌握 PLC 的编程方法和程序调试方法，使学生了解用 PLC 解决一个实际问题的全过程。

二、控制要求

交通灯模拟控制实验区中（如图 6.4 所示），上框中的东、西、南、北三组红、绿、黄三色发光二极管模拟十字路口的交通灯。下框中的南北红、黄、绿灯插孔 R1、Y1、G1 分别接主机的输出点 Y2、Y1、Y0，东西红、黄、绿灯插孔 R2、Y2、G2 分别接主机的输出点 Y5、Y4、Y3，模拟南北向行驶车辆的灯接主机的输出点 Y6，模拟东西向行驶车辆的灯接主机的输出点 Y7；下框中的启动开关输入 SD 接 PLC 的输入端 X0。

信号灯受一个启动开关控制，当启动开关接通时，信号灯系统开始工作，且先南北红灯亮，东西绿灯亮。当启动开关断开时，所有信号灯都熄灭。

南北红灯亮维持 25 s，在南北红灯亮的同时东西绿灯也亮，1 s 后，模拟东西向行驶车辆的灯亮；东西绿灯亮维持 20 s。到 20 s 时，东西绿灯闪亮，闪亮 3 s 后熄灭。在东西绿灯熄灭时，东西黄灯亮，并维持 2 s；东西黄灯亮时，模拟东西向行驶车辆的灯灭。到 2 s 时，东西黄灯熄灭，东西红灯亮，同时，南北红灯熄灭，绿灯亮。

东西红灯亮维持 30 s。南北绿灯亮维持 25 s，然后闪亮 3 s 后熄灭。同时南北黄灯亮，维持 2 s 后熄灭，这时南北红灯亮，东西绿灯亮。南北绿灯亮 1 s 后，模拟南北向行驶车辆的灯亮，当南北黄灯亮时，该灯熄灭。

上述是一个工作过程，然后周而复始地进行。

三、编制 PLC 程序进行测试

在十字路口交通灯模拟控制实验区（如图 6.4）完成本实验。

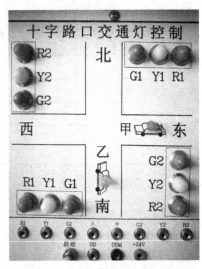

图 6.4　交通灯模拟控制实验区

6.2.2　装配流水线控制的模拟

一、实验目的

了解移位寄存器在控制系统中的应用及其编程方法。

二、控制要求

使用移位寄存器指令，可以大大简化程序设计。移位寄存器指令所描述的操作过程如下：若在输入端输入一串脉冲信号，在移位脉冲作用下，脉冲信号依次移到移位寄存器的各个继电器中，并将这些继电器的状态输出，每个继电器可在不同的时间内得到由输入端输入的一串脉冲信号。

传送带共有 8 个工位，工件从 1 号位装入，分别在 A（操作 1）、B（操作 2）、C（操作 3）三个工位完成三种装配操作，经最后一个工位后送入仓库；其他工位均用于传送工件。

实验区（如图 6.5）中的 A ~ H 表示动作输出（用 LED 发光二极管模拟），下框中的 A、B、C、D、E、F、G、H 插孔接主机的输出点 Y40、Y41、Y42、Y43、Y44、Y45、Y46、Y47。启动、复位及移位插孔接主机的输入点 X0、X1、X2。

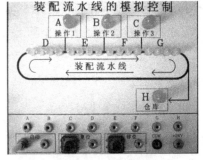

图 6.5　装配流水线控制模拟实验区

考虑自动模式和移位模式（手动）之间的切换以及复位功能，设计合理的装配流水线控制步序，通过移位寄存器指令实现步（状态）的转换。

三、编写 PLC 程序进行测试

在装配流水线控制模拟实验区（如图 6.5）完成本实验。

6.2.3　运料小车控制模拟

一、实验目的

用 PLC 构成运料小车控制系统，掌握多种方式控制的编程。

二、控制要求

表 6.4　输入信号和软元件

输入信号	软元件	输入信号	软元件	输入信号	软元件
启动 SD	X0	停止 ST	X1	装料 ZL	X2

（续表）

输入信号	软元件	输入信号	软元件	输入信号	软元件
卸料 XL	X3	右行 RX	X4	左行 LX	X5
单步 A1	X6	单周期 A2	X7	自动 A3	X8
手动 A4	X9				

表 6.5 输出信号和软元件

输入信号	软元件	输入信号	软元件	输入信号	软元件
装料	Y40	卸料	Y41	右行 R1	Y42
右行 R2	Y43	右行 R3	Y44	左行 L1	Y45
左行 L2	Y46	左行 L3	Y47		

图 6.6 运料小车控制模拟实验区

系统启动后，选择手动方式（按下微动按钮 A4），通过 ZL、XL、RX、LX 4 个开关的状态决定小车的运行方式。装料开关 ZL 为 ON 时，系统进入装料状态，灯 S1 亮；ZL 为 OFF 时，右行开关 RX 为 ON，灯 R1、R2、R3 依次点亮，模拟小车右行；卸料开关 XL 为 ON 时，小车进入卸料状态；当卸料结束后，XL 为 OFF，左行开关 LX 为 ON，灯 L1、L2、L3 依次点亮，模拟小车左行。选择自动方式（按下微动按钮 A3），系统进入装料→右行→卸料→装料→左行→卸料→装料循环。选择单周期方式（按下微动按钮 A2），小车运行来回一次。选择单步方式，按一次微动按钮 A1，小车运行一步。

三、编写 PLC 程序进行测试

在运料小车控制模拟实验区（图 6.6）完成本实验。

6.3 模拟量控制实验

6.3.1 变频器的参数设置

一、实验目的

1. 掌握三菱变频器的基本接线方式；

2. 掌握通过变频器控制面板进行参数设置的方法，并按实验要求设置相应的参数，了解各个参数设置的原则与目的；

3. 能够将变频器设置成网络模式，通过触摸屏以及 PLC 进行控制。

二、实验内容

1. 主回路接线

三菱 FR-F500 系列变频器使用 400 V 三相交流电源，接线时，揭开变频器前盖板，在变

频器下部可以看到主回路端子。将三相交流电源接
在 R、S、T 端子(任意相顺序均可),将泵回路的供
电线接于 U、V、W 端子。接线示意图参见第 5 章
图 5.22 实际接线图如图 6.7 所示。

图 6.7　三菱 FR-F500 系列变频器实际接线图

2. 参数设置

通过变频器的控制面板可以对变频器参数进
行设置。FR-F500 系列变频器控制面板如图 5.23
所示。

以设置参数 Pr.79 为例,参数设定的方法参见
5.2.4 节。

3. 观察变频器运行模式

本系列实验需要变频器在网络模式下运行,通过 PLC 的 CC-Link 模块与变频器的 FR-
A7NC 通信模块进行通信,来控制变频器的频率输出。当设置完以上所有操作后(主回路接
线、参数设置),当下次打开变频器时,若控制面板显示如图 6.8 所示,则表示变频器已经在网
络模式下运行。

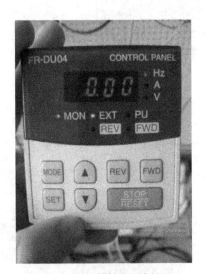

图 6.8　变频器控制面板显示

6.3.2　利用 MX Sheet 记录上位机实验数据

一、实验目的

1. 了解 MX Sheet 软件的功能。它是一种通信支持软件,不需要编写程序,仅通过一些
简单的设置就能使用 Excel 表格来收集 PLC 中的软元件的数据。

2. 掌握利用 MX Sheet 的日志功能进行软元件数据记录的设置方法,对数据区域进行合
理规划。

二、实验内容

1. 将上位机（PC）与 PLC 用专用编程电缆连接，确保连接正常，PLC 供电正常。

2. 打开 Excel 软件，在菜单栏可以看到 MX Sheet 选项，如图 6.9。

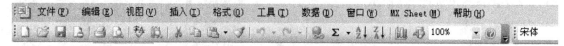

文件(F)　编辑(E)　视图(V)　插入(I)　格式(O)　工具(T)　数据(D)　窗口(W)　MX Sheet(M)　帮助(H)

图 6.9　Excel 的菜单栏

3. 选定一块区域的表格，如图 6.10，点击 MX Sheet 里的"Cell Settings"选项，显示"Cell Settings"对话框，如图 6.11。

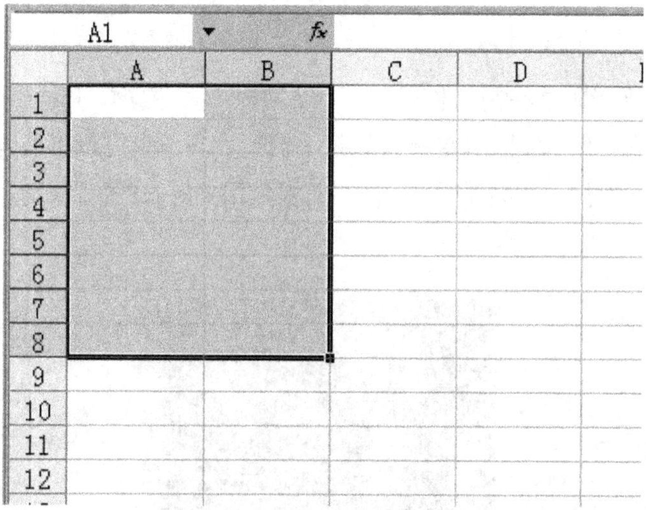

图 6.10　Excel 表格区域

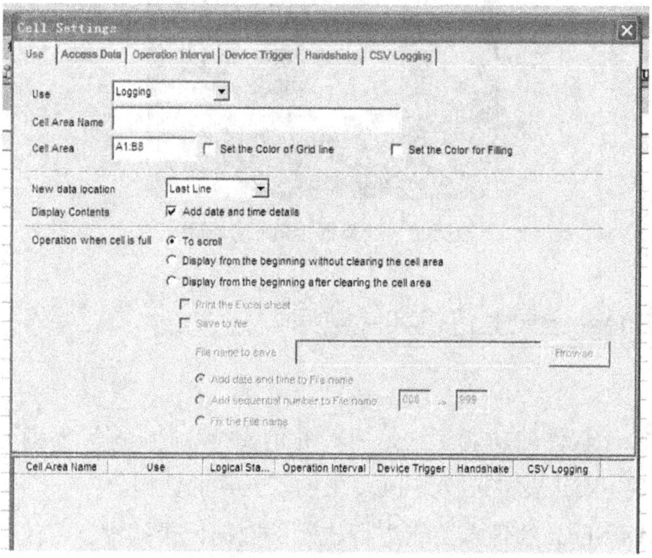

图 6.11　Cell Settings 对话框

4. 按图 6.12 设置"Use"标签。

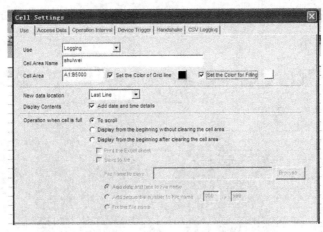

图 6.12　设置"Use"标签

5. 点击"Access Data"标签，如图 6.13 所示，选择之前已设置好的逻辑站号。

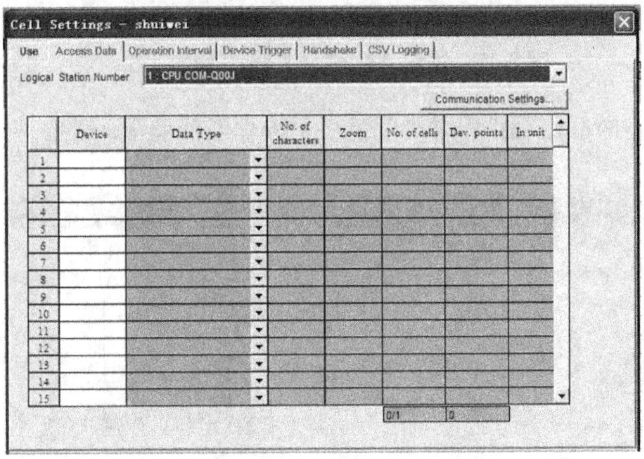

图 6.13　设置"Access Date"标签（一）

6. 连接测试。点击"Communication Settings"按钮，在弹出页中选择"Connection Test"标签，如图 6.14 进行连接测试。

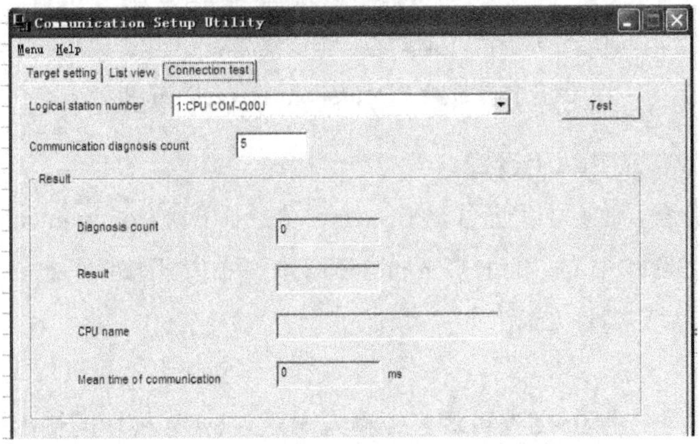

图 6.14　连接测试界面

7. 测试成功后，继续设置"Access Data"标签。其中，Devices 填入要记录的软元件名。其他设置如图 6.15 所示。

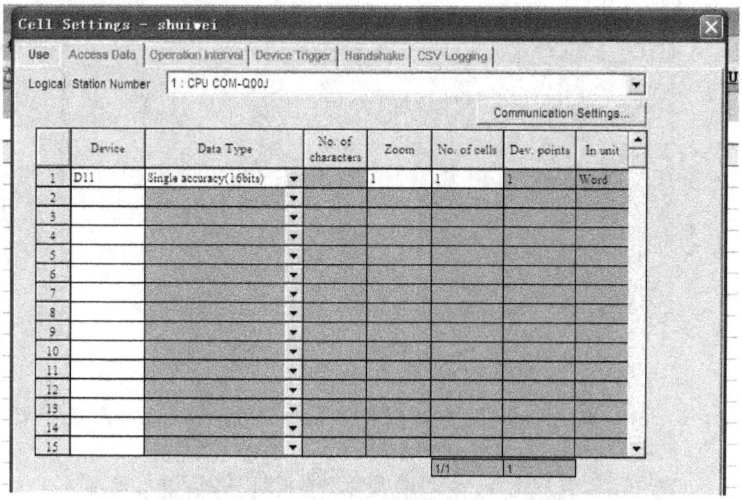

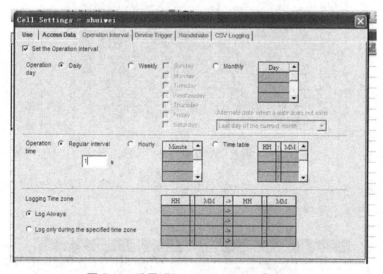

图 6.15　设置"Access Data"标签（二）

8. 设置"Operation Interval"标签，设置日志操作时间间隔。按图 6.16 进行设置。

图 6.16　设置"Operation Interval"标签

9. 点击"Apply"，应用以上设置。

10. 检查设置是否生效，可以使用 MX Sheet 中的"1 Shot Communication"功能。

11. 点击 MX Sheet 中的"Start Communication"可以开始日志的记录；点击"End Communication"可以结束日志的记录。

三、实验要求

将 PLC 的 AD 模块连接 0 ~ 5 V 可调模拟输入电压，将 DA 模块的输出连接数字式电压表。编写模拟量 AD／DA 梯形图采样程序，如图 6.17，设置 MX Sheet 记录寄存器 D10、D20 中数字量的变化,根据数字式电压表的测量值标定出数字量与电压的对应关系。

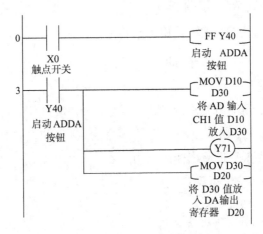

图 6.17 AD / DA 采样程序

6.3.3 一阶单容水箱对象的阶跃测试

一、实验目的

1. 掌握变频器手动操作的步骤;

2. 了解系统的组成,本实验涉及的系统部分包括单容水箱、给水泵、出口水阀、液位变送器、PLC、触摸屏、变频器等;

3. 建立数学模型,掌握用阶跃响应法来建立一阶单容水箱对象模型的方法。

二、实验原理

阶跃响应测试法是指当系统在开环运行条件下时,待系统稳定后,手动改变对象的输入信号(这里给的是流量的阶跃信号),同时记录对象(水位)的输出数据或阶跃响应曲线。然后根据之前已经推出的对象模型的结构形式,对所获得的实验数据进行处理,确定模型中各参数。本实验通过作图画出对象阶跃响应曲线,再利用图解法求取模型参数。不同的模型结构有不同的图解方法。单容水箱对象模型用一阶加时滞环节来近似描述时,常可用两点法直接求取对象参数。本实验系统示意图如图 6.18 所示。

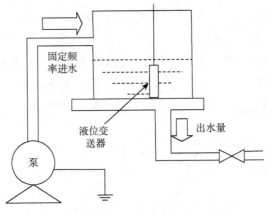

图 6.18 单容水箱示意图

设泵的给水流量为 Q_1，水箱出口水流量为 Q_2，液面高度为 h，出口水阀置于某一开度。有下列关系：

① 输入为流入量与流出量的差，输出为水箱水位，则：

$$h = \frac{1}{A} \int (Q_1 - Q_2) \mathrm{d}t \tag{6-1}$$

式中，A 为水箱截面积。

② 输入为水箱水位，输出为流出量，则：

$$Q_2 = \alpha \sqrt{h} \tag{6-2}$$

式中，α 为系数，取决于管道流出侧的阻力。

将以上式子消去中间变量，得到：

$$A \frac{\mathrm{d}h}{\mathrm{d}t} + \alpha \sqrt{h} = Q_1 \tag{6-3}$$

这是一个一阶非线性微分方程。

如果假定系统初始处在一个稳态点上，在这时，有 $Q_1 = Q_2 = Q_0$，$h = h_0$，当信号在稳态点附近小范围变化时，可以认为输入量 Q_1 和输出量 h 的关系是线性的，即：$Q_2 = Q_0 + \Delta Q_2$，$Q_1 = Q_0 + \Delta Q_1$，$n = h_0 + \Delta h$。

若将各变量都表示成某一稳态点上的数值加上变化量，则关系式（6-1）、（6-2）可以写成：

$$\Delta h = \frac{1}{A} \int (\Delta Q_1 - \Delta Q_2) \mathrm{d}t \tag{6-4}$$

$$\Delta Q_2 = \left. \frac{\mathrm{d}Q_2}{\mathrm{d}h} \right|_{\substack{h=h_0 \\ Q_2=Q_0}} \cdot \Delta h = \frac{1}{R} \Delta h \tag{6-5}$$

式中，$R = \dfrac{1}{\left. \dfrac{\mathrm{d}Q_2}{\mathrm{d}h} \right|_{\substack{h=h_0 \\ Q_2=Q_0}}} = \dfrac{2h_0}{Q_0}$。

这样，可将式（6-3）改写成增量形式：

$$AR \frac{\mathrm{d}\Delta h}{\mathrm{d}t} + \Delta h = R\Delta Q_1 \tag{6-6}$$

在零初始条件下，对上式求拉氏变换，得：

$$G(s) = \frac{H(s)}{Q_1(s)} = \frac{R}{RAs + 1} = \frac{K}{Ts + 1} \tag{6-7}$$

式中，T 为水箱的时间常数，出口水阀的开度大小会影响到水箱的时间常数；K 为单容对象的放大倍数。令输入量 Q_1 的阶跃变化量为 R_0，其拉氏变换式为 $Q_1(s) = R_0 / s$，R_0 为常量，则输出液位高度的拉氏变换式为：

$$H(s) = \frac{KR_0}{s(Ts+1)} = \frac{KR_0}{s} - \frac{KR_0}{s + 1/T} \tag{6-8}$$

即 $h(t) = KR_0(1 - \mathrm{e}^{-t/T})$。

当 $t=T$ 时，则有：

$$h(T) = KR_0(1-e^{-1}) = 0.632KR_0 \tag{6-9}$$

当 $t \to \infty$ 时，$h(\infty)=KR_0$，有 $K=h(\infty)/R_0$；

$h(\infty)$ 为输出稳态值，R_0 为阶跃输入。

由式（6-9）可知，当阶跃响应曲线上升到稳态值的 63% 时，对应的时间即为所要求的时间常数 T，如图 6.19 所示。

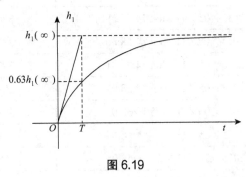

图 6.19

三、实验内容

1. 硬件准备

以本书 5.3 节所介绍的小型热工 PLC 控制系统为实验平台。接通电源，检查 PLC 与触摸屏以及变频器的连接状态是否良好，各指示灯是否显示正常。若出现异常状况，应参照产品手册排除故障。检查完成后，点击触摸屏并进入"主控界面"，将"手动／自动"按钮置于手动，并输入固定给水频率（本实验选取给水频率为 30 Hz，给水流量经测试为 62.208 L／h）。

2. 软件准备

打开 Microsoft Excel 软件，按照要求安装好 MX Sheet 软件包，建立数据区域，启用 MX Sheet 的"日志"功能，将 PLC 内记录水位信号的软元件关联到 Excel 表格中，以完成接下来的实验数据的记录。操作过程请参照 6.3.2 节的介绍。

3. 数据记录

Excel 表格开始记录数据后，此时可以看到表格中的数据在不断刷新、增加。

点击触摸屏中的"电机正转"按钮，水泵开始以给定频率进行抽水，水位数据不断被记录在 Excel 表格中。当水位信号几乎不再变化时，停止记录。关闭电机，断开电源。

4. 数据处理

将所得的水位信号数据绘制成曲线图，根据实验原理从图中得出 K、T 的值，最后求得对象模型。

例如：Excel 中的实验数据如表 6.6 所示。

表 6.6　实验数据举例

时　间	水位（数字量）
2015／05／11 Mon 14:57:55	388
2015／05／11 Mon 14:57:56	392
2015／05／11 Mon 14:57:57	385
2015／05／11 Mon 14:57:58	387
2015／05／11 Mon 14:57:59	386
2015／05／11 Mon 14:58:00	387
2015／05／11 Mon 14:58:01	387
2015／05／11 Mon 14:58:02	389
2015／05／11 Mon 14:58:03	388
2015／05／11 Mon 14:58:04	389
2015／05／11 Mon 14:58:05	388
2015／05／11 Mon 14:58:06	388
2015／05／11 Mon 14:58:07	403

利用 Excel 的绘图功能将实验所得的数据绘制成散点图，如图 6.20 所示。

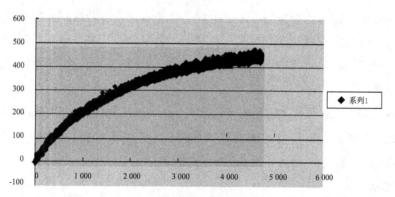

图 6.20　水位信号数据曲线图（一）

以图 6.22 为例，对图像进行处理，得到图 6.21，从中看出，水位值最终稳定在 445 左右，故 K=445／62.208=7.15。当 h=445×0.63=280.35 时，t 的值在 1600 左右，故 T=1600。综上，可得一阶单容水箱水位模型为 $G(s) = \dfrac{H(s)}{Q_1(s)} = \dfrac{7.15}{1600s + 1}$。

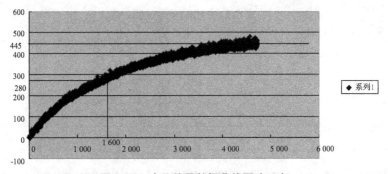

图 6.21　水位信号数据曲线图（二）

四、实验要求

根据以上方法进行多组不同初始水位下的变频器频率扰动实验，测出不同初始水位下的传递函数并加以比较。

6.3.4　单容水箱液位 PID 控制观察实验

一、实验目的

1. 熟悉 PID 控制理论，掌握比例、积分、微分各种作用的特点；

2. 了解本实验 PID 控制思路；

3. 记录控制过程液位数据，绘制控制过程曲线图。

二、实验原理

1. PID 控制原理

自动调节器的基本调节作用分为比例（P）、积分（I）、微分（D）三种。

在控制器中仅引入"比例"项往往是不够的，因为系统输出存在稳态误差，所以比例控制是有差的。比例 + 积分（PI）控制器，在比例控制外同时引入了"积分项"，可以使系统在进入稳态后几乎无稳态误差。比例项的作用仅是放大误差的幅值，而如果在控制作用中增加"微分项"，它能预测误差变化的趋势，这样，具有比例 + 微分的控制器，就能够提前使抑制误差的控制作用等于零，甚至为负值，从而避免了被控量的严重超调，改善了调解过程中系统的动态特性。工业调节器的动态特性是 P、I、D 作用的组合，每一种调节作用有它特定的作用，其中，比例（P）作用是主要的，积分（I）作用将使调节结果无差，微分（D）作用是为了减少动态偏差。

2. PLC 的 PID 控制程序设计

本实验要求采用三菱 Q 系列 PLC 的基本 PID 控制指令，利用给定值与实际值之间的差值控制三菱变频器的频率，进而改变水泵的转速，最后达到控制水位的目的。

表 6.7　部分软元件注释

软元件	注　释	软元件	注　释
X11	投 PID	D504	比例
X4	电机正转启动	D505	积分时间
D610	水位设定值（SV）	D506	微分时间
D611	水位测定值（PV）	D513	微分增益
D612	控制值	M0	PID 投入
D20	传给变频器的值		

① 图 6.22 是部分 PID 参数设置程序。

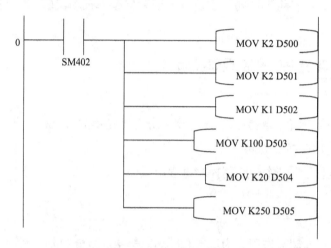

图 6.22　PID 参数设置

② 水位设定值设为 400，如图 6.23 所示。

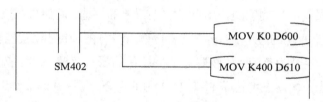

图 6.23　水位设定值设置

③ 电机正转开始后，首先以 40 Hz 频率抽水，如图 6.24 所示。

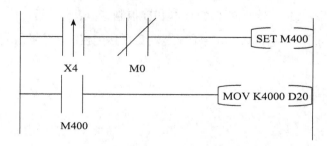

图 6.24　变频器频率设置

④ 水位实际值接近设定值时（这里设置 SV−PV=30 ），投入 PID 控制，如图 6.25 所示。

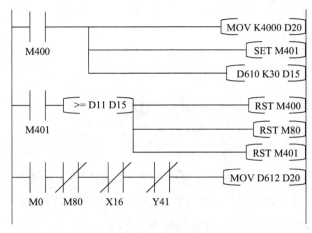

图 6.25　PID 投入

完整梯形图程序参见第 5 章中的图 5.38。

三、实验内容

1. 硬件准备。接通小型热工 PLC 控制实验台电源，检查 PLC 与触摸屏以及变频器的连接状态是否良好，各指示灯是否显示正常。若出现异常状况，应参照三菱产品手册排除故障。检查完成后，点击触摸屏并进入"主控界面"，将"手动／自动"按钮置于"自动"。

2. 软件准备。打开 Excel 表格，启用 MX Sheet 的"日志"功能，将 PLC 内记录水位信号的软元件关联到 Excel 的表格中。

3. 开始抽水。Excel 表格开始记录数据后，点击触摸屏"电机正转"按钮，水泵开始以 40 Hz 频率抽水（可以在变频器的控制面板观察当前的抽水频率），水位迅速上涨。

4. 观察数据。当水位达到 370 时，能观察到抽水频率骤降，PID 作用开始投入，水位上涨变缓。此后，可以观察到水位在设定值附近小范围波动。

5. 绘制图像。将整个控制过程的水位数据绘制成曲线图。

四、实验要求

编写完整的 PID 控制程序写入 PLC。改变 PID 控制参数，观察控制效果，绘制水位和变频器频率曲线，对控制效果分析比较。

附　录

　　为了更好地使用该教材,本部分结合现代化大型火电厂的实际情况,补充了 Unity Pro(施耐德系列 PLC)的部分编程指令,重点阐述了 FBD 与 LD 的编程语言,读者可以根据实际情况,采用本部分内容结合本书前面实例进行施耐德系列 PLC 的学习。

　　(1)**等于**:该功能检查各个输入是否相等;也就是说,如果所有输入都相等,则输出变为"1";否则输出仍然为"0"。

　　所有输入值的数据类型必须是相同的。

　　输入最多可以增至 32 个。

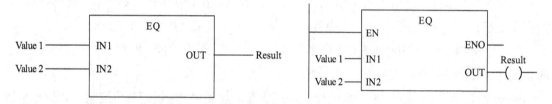

　　(2)**大于**:该功能检查连续输入的值是否为递减序列。

　　所有输入值的数据类型必须是相同的。

　　输入最多可以增至 32 个。

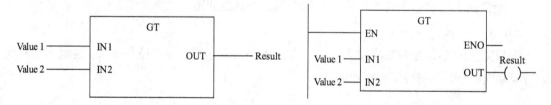

　　(3)**小于**:该功能检查连续输入的值是否为递增序列。

　　所有输入值的数据类型必须是相同的。

　　输入最多可以增至 32 个。

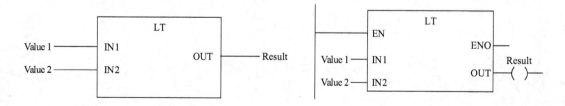

（4）**AND 功能**：该功能对输入处的位序列执行按位与运算，并将结果分配给输出。所有输入值和输出值的数据类型必须是相同的。

输入最多可以增至 32 个。

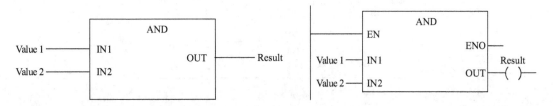

（5）**OR 功能**：该功能对输入处的位序列执行按位或运算，并在输出处返回结果。所有输入值和输出值的数据类型必须是相同的。

输入最多可以增至 32 个。

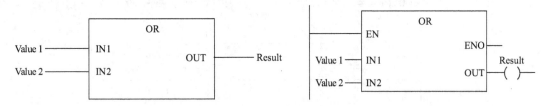

（6）**RS：双稳功能块，复位优先**：该功能块用作具有复位优先属性的 RS 存储器。在 S 输入变为 1 时，输出 Q1 将变为 1。即使输入 S 恢复为 0，此状态也保持不变。当输入 R1 变为 1 时，输出 Q1 恢复为 0。如果输入 S 和 R1 同时为 1，则优先输入 R1，将输出 Q1 设置为 0。首次调用该功能时，Q1 的初始状态为 "0"。可以将 EN 和 ENO 配置为附加参数。

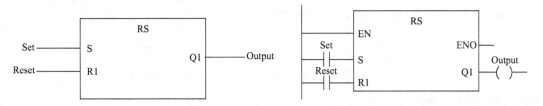

（7）**SR：双稳功能块，设置优先**：该功能块用作具有设置优先属性的 SR 存储器。在 S1 输入变为 1 时，输出 Q1 将变为 1。即使输入 S1 恢复为 0，此状态也保持不变。当输入 R 变为 1 时，输出 Q1 恢复为 0。如果输入 S1 和 R 同时为 1，则优先输入 S1，将会输出 Q1 设置为 0。首次调用该功能时，Q1 的初始状态为 "0"。可以将 EN 和 ENO 配置为附加参数。

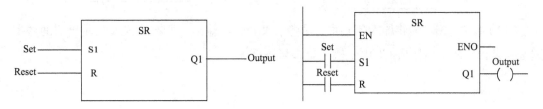

（8）**下降沿检测**：FE 的功能用于检测与之关联的位从 1 到 0（下降沿）的跳变过程。

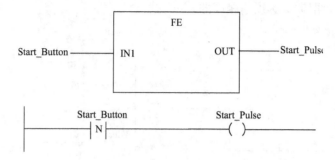

（9）**上升沿检测**：FE 的功能用于检测与之关联的位从 0 到 1（上升沿）的跳变过程。

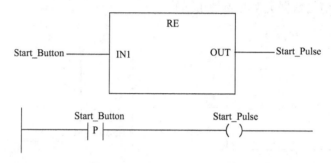

（10）**取反**：该功能对输入位序列进行按位取反，并将结果分配给输出。输入值和输出值的数据类型必须是相同的。

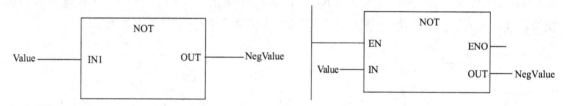

（11）**绝对值计算**：该函数计算输入值的绝对值，并将结果分配给输出。输入值和输出值的数据类型必须是相同的。

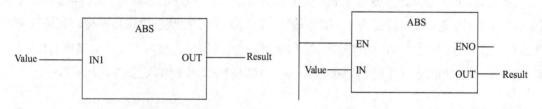

（12）**加法**：该功能将输入值相加，并将结果分配给输出。所有输入值和输出值的数据类型必须是相同的。对于所有功能，输入最多可增至 32 个。

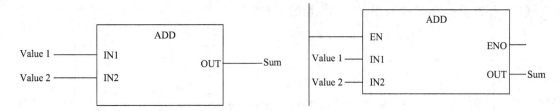

（13）**减法**：该功能从 Value1 输入处的值中减去 Value2 输入处的值，并将结果分配给输出。所有输入值和输出值的数据类型必须是相同的。

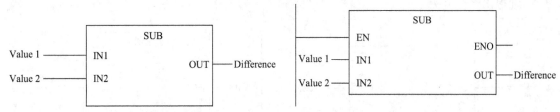

（14）**乘法**：该功能将输入值相乘，并将结果分配给输出。所有输入值和输出值的数据类型必须是相同的。对于所有功能，输入最多可增至 32 个。

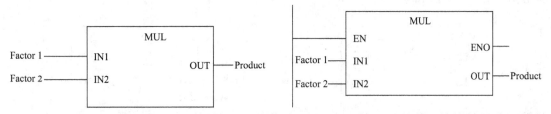

（15）**除法**：该功能用 Dividend 输入处的值除以 Divisor 输入处的值，并将结果分配给输出。所有输入值和输出值的数据类型必须是相同的。

在对 INT、DINT、UINT 和 UDINT 数据类型执行除法时，将忽略结果中的所有小数位，例如 $7 \div 3 = 2$，$(-7) \div 3 = -2$。

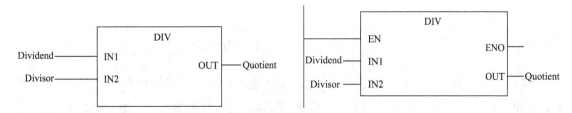

（16）**除法和求模**：该功能用 Dividend 输入处的值除以 Divisor 输入处的值，相除的结果在 Quotient 中输出。相除的余数在 Modulo 输出中给出。如果在除法结果中存在小数位，则除法将截断它。所有输入值和输出值的数据类型必须是相同的。

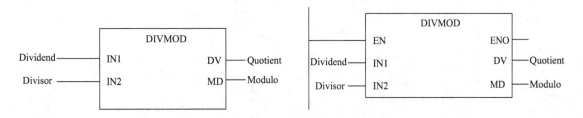

（17）**平方根**：SQRT 函数用于计算变量的平方根。

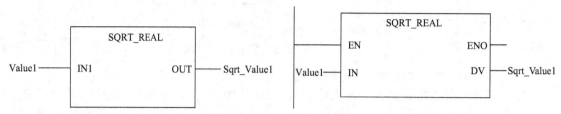

（18）**确定符号**：该功能用于检测负号。如果输入值 ≥ 0，则输出将变为 0. 如果输入值 < 0，则输出将会变为 1。

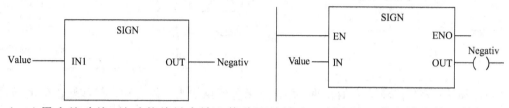

（19）**最大值功能**：该功能将最大输入值分配给输出。所有输入值和输出值的数据类型必须是相同的。可以增加输入数。

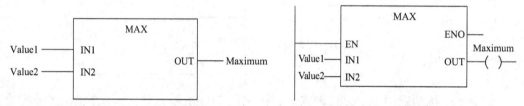

（20）**最小值功能**：该功能将最小输入值分配给输出。所有输入值和输出值的数据类型必须是相同的。可以增加输入数。

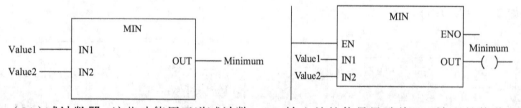

（21）**减计数器**：这些功能用于递减计数。LD 输入处的信号导致将 PV 输入的值分配给 CV 输出。对于 CD 输入处每次从 0 到 1 的跳变，都会将 CV 的值减 1。当 CV ≤ 0 时，Q 输出将变为 1。

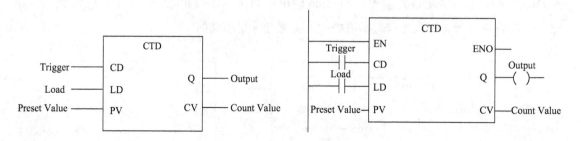

（22）**加计数器**：这些功能用于递增计数。R 输入 1，则 CV 输出为 0。对于 CU 输入处每次从 0 到 1 的跳变，都会将 CV 加 1。当 CV ≥ PV 时，Q 输出设置为 1。

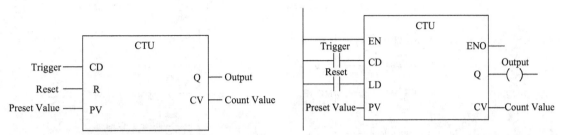

（23）**关闭延迟**：该功能块用作关闭延迟。首次调用该功能块时，ET 的初始状态为 0。

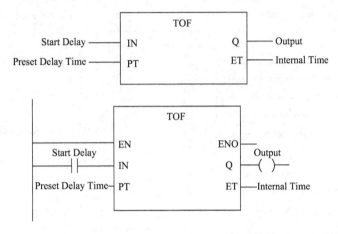

（24）**接通延迟**：该功能块用作接通延迟。首次调用该功能块时，ET 的初始状态为 0。

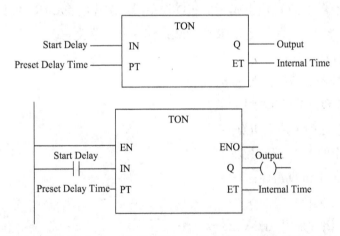

（25）**PI 控制器**：该功能块表示一个简单的 PI 控制器。系统偏差 ERR 由引用变量 SP 和受控变量 PV 之间的差异得出。此偏差 ERR 会导致操作变量 Y 发生更改。

该功能块具有以下属性：

① 手动、暂停和自动操作模式；

② 手动和自动之间无冲击转换；

③ 操作变量限制；

④ 公式: $G(s) = \text{gain} \times [1+1 / (t_i \times s)]$;

⑤ Anti-windup 复位 (仅对活动 | 组件进行)。

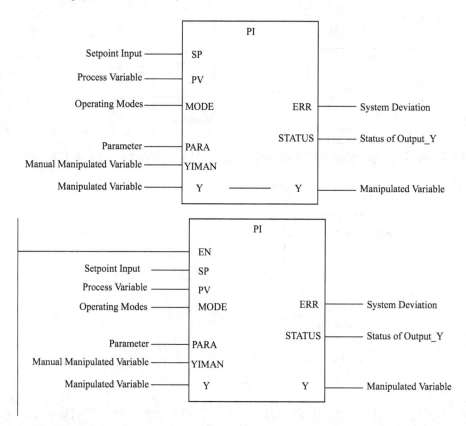

（26）PID 控制器: 此功能块生成一个 PID 控制器。系统偏差 ERR 由引用变量 SP 和受控变量 PV 之间的差异得出。此偏差 ERR 会导致操作变量 Y 发生更改。

该功能块具有以下属性:

① 实际 PID 控制器带有独立 gain、ti、td 设置;

② 手动、暂停和自动操作模式;

③ 手动和自动之间无冲击切换;

④ 自动模式中的操作变量限制;

⑤ 分别启用 P、I 和 D 组件;

⑥ Anti-windup 复位;

⑦ 仅对活动 | 组件采用 Anti-windup 方法;

⑧ 可定义的 D 组件延迟;

⑨ D 组件可与受控变量 PV 和系统偏差 ERR 连接;

⑩ 公式: $G(s) = \text{gain} \times [1 + 1 / (t_i \times s) + (t_d \times s) / (1 + t_{d\_lag} \times s)]$。

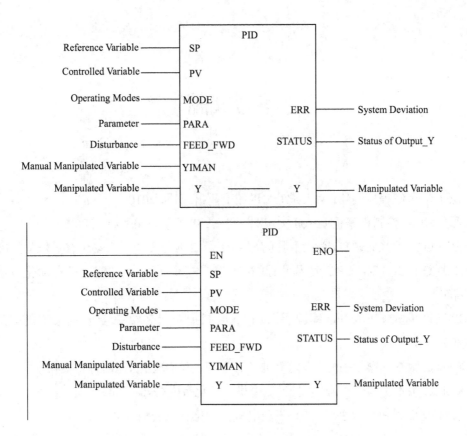

参考文献

[1] W Bolton. 可编程控制器[M]. 北京：机械工业出版社，2010.

[2] 王阿根. PLC 控制程序精编 108 例[M]. 北京：电子工业出版社，2009.

[3] QCPU（Q 模式）QnACPU 编程手册（公共指令）[Z]. 三菱电机自动化有限公司，2005.

[4] QCPU（Q 模式）QnACPU 编程手册（过程控制指令）[Z]. 三菱电机自动化有限公司，2005.

[5] QCPU（Q 模式）QnACPU 编程手册（PID 控制指令）[Z]. 三菱电机自动化有限公司，2006.

[6] MX Sheet 版本 1 操作手册（入门篇）[Z]. 三菱电机自动化有限公司，2005.

[7] MX Sheet 版本 1 操作手册[Z]. 三菱电机自动化有限公司，2005.

[8] Q 系列 I／O 模块用户手册[Z]. 三菱电机自动化有限公司，2002.

[9] GT Works 版本 5／GT Designer 版本 5 参考手册[Z]. 三菱电机自动化有限公司，2003.

[10] GOT F900 硬件手册[Z]. 三菱电机自动化有限公司，2002.

[11] Q 系列数模转换模块用户手册[Z]. 三菱电机自动化有限公司，2002.

[12] Q 系列模数转换模块用户手册[Z]. 三菱电机自动化有限公司，2002.

[13] Q 系列 PID 控制指令篇[Z]. 三菱电机自动化有限公司，2009.

[14] 变频器原理与应用教程[Z]. 三菱电机自动化有限公司，2008.

[15] CC-Link 网络系统（远程 I／O 站）[Z]. 三菱电机自动化有限公司，1998.

[16] Q 系列 CC-Link 网络系统用户参考手册[Z]. 三菱电机自动化有限公司，1999.

[17] 三菱变频调速器 FR-F500 使用手册[Z]. 三菱电机自动化有限公司，2005.

[18] 三菱通用变频器内置选件 FR-A7NC 使用手册[Z]. 三菱电机自动化有限公司，2005.

[19] 陈来九. 热工过程自动调节原理和应用[M]. 北京：水利电力出版社，1982.